6天
专修课程!

电磁场

基本原理66课

[日] 土井 淳 著
王卫兵 徐倩 纪颖 译

机械工业出版社

本书内容主要分为数学基础、电场基本理论、磁场基本理论以及电流与磁场的相互作用四个部分，基本涵盖了与电磁场原理相关的全部技术内容及必要的知识点。本书从电磁场理论必要的数学基础知识开始，详细介绍了真空中的静电场、带电导体的电场和电位、电介质、带电导体间的电容及静电电容、直流电流、真空中的静磁场、磁性体、磁路、磁场的能量及能量密度等相关理论和相关计算。在此基础上对电磁相互作用力、电磁感应、电感、电磁波等相关理论和相关计算进行了深入的讲解。全书以图解为基础，直观易懂、内容全面、讲解深入、理论与实际联系紧密，既有基本原理的介绍，同时也具有良好的实用性和解决实际问题的针对性。

本书可作为在校学生的学习、复习用书，也可作为工作实际中技术人员的参考用书，同时也是非电气专业技术人员以及电气技术爱好者快速了解电磁场基本原理的科普读本。

译者序

6 天专修课程丛书《电工电路基本原理 66 课》、《电子电路基本原理 66 课》和《电磁场基本原理 66 课》三本日文图书，其内容涵盖了电工电路、电子电路以及电磁场基本原理的全部技术内容及必要的知识点，深受日本电气技术人员的欢迎。

电作为基础的工业技术在人类现代文明的发展中起着关键的作用，并且在未来仍将是重要的基础技术。

当今的社会实践中，电工电子的相关原理已经成为各个领域所必须了解的重要知识和技术。不仅是电气专业技术人员需要掌握，其他非电气专业的技术人员，甚至一般的非技术人员也应该予以了解。这三本书正是为满足当前的实际需求而翻译的，并且以丛书的形式出版，呈现出完整的电气技术人员的技术基础知识，以满足广大读者学习需要。

作为发达国家的日本，电工电子技术是深受全社会重视的一类重要技术基础。有一种被称为《全国第三种电气主任技术者考试》的全国性职业资格考试，简称为电验三种。每年 9 月考试，共分为基础、电力、机械、法规四个科目，一天考完。除了基础科目以外，电力、机械和法规科目全部是具体的生产实践知识。四个科目只要在连续三年分别通过即可拿到电气主任技术者资格证书。每年日本有数万考生参加考试，通过率不到 10%。丛书的三位作者均为资深的电气专业教育工作者，其中的土井 淳先生还是日本电验三种资深的培训专家，出版了多部电验三种培训教材。

丛书归纳了读者应该了解和掌握的电气相关技术基础知识。与传统的技术参考书不同，丛书并不只是为了单纯地学习知识，还总结归纳了现代电气工程技术所需的技术要点和知识框架，将复杂的技术内容进行了全面的梳理和精心的安排，并以专题课的形式呈现给读者，以便于读者的学习和实践。

在编排形式上，丛书的风格统一，每本书的内容均分为 6 天来学习，每天由 11 个专题课组成，每一课均为一个重要的技术专题，每本书共计 66 个专题课。在每一课的前半部分均以图解的形式直观地给出相关的基本原理，以便于读者全面了解相关的技术内容，形象生动，概括性强，方便读者的理解和记忆。在每一课的后半部分均配以进一步的文字讲解和接近实际问题的例题及解答，以利于读者的深入理解和掌握。全书以图解为基础，直观易懂、内容全面、讲解深入、理论与实际联系紧密，既有基本原理的介绍，同时也具有良好的实用性和解决实际问题的针对性。

从书可作为在校学生的学习、复习用书，也可作为工作实际中技术人员的参考用书，同时也是非电气专业的技术人员以及电气技术爱好者快速了解电工电路、电子电路和电磁场基本原理的科普读本。

《电工电路基本原理66课》由王卫兵、徐倩、孙宏翻译，其中第1～64课由王卫兵翻译，第65课由徐倩翻译，第66课由孙宏翻译。《电子电路基本原理66课》由尹芳、王卫兵、贾丽娟翻译，其中第1～64课由尹芳翻译，第65课由王卫兵翻译，第66课由贾丽娟翻译。《电磁场基本原理66课》由王卫兵、徐倩、纪颖翻译，其中第1～64课由王卫兵翻译，第65课由徐倩翻译，第66课由纪颖翻译。丛书的翻译过程中，得到了王义南先生的指导，韩再博、张慧峰、白小玲、张霁、张惠等也参与了部分翻译及文字编排工作，在此一并表示感谢！

由于翻译的工作量较大，技术内容覆盖面较广，翻译中的错误之处在所难免，敬请广大读者指正。

译者

2016年5月　于哈尔滨

前　言

本书是由大学授课的《电磁场》课程的全年讲义内容集成到一本书中编写而成的，可作为大学、高等专科学校以及工业高中的电气、电子等专业学生的自学参考书。本书从国际标准单位制和必要的数学基础知识开始，将真空中的静电场、静电电容、电介质、直流电流、真空中的静磁场、磁性体、电磁感应、电感、电磁波等内容分成66个专题课。全书的内容分为6天来学习，每天由11个专题课组成。

每一课的内容分为4页，每页的安排及内容如下：

❶ 第一页是关于本课内容要点的图解，并将具有代表性的公式归纳在一起，以突出本课的要点和知识框架。第二页到第四页是详细的内容解读、公式的推导与展开以及应用例题等。

❷ 第一页的要点图解中，列出了本课的要点和知识框架，并用详细的标注予以说明，在重要的地方、难理解的地方还作了补充说明。

❸ 在第二页的开始部分，对该课所必须学习的原理、定理以及公式等予以总结和归纳。

❹ 接下来的内容为课程的解读，是对本课公式的推导和展开部分，是对第一页的图以及有代表性的公式的详细说明和介绍。

❺ 在每一课的最后部分，给出了两个例题，在具有具体数值的环境下，用例题的形式对本课的要点进行进一步的解释和说明，以增进读者的理解和掌握。

本书的编写目的是为了使读者能够真正地掌握电磁场的学习内容。适合作为在校学生课后复习的自学参考书，或作为大学或研究生入学考试人员的复习备考资料。在此，期望对上述目的的达成有所帮助。此外，虽然1天的内容由11课组成，读者也可根据各自学习和理解的情况，合理地安排66课的学习时间，适当调整学习节奏。另外，每天提供的备注和提示，以便于要点的理解、复习以及对例题的反复练习，请灵活使用。

2011年9月

作者　土井 淳

目 录

第1天课目

第2天课目

第3天课目

第4天课目

第5天课目

第6天课目

第 1 天课目	第1 ～ 11课
第 2 天课目	第12 ～ 22课
第 3 天课目	第23 ～ 33课
第 4 天课目	第34 ～ 44课
第 5 天课目	第45 ～ 55课
第 6 天课目	第56 ～ 66课

6 天专修课程！

电磁场基本原理 66 课

第 *1* 课

电磁学的单位与国际单位制（SI）

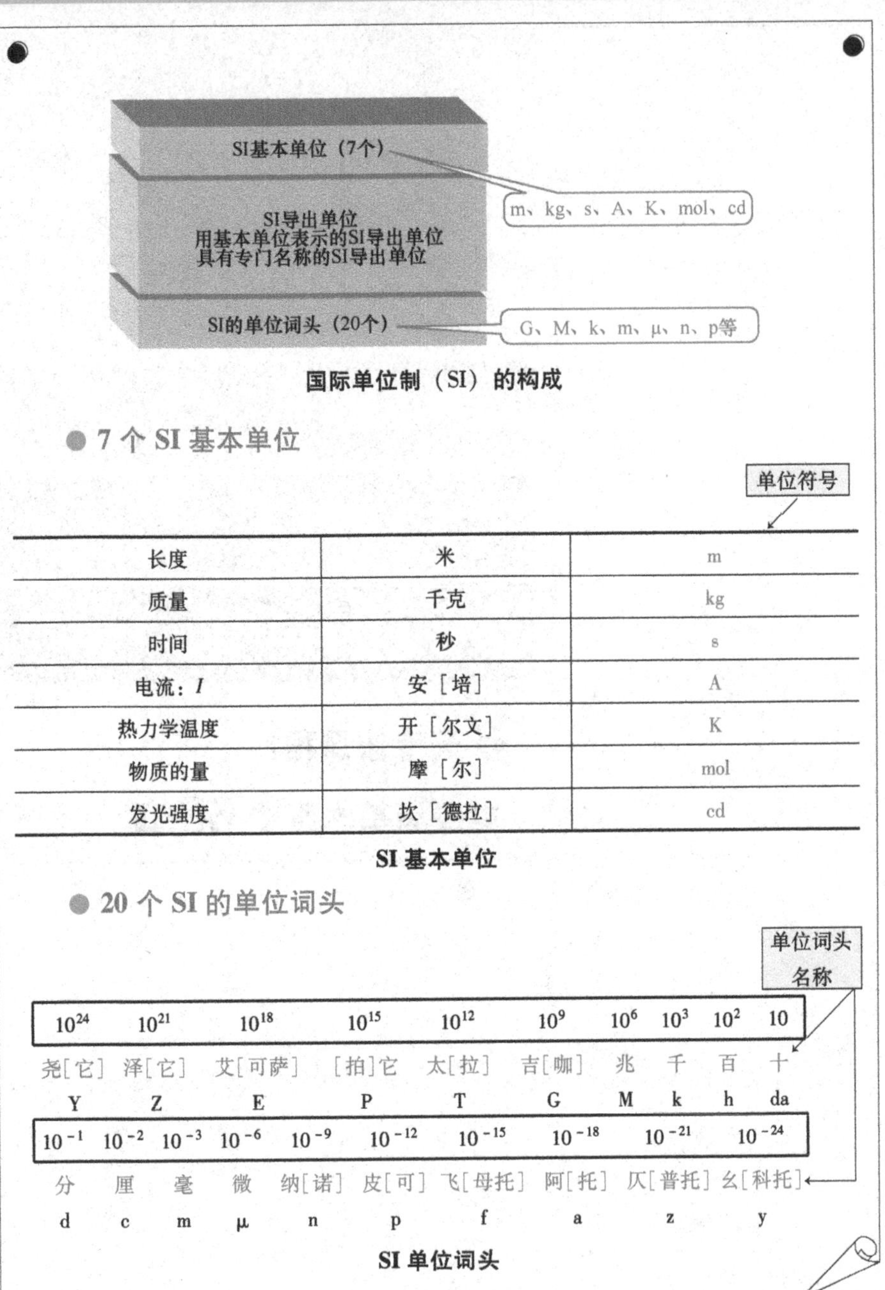

国际单位制（SI）的构成

● 7 个 SI 基本单位

单位符号

长度	米	m
质量	千克	kg
时间	秒	s
电流：*I*	安［培］	A
热力学温度	开［尔文］	K
物质的量	摩［尔］	mol
发光强度	坎［德拉］	cd

SI 基本单位

● 20 个 SI 的单位词头

单位词头名称

10^{24}	10^{21}	10^{18}	10^{15}	10^{12}	10^{9}	10^{6}	10^{3}	10^{2}	10
尧［它］	泽［它］	艾［可萨］	［拍］它	太［拉］	吉［咖］	兆	千	百	十
Y	Z	E	P	T	G	M	k	h	da

10^{-1}	10^{-2}	10^{-3}	10^{-6}	10^{-9}	10^{-12}	10^{-15}	10^{-18}	10^{-21}	10^{-24}
分	厘	毫	微	纳［诺］	皮［可］	飞［母托］	阿［托］	仄［普托］	幺［科托］
d	c	m	μ	n	p	f	a	z	y

SI 单位词头

注：了解电量的单位也有助于理解电量的定义。

[1] 电磁学的单位

◆由基本单位表示的SI导出单位◆

量 名 称	单位名称	单位符号
电流密度：J	安［培］每平方米	A/m^2
磁场强度：H	安［培］每米	A/m
相对磁导率：μ_r	（数）1	1①

① 该量用数值表示，单位符号为“1”，实际应用中通常不表示。

◆用专门名称和符号表示的SI导出单位◆

量 名 称	单位名称	单位符号	用基本单位表示
频率：f	赫［兹］	Hz	s^{-1}
能［量］，功，热量：Q	焦［耳］	J	$m^2 \cdot kg \cdot s^{-2}$
功率，辐［射能］通量：P	瓦［特］	W	$m^2 \cdot kg \cdot s^{-3}$
电荷［量］：Q	库［伦］	C	$A \cdot s$
电压，电动势，电位，（电势）：V、E	伏［特］	V	$m^2 \cdot kg \cdot s^{-3} \cdot A^{-1}$
电容：C	法［拉］	F	$m^{-2} \cdot kg^{-1} \cdot s^4 \cdot A^2$
电阻：R	欧［姆］	Ω	$m^{-2} \cdot kg \cdot s^{-3} \cdot A^{-2}$
电导：G	西［门子］	S	$m^{-2} \cdot kg^{-1} \cdot s^3 \cdot A^2$
磁通［量］：Φ	韦［伯］	Wb	$m^2 \cdot kg \cdot s^{-2} \cdot A^{-1}$
磁通［量］密度，磁感应强度：B	特［斯拉］	T	$kg \cdot s^{-2} \cdot A^{-1}$
电感：L、M	亨［利］	H	$m^2 \cdot kg \cdot s^{-2} \cdot A^{-2}$

◆具有专门名称和符号的SI导出单位◆

量 名 称	单位名称	单位符号
电场强度：E	伏［特］每米	V/m
电荷［体］密度：ρ	库［伦］每立方米	C/m^3
电荷面密度：σ	库［伦］每平方米	C/m^2
电通［量］密度，电位移：D	库［伦］每平方米	C/m^2
介电常数，（电容率）：ε	法［拉］每米	F/m
磁导率：μ	亨［利］每米	H/m

[2] 电磁学恒定常数

元电荷	$e=1.602\times10^{-19}$C
真空中的光速	$c=2.998\times10^{8}$m/s
真空介电常数	$\varepsilon_0=8.854\times10^{-12}$F/m
真空磁导率	$\mu_0=4\pi\times10^{-7}$H/m

国际单位制（SI）

SI 是国际上确定的单位制，在法文“Le Système International d′ Unités”中就是国际单位制的意思。以前，各个国家在各个领域中采用各种单位，这种混乱情况促进了国际单位制的发展。目前，全世界通用的单位制统一称为 SI，现在这种世界公认的单位制在全世界普遍使用。

学术论文等中都要求使用 SI 单位，如果你没有使用这种单位，就会被要求按照 SI 单位进行修改。

SI 有 7 个基本单位组成，再由基本单位通过加、减、乘、除关系，导出新的导出单位，并且还包含一个十进倍数单位与分数单位的单位词头。

电磁学的导出单位

以电流为基本单位，其他的单位可由 SI 基本单位和导出单位，或是由它们的组合进行导出。对于在电磁学中所使用的单位，有很多单位被赋予了专门名称。

电荷的单位库［伦］（单位符号：C）就是一个专门名称，从 1s 的时间内流过 1A 电流时的电荷的总量的定义，可以用 C = A · s 表示。其他的组合单位，也同样可以根据其定义由其他的 SI 单位来表示。以下为具有特定符号的 SI 导出单位。

J = N m	W = J/s	V = W/A	F = C/V
Ω = V/A	S = A/V	Wb = V · s	$T=Wb/m^2$
H = Wb/A			

例题 1

若功的单位由 SI 基本单位来表示，为 $m^2 \cdot kg \cdot s^{-2}$，则以下的量可用 SI 基本单位来表示：

（1）频率：Hz

（2）功率：W

（3）电动势：V

（4）电阻：Ω

【例题 1 解】

（1）频率

$Hz = s^{-1}$ ······ 1s 时间内交变的电振动的次数

（2）功率

$J = m^2 \cdot kg \cdot s^{-2}$

$$W = J/s = m^2 \cdot kg \cdot s^{-2}/s = m^2 \cdot kg \cdot s^{-3}$$

（3）电动势

$$V = W/A = m^2 \cdot kg \cdot s^{-3}/A = m^2 \cdot kg \cdot s^{-3} \cdot A^{-1}$$

（4）电阻

$$\Omega = V/A = m^2 \cdot kg \cdot s^{-3} \cdot A^{-1}/A = m^2 \cdot kg \cdot s^{-3} \cdot A^{-2}$$

例题 2

在本段文字的空格内填入 8 个恰当的词语。

以确立所有国家都采用的单位制为目标，于 1960 年制定国际单位制。国际单位制，简称为[(1)]，由长度：m，质量：[(2)]，时间：[(3)]等[(4)]个基本单位和它们的[(5)]，还有 20 个[(6)]构成。

电学量的 SI 单位是在其原有的 MKS 单位制的基础上建立起来的。这里，功的单位为[(7)]，功率的单位（W）由[(8)]来表示。

【例题 2 解】

（1）SI （2）kg （3）s （4）7 （5）导出单位

（6）单位词头 （7）焦［耳］(J) （8）焦［耳］每秒（J/s）

第2课
矢量

矢量用“大小”与“方向”来表示

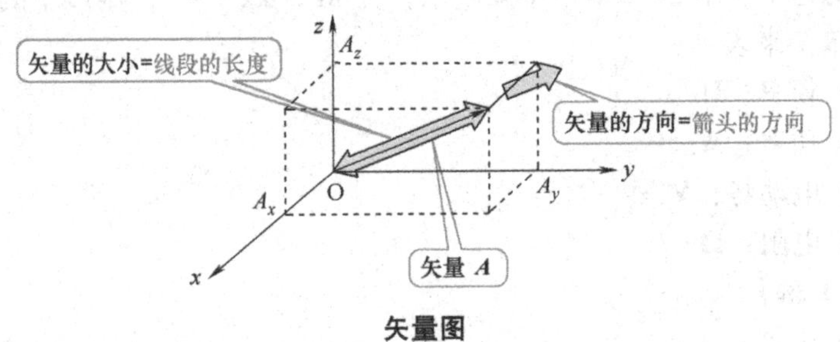

矢量图

● 矢量 A 用单位矢量表示

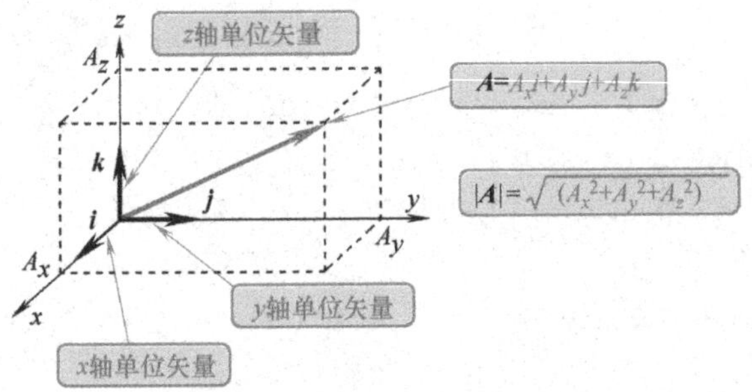

矢量的大小

● 矢量 A 和矢量 B 的和

矢量和为各个分量之和

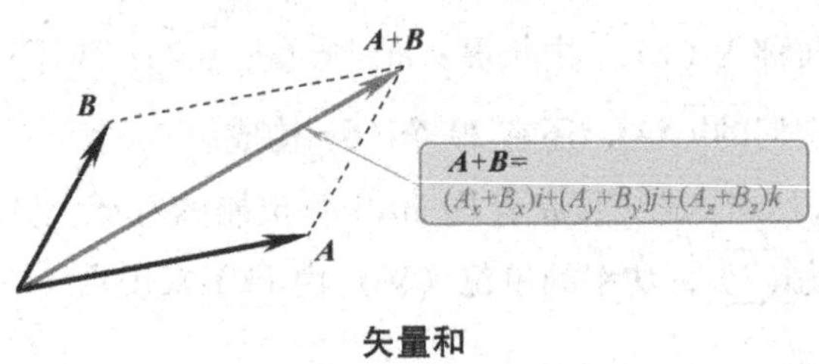

矢量和

注：电磁学中的电物理量，一般使用矢量来表示。

[1] **空间矢量的表示**

xyz 正交坐标系中，矢量 $\boldsymbol{A}$ 表示为

$$\boldsymbol{A} = A_x\boldsymbol{i} + A_y\boldsymbol{j} + A_z\boldsymbol{k}$$

$\boldsymbol{i}$、$\boldsymbol{j}$、$\boldsymbol{k}$ 为

$\boldsymbol{i}$ 为 x 轴方向的单位矢量。

$\boldsymbol{j}$ 为 y 轴方向的单位矢量。

$\boldsymbol{k}$ 为 z 轴方向的单位矢量。

A_x、A_y、A_z 为

A_x为矢量 $\boldsymbol{A}$ 在 x 轴上的分量；

A_y为矢量 $\boldsymbol{A}$ 在 y 轴上的分量；

A_z为矢量 $\boldsymbol{A}$ 在 z 轴上的分量；

[2] **矢量的大小**

矢量 $\boldsymbol{A}$ 的大小用 $|\boldsymbol{A}|$ 用下式表示：

$$|\boldsymbol{A}| = \sqrt{(A_x^2 + A_y^2 + A_z^2)}$$

[3] **矢量的和**

矢量 $\boldsymbol{A}$ 和矢量 $\boldsymbol{B}$ 的和 $\boldsymbol{A}+\boldsymbol{B}$ 用下式表示：

$$\boldsymbol{A} + \boldsymbol{B} = (A_x + B_x)\boldsymbol{i} + (A_y + B_y)\boldsymbol{j} + (A_z + B_z)\boldsymbol{k}$$

[4] **单位矢量**

矢量 $\boldsymbol{A}$ 与单位矢量 $\boldsymbol{\alpha}$ 的关系用下式表示：

$$\boldsymbol{A} = |\boldsymbol{A}|\boldsymbol{\alpha}$$

单位矢量 $\boldsymbol{\alpha}$ 用下式表示：

$$\boldsymbol{\alpha} = \frac{\boldsymbol{A}}{|\boldsymbol{A}|}$$

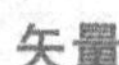

矢量

在直角坐标平面或三维坐标空间上取 O 点和 P 点，作一条以 O 点为起点、P 点为终点的线段，在 P 点上加个箭头表示矢量，矢量是由大小和方向组成的量，用箭头表示矢量的方向，线段的长度表示矢量的大小。

在下图中，矢量 $\boldsymbol{A}$ 的大小 $|\boldsymbol{A}|$ 表示为

$$|\boldsymbol{A}| = A = \mathrm{OP}$$

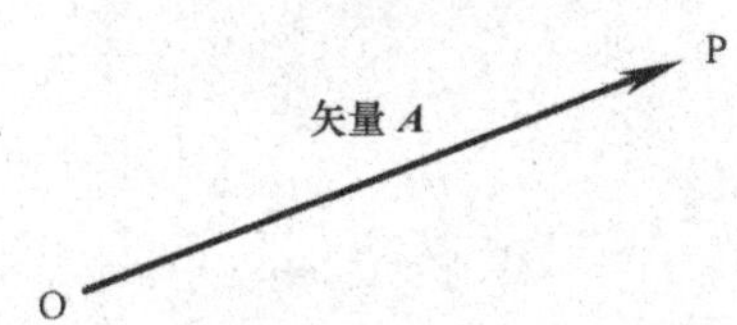

矢量的和

矢量 $\boldsymbol{A}$ 与矢量 $\boldsymbol{B}$ 的和 $\boldsymbol{A}+\boldsymbol{B}$ 可以用，将两个矢量的起点重合，使 $\boldsymbol{A}$ 和 $\boldsymbol{B}$ 作为平行四边形的相邻的两边，从两个矢量的起点向对角顶点作对角线来表示。

为了简化，可以将矢量表示在下图所示的平面上，如果矢量 $\boldsymbol{A}$ 和矢量 $\boldsymbol{B}$ 的和作为矢量 $\boldsymbol{C}$，则有

x 轴单位矢量

$$\boldsymbol{C}=\boldsymbol{A}+\boldsymbol{B}=(A_x+B_x)\boldsymbol{i}+(A_y+B_y)\boldsymbol{j}$$

y 轴单位矢量

合成矢量 $\boldsymbol{C}$ 的 x 方向的分量 C_x 和 y 方向的分量 C_y 可表示为

$$C_x=A_x+B_x,\ C_y=A_y+B_y$$

坐标图上表示为

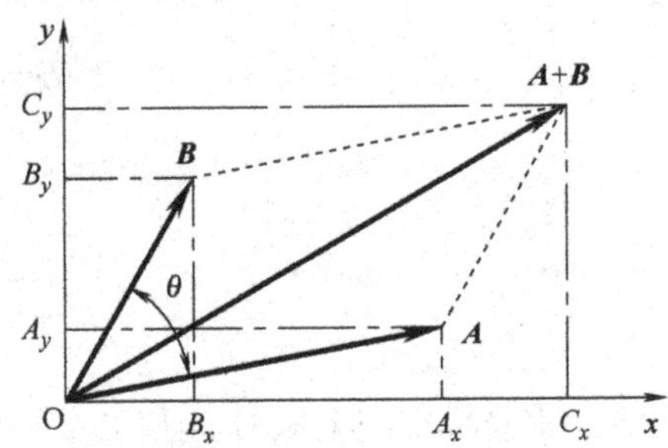

矢量的夹角

矢量 $\boldsymbol{A}$ 和矢量 $\boldsymbol{B}$ 的起点重合时，它们之间较小的角 $\boldsymbol{\theta}$ 称为两个矢量的夹角。

例题 1

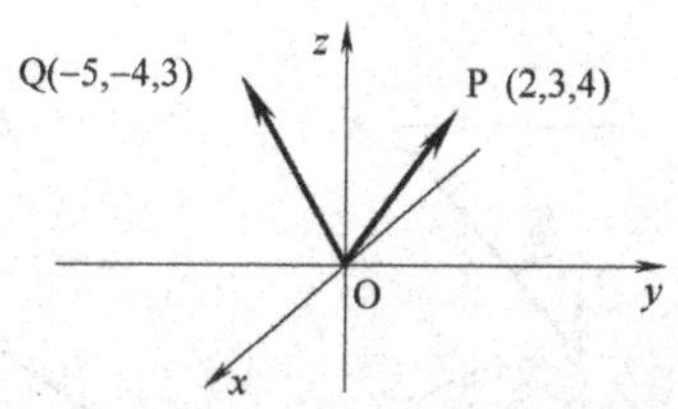

如上图所示，将 xyz 正交坐标系的原点作为起点作 OP 表示的矢量 $\boldsymbol{A}$ 和 OQ 表示的矢量 $\boldsymbol{B}$，求两个矢量的合成矢量的大小。

【例题 1 解】

矢量 $\boldsymbol{A}$ 和矢量 $\boldsymbol{B}$ 的合成矢量 $\boldsymbol{A}+\boldsymbol{B}$ 为

$$\boldsymbol{A}+\boldsymbol{B} = \underbrace{(2\boldsymbol{i}+3\boldsymbol{j}+4\boldsymbol{k})}_{\boldsymbol{A}} + \underbrace{(-5\boldsymbol{i}-4\boldsymbol{j}+3\boldsymbol{k})}_{\boldsymbol{B}}$$

$$= (2-5)\boldsymbol{i}+(3-4)\boldsymbol{j}+(4+3)\boldsymbol{k} = -3\boldsymbol{i}-\boldsymbol{j}+7\boldsymbol{k}$$

合成矢量的大小 $|\boldsymbol{A}+\boldsymbol{B}|$ 为

$$|\boldsymbol{A}+\boldsymbol{B}| = \sqrt{(-3)^2+(-1)^2+7^2} = \sqrt{59} \approx 7.68$$

合成矢量的 x 方向分量：(-3)；y 方向分量：(-1)；z 方向分量：7

例题 2

求矢量 $\boldsymbol{A}=3\boldsymbol{i}+2\boldsymbol{j}-\boldsymbol{k}$ 的单位矢量。

【例题 2 解】

矢量 $\boldsymbol{A}$ 的单位矢量 α 为

$$\alpha = \frac{\boldsymbol{A}}{|\boldsymbol{A}|} = \frac{3\boldsymbol{i}+2\boldsymbol{j}-\boldsymbol{k}}{\sqrt{3^2+2^2+(-1)^2}}$$

（分子为 $\boldsymbol{A}$，分母为 $|\boldsymbol{A}|$）

$$= \frac{3\boldsymbol{i}+2\boldsymbol{j}-\boldsymbol{k}}{\sqrt{14}} \approx 0.802\boldsymbol{i}+0.535\boldsymbol{j}-0.267\boldsymbol{k}$$

第3课
矢量的内积与外积

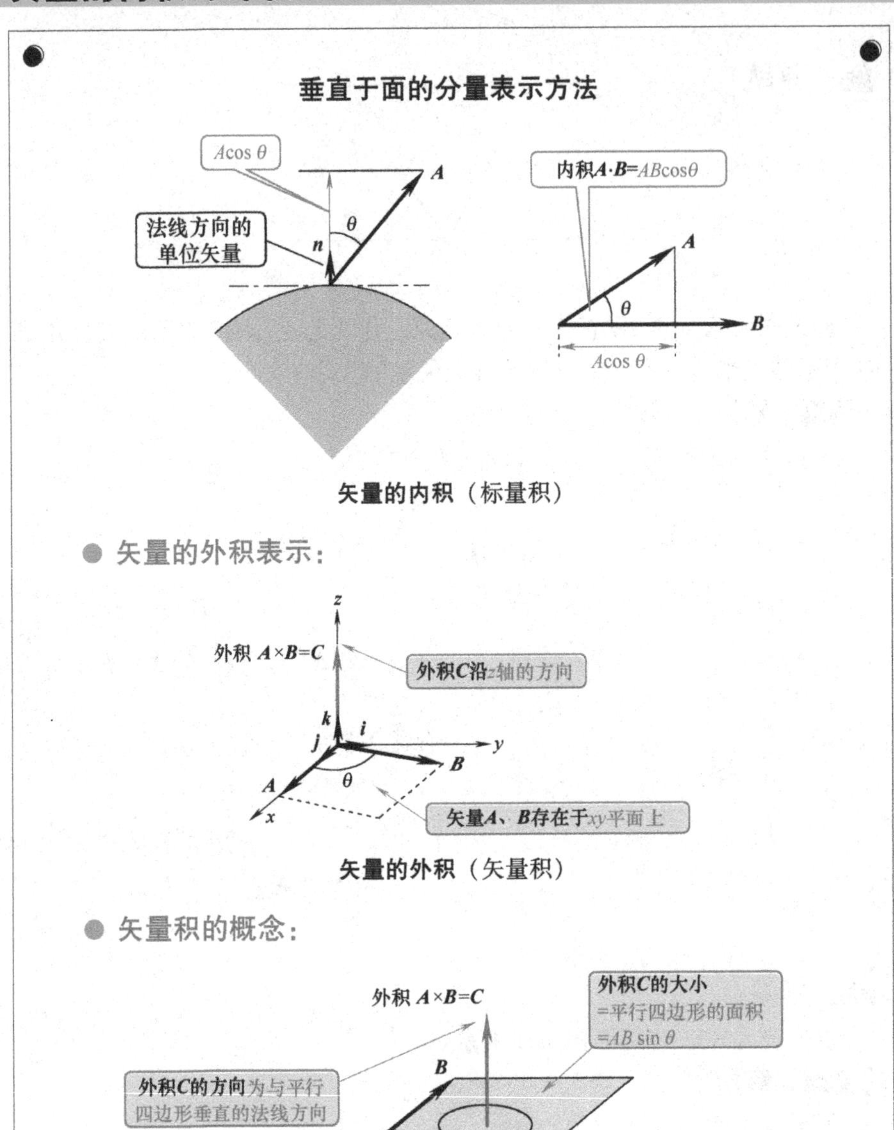

注：矢量的内积与外积的概念为电磁学所必须掌握的。

[1] **矢量的内积**

$\boldsymbol{A}$、$\boldsymbol{B}$ 为矢量，$\boldsymbol{A}$、$\boldsymbol{B}$ 的夹角为 θ，$\boldsymbol{A}$ 与 $\boldsymbol{B}$ 的内积为

$$\boldsymbol{A}\cdot\boldsymbol{B} = AB\cos\theta = A_xB_x + A_yB_y + A_zB_z$$

A_x、B_x 为矢量 $\boldsymbol{A}$、$\boldsymbol{B}$ 的 x 方向的分量。

A_y、B_y 为矢量 $\boldsymbol{A}$、$\boldsymbol{B}$ 的 y 方向的分量。

A_z、B_z 为矢量 $\boldsymbol{A}$、$\boldsymbol{B}$ 的 z 方向的分量。

[2] **内积的运算法则**

交换律：

$$\boldsymbol{A}\cdot\boldsymbol{B} = \boldsymbol{B}\cdot\boldsymbol{A}$$

结合律：

$$(\alpha\boldsymbol{A})\cdot\boldsymbol{B} = \boldsymbol{A}\cdot(\alpha\boldsymbol{B}) = \alpha(\boldsymbol{A}\cdot\boldsymbol{B})$$

分配律：

$$\boldsymbol{A}\cdot(\boldsymbol{B}+\boldsymbol{C}) = \boldsymbol{A}\cdot\boldsymbol{B} + \boldsymbol{A}\cdot\boldsymbol{C}$$

矢量 $\boldsymbol{A}$ 的大小 A 为

$$A = \sqrt{\boldsymbol{A}\cdot\boldsymbol{A}}$$

矢量 $\boldsymbol{A}$、$\boldsymbol{B}$ 的夹角 θ 为

$$\cos\theta = \frac{\boldsymbol{A}\cdot\boldsymbol{B}}{AB}$$

[3] **矢量的外积**

若 $\boldsymbol{A}$、$\boldsymbol{B}$ 为矢量，$\boldsymbol{A}$、$\boldsymbol{B}$ 的夹角为 θ，则

$\boldsymbol{A}$ 和 $\boldsymbol{B}$ 的外积为

$$\boldsymbol{A}\times\boldsymbol{B} = \boldsymbol{C}$$

$$C = AB\sin\theta$$

$\boldsymbol{A}\times\boldsymbol{B}$ 的方向与垂直于矢量 $\boldsymbol{A}$ 和 $\boldsymbol{B}$ 所做的平面的法线矢量方向相同。

[4] **外积的运算法则**

交换律：

$$\boldsymbol{A}\times\boldsymbol{B} = -\boldsymbol{B}\times\boldsymbol{A}$$

结合律：

$$(\alpha\boldsymbol{A})\times\boldsymbol{B} = \boldsymbol{A}\times(\alpha\boldsymbol{B}) = \alpha(\boldsymbol{A}\times\boldsymbol{B})$$

分配律：

$$\boldsymbol{A}\times(\boldsymbol{B}+\boldsymbol{C}) = \boldsymbol{A}\times\boldsymbol{B} + \boldsymbol{A}\times\boldsymbol{C}$$

矢量的内积：

内积可以由两个矢量的空间关系来表示的量。

① 两个矢量若是垂直关系，内积的大小为 0；

② 两个矢量若是同方向的矢量关系，内积为正值；

③ 两个矢量若是反方向的矢量关系，内积为负值。

矢量的外积

两个矢量的外积是将各个矢量作为两个邻边的平行四边形的面积矢量，外积的大小用其平行四边形的面积来表示，外积的方向为与其平行四边形垂直的法线矢量的方向。

外积的行列式

对于矢量 $\boldsymbol{A}=A_x\boldsymbol{i}+A_y\boldsymbol{j}+A_z\boldsymbol{k}$ 与矢量 $\boldsymbol{B}=B_x\boldsymbol{i}+B_y\boldsymbol{j}+B_z\boldsymbol{k}$，各个矢量的外积用行列式表示为

$$\boldsymbol{A}\times\boldsymbol{B}=\begin{vmatrix}\boldsymbol{i} & \boldsymbol{j} & \boldsymbol{k}\\ A_x & A_y & A_z\\ B_x & B_y & B_z\end{vmatrix}$$

$$=(A_yB_z-A_zB_y)\boldsymbol{i}+(A_zB_x-A_xB_z)\boldsymbol{j}+(A_xB_y-A_yB_x)\boldsymbol{k}$$

$\boldsymbol{i}$ 为 x 轴方向的单位矢量（大小为 1 的矢量）
$\boldsymbol{j}$ 为 y 轴方向的单位矢量（大小为 1 的矢量）
$\boldsymbol{k}$ 为 z 轴方向的单位矢量（大小为 1 的矢量）

单位矢量的内积和外积

单位矢量的内积为

$$\boldsymbol{i}\cdot\boldsymbol{i}=\boldsymbol{j}\cdot\boldsymbol{j}=\boldsymbol{k}\cdot\boldsymbol{k}=1 \quad \boldsymbol{i}\cdot\boldsymbol{j}=\boldsymbol{j}\cdot\boldsymbol{k}=\boldsymbol{k}\cdot\boldsymbol{i}=0$$

单位矢量的外积为

$$\boldsymbol{i}\cdot\boldsymbol{i}=\boldsymbol{j}\cdot\boldsymbol{j}=\boldsymbol{k}\cdot\boldsymbol{k}=0$$

$$\boldsymbol{i}\cdot\boldsymbol{j}=k \qquad \boldsymbol{j}\cdot\boldsymbol{i}=-k$$

$$\boldsymbol{j}\cdot\boldsymbol{k}=I \qquad \boldsymbol{k}\cdot\boldsymbol{j}=-i$$

$$\boldsymbol{k}\cdot\boldsymbol{i}=j \qquad \boldsymbol{i}\cdot\boldsymbol{k}=-j$$

例题 1

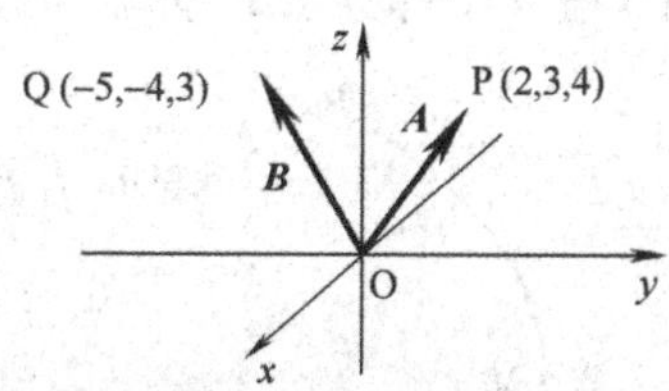

如上图所示，将 *xyz* 正交坐标系的原点作为起点，用 OP 代表矢量 $\boldsymbol{A}$，OQ 代表矢量 $\boldsymbol{B}$，试求这两个矢量的内积，以及两个矢量的夹角。

【例题 1 解】

矢量 $\boldsymbol{A}$ 和矢量 $\boldsymbol{B}$ 的内积 $\boldsymbol{A}\cdot\boldsymbol{B}$ 为

$$\boldsymbol{A}\cdot\boldsymbol{B} = (\underbrace{2\boldsymbol{i}+3\boldsymbol{j}+4\boldsymbol{k}}_{\boldsymbol{A}})\cdot(\underbrace{-5\boldsymbol{i}-4\boldsymbol{j}+3\boldsymbol{k}}_{\boldsymbol{B}})$$

$$=\{2\times(-5)+3\times(-4)+4\times3\}=-10$$

矢量 $\boldsymbol{A}$ 和矢量 $\boldsymbol{B}$ 大小为

$$A=\sqrt{\boldsymbol{A}\cdot\boldsymbol{A}}=\sqrt{2^2+3^2+4^2}=\sqrt{29}$$

$$B=\sqrt{\boldsymbol{B}\cdot\boldsymbol{B}}=\sqrt{(-5)^2+(-4)^2+3^2}=\sqrt{50}$$

两个矢量的夹角 θ 为

$$\cos\theta=\frac{\boldsymbol{A}\cdot\boldsymbol{B}}{AB}=\frac{-10}{\sqrt{29}\times\sqrt{50}}\quad \theta=\arccos\frac{-10}{\sqrt{1450}}=105.2°$$

例题 2

试求例题 1 中的两个矢量的外积。

【例题 2 解】

矢量 $\boldsymbol{A}$ 和矢量 $\boldsymbol{B}$ 的外积 $\boldsymbol{A}\times\boldsymbol{B}$ 为

$$\boldsymbol{A}\times\boldsymbol{B}=\begin{vmatrix}\boldsymbol{i} & \boldsymbol{j} & \boldsymbol{k}\\ A_x & A_y & A_z\\ B_x & B_y & B_z\end{vmatrix}=\begin{vmatrix}\boldsymbol{i} & \boldsymbol{j} & \boldsymbol{k}\\ 2 & 3 & 4\\ -5 & -4 & 3\end{vmatrix}\begin{matrix}\cdots\boldsymbol{A}\\ \cdots\boldsymbol{B}\end{matrix}$$

$$=\{3\times4-4\times(-4)\}\boldsymbol{i}+\{4\times(-5)-2\times3\}\boldsymbol{j}+\{2\times(-4)-3\times(-5)\}\boldsymbol{k}$$

$$=-7\boldsymbol{i}-26\boldsymbol{j}-27\boldsymbol{k}$$

第4课

线积分、面积分与体积积分

曲线 AB 被 n 个等分点 P_i 分割为微小弧

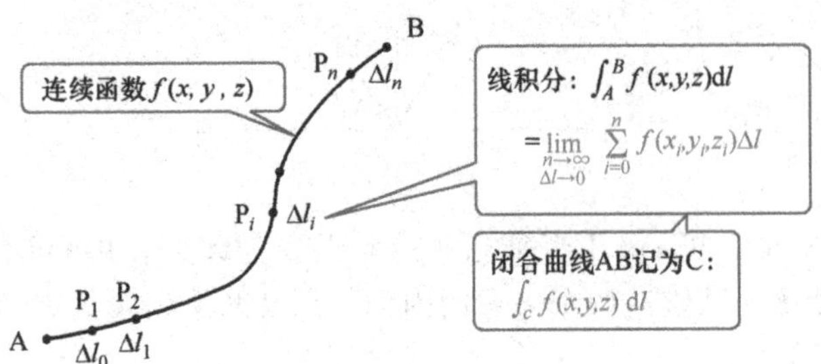

线积分的定义

● 有连续函数 $f(x, y, z)$ 和曲面 S 存在

曲面 S 被分割成 n 个微小的部分

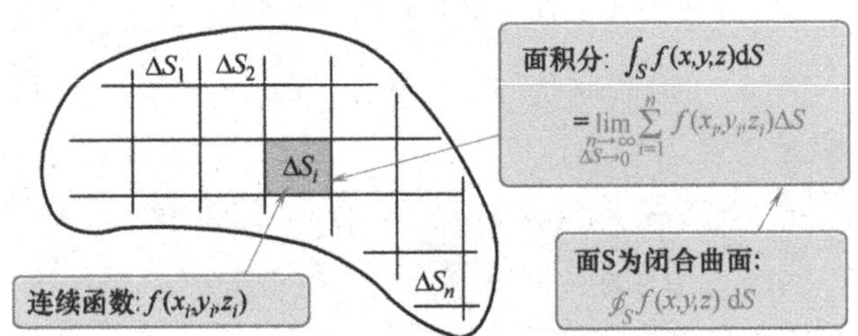

面积分的定义

● 有连续函数 $f(x, y, z)$ 和体积 V 存在

体积 V 被分割成 n 个微小的部分

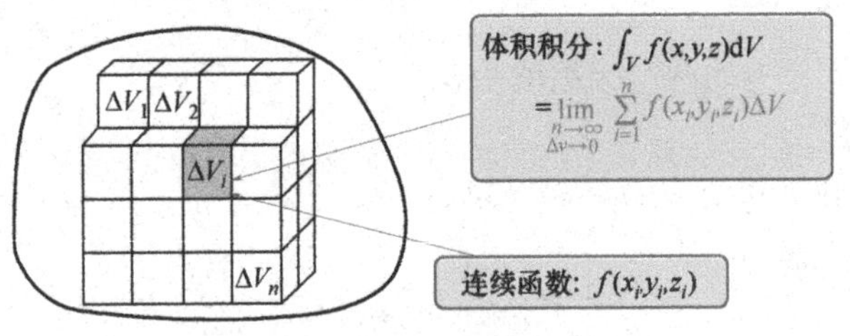

体积积分的定义

注：线积分、面积分和体积积分在电量计算中会经常用到

[1] **切线线积分**

矢量场 $\boldsymbol{A}(x, y, z)$ 中存在曲线 PQ 时，在其曲线上的一点的矢量 $\boldsymbol{A}$ 及该点的微小线段的切线矢量 $\mathbf{d}\boldsymbol{l}$ 的内积的线积分为

$$\int_P^Q \boldsymbol{A} \cdot \mathbf{d}\boldsymbol{l} = \int_P^Q A_l \mathbf{d}\boldsymbol{l}$$

A_l：$\boldsymbol{A}$ 在 l 方向（切线方向）分量

$$\mathbf{d}\boldsymbol{l} = \boldsymbol{i}\mathrm{d}x + \boldsymbol{j}\mathrm{d}y + \boldsymbol{k}\mathrm{d}z$$

[2] **法线面积分**

矢量场 $\boldsymbol{A}(x, y, z)$ 中存在曲面 S 时，在该曲面上一点的矢量，$\boldsymbol{A}$ 及该点的微小部分的单位法线矢量 $\boldsymbol{n}_0$ 的内积的面积分为

$$\int_S \boldsymbol{A} \cdot \boldsymbol{n}_0 \mathrm{d}S = \int_S A_n \mathbf{d}\boldsymbol{S}$$

A_n：$\boldsymbol{A}$ 的曲面 S 的法线方向分量

矢量场中的切线积分与法线面积分为
切线矢量、法线矢量的内积的积分

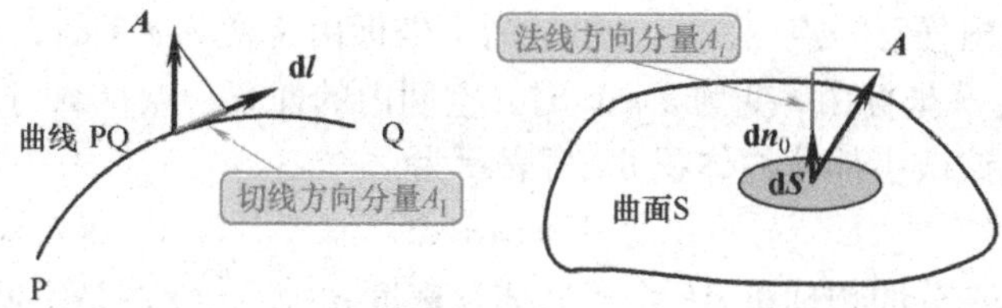

线积分

如设空间的连续函数为 $f(x, y, z)$，某曲线为 AB，则将该曲线用点 P_1、P_2，…，P_n，分割为 n 个微小的弧，该弧的各个长度为 Δl_i（$i=0, 1, 2, \cdots, n$）。在各弧上的点（x_i, y_i, z_i）的 $f(x_i, y_i, z_i)\Delta l_i$ 的和，就是当 $n\to\infty$、$\Delta l_i\to 0$ 时沿曲线 AB 的线积分。

面积分

设空间的连续函数为$f(x, y, z)$、某曲面为S，则将该曲面分割为n个微小部分，该微小部分的各个面积就为$\Delta S_i(i=1, 2, \cdots, n)$。在各个微小部分上的点（$x_i$，$y_i$，$z_i$）的$f(x_i, y_i, z_i)\Delta S_i$的和，就是当$n\to\infty$、$\Delta S_i\to 0$时在曲面$S$上的面积分。

体积积分

若设空间的连续函数为$f(x, y, z)$，用曲面围成的体积为V，则将该体积分割为n个微小部分，该微小部分的各个体积为$\Delta V_i(i=1, 2, \cdots, n)$。在各个微小部分中点（$x_i$，$y_i$，$z_i$）的$f(x_i, y_i, z_i)\Delta V_i$的和，就是当$n\to\infty$，$\Delta V_i\to 0$时体积$V$的体积积分。

如果某物理量用体积密度$\rho(x, y, z)$在空间内连续分布时，则任意空间内的该物理量的总量可以通过体积积分来求得。

在空间内任意一点（x，y，z），当x坐标由x变为$x+\mathrm{d}x$，y坐标由y变为$y+\mathrm{d}y$，z坐标由z变为$z+\mathrm{d}z$时，空间内的任意一点（x，y，z）做成微小部分，该微小部分的体积$\mathrm{d}V$可表示为

$$\mathrm{d}V=\mathrm{d}x\mathrm{d}y\mathrm{d}z$$

该微小部分的物理量$\mathrm{d}F$由于其体积密度$\rho(x, y, z)$是空间内某点的单位体积的物理量，于是有

$$\mathrm{d}F=\rho(x,y,z)\mathrm{d}V=\rho(x,y,z)\mathrm{d}x\mathrm{d}y\mathrm{d}z$$

在x坐标由0增加到x，y坐标由0增加到y，z坐标由0增加到z时构成的空间内，该物理量的总量F为

$$F=\int_V \mathrm{d}F=\int_V \rho(x,y,z)\mathrm{d}V=\int_0^x\int_0^y\int_0^z \rho(x,y,z)\mathrm{d}x\mathrm{d}y\mathrm{d}z$$

若某物理量的面密度$\rho(x, y, z)$为连续的分布函数，则任意曲面上的该物理量的总量可通过面积分求得。若某物理量的线密度$\rho(x, y, z)$为连续的分布函数，则任意曲线上的物理量的总量可通过线积分求得。

例题 1

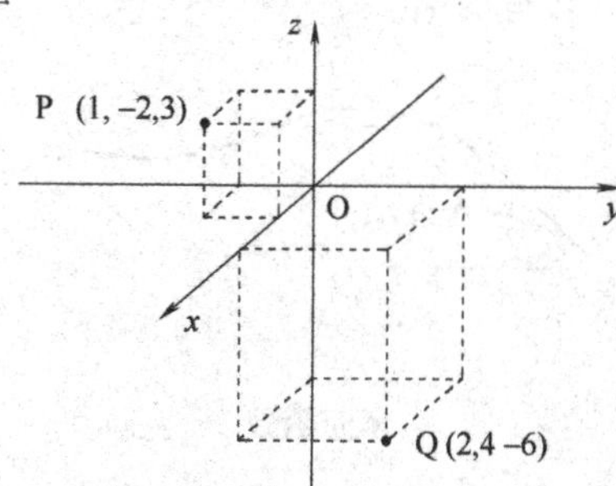

$\boldsymbol{A}=(x-1)\boldsymbol{i}+(y+1)\boldsymbol{j}+z\boldsymbol{k}$ 表示一个空间矢量，试求在上图所示的 xyz 正交坐标系上，从点 P(1，−2，3）到点 Q(2，4，−6）的线积分的值。

【例题 1 解】

内积 $\boldsymbol{A}\cdot\mathrm{d}\boldsymbol{l}$ 为

$$\boldsymbol{A}\cdot\mathrm{d}\boldsymbol{l}=\{(x-1)\boldsymbol{i}+(y+1)\boldsymbol{j}+z\boldsymbol{k}\}\cdot(\mathrm{d}x\boldsymbol{i}+\mathrm{d}y\boldsymbol{j}+\mathrm{d}z\boldsymbol{k})$$

$\{\ldots\}$：$\boldsymbol{A}$；$(\ldots)$：$\mathrm{d}\boldsymbol{l}$

从点 P(1，−2，3）到点 Q（2，4，−6）的线积分为

$$\int_P^Q\boldsymbol{A}\cdot\mathrm{d}\boldsymbol{l}=\int_1^2(x-1)\mathrm{d}x+\int_{-2}^4(y+1)\mathrm{d}y+\int_3^{-6}z\mathrm{d}z$$

$\boldsymbol{i}\cdot\boldsymbol{i}=1,\boldsymbol{i}\cdot\boldsymbol{j}=0,\boldsymbol{i}\cdot\boldsymbol{k}=0$

$$=\left[\frac{x^2}{2}-x\right]_1^2+\left[\frac{y^2}{2}+y\right]_{-2}^4+\left[\frac{z^2}{2}\right]_3^{-6}$$

$$=\frac{1}{2}+12+\left(18-\frac{9}{2}\right)=26$$

例题 2

试求半径为 r 的球面的闭合曲面上的函数 $f(x,y,z)=a$ 的面积分。

【例题 2 解】

面积分为

$$\oint_S f(x,y,z)\mathrm{d}S=f(x,y,z)\oint_S\mathrm{d}S=a(4\pi r^2)=4\pi r^2a$$

$\oint_S\mathrm{d}S$：半径为 r 的球的表面积

第5课

偏导数与全微分

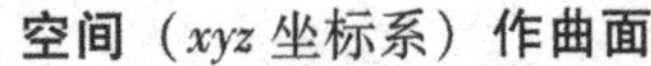

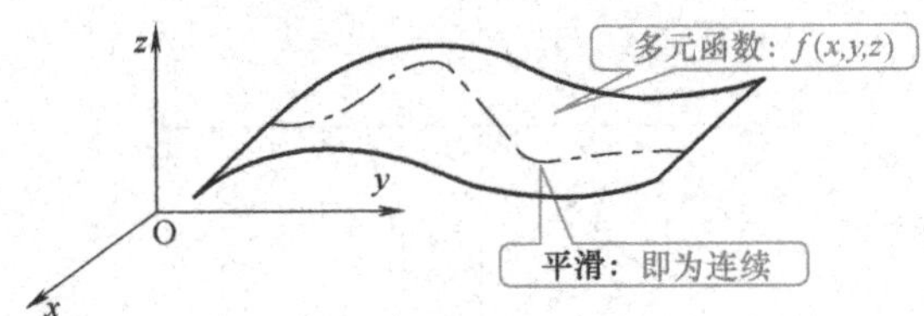

多元函数

● 若多元函数$f(x, y, z)$在定义域内是连续的，则其偏导数：

y、z 可看作常数：

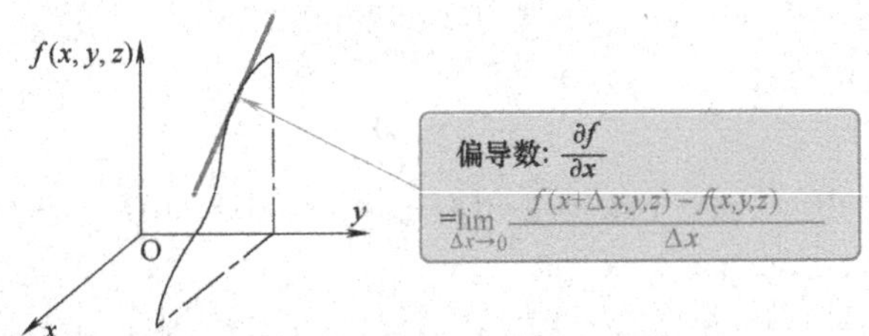

偏导数的定义

● 多元函数$f(x, y, z)$的梯度：

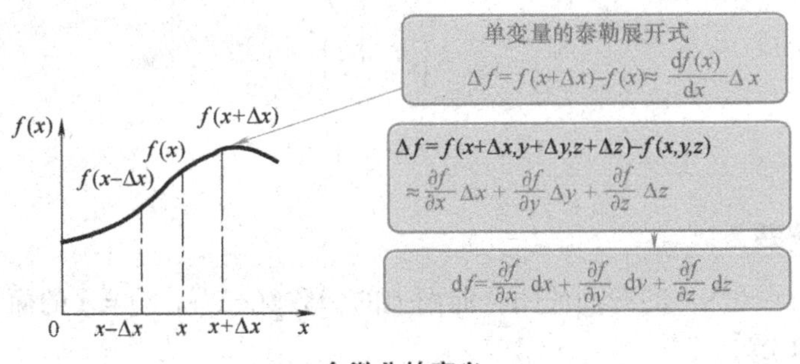

全微分的定义

注：偏微分与全微分通常用于求取电物理量在已知空间中的分布斜率（变化率）。

[1] 偏导数定理

可连续微分的多元函数 $f(x,\ y)$ 中，存在$\frac{\partial f}{\partial x}$、$\frac{\partial f}{\partial y}$、$\frac{\partial^2 f}{\partial x\partial y}$时，则

$$\frac{\partial^2 f}{\partial y\partial x}=\frac{\partial^2 f}{\partial x\partial y}$$

[2] 复合函数的偏导数

如果 $f(x)$、$g(x)$ 都是可连续微分的函数，$h(f(x)、g(x))$ 是关于 f、g 的可以连续偏微分的话，则有

$$\frac{\mathrm{d}h}{\mathrm{d}x}=\frac{\partial h}{\partial f}\frac{\partial f}{\partial x}+\frac{\partial h}{\partial g}\frac{\partial g}{\partial x}$$

如果 $f(x,\ y)$、$g(x,\ y)$ 都是可连续微分的函数，$h(f(x,\ y)、g(x,\ y))$ 是关于 f、g 的可以连续偏微分的话，则有

$$\frac{\partial h}{\partial x}=\frac{\partial h}{\partial f}\frac{\partial f}{\partial x}+\frac{\partial h}{\partial g}\frac{\partial g}{\partial x}$$

$$\frac{\partial h}{\partial y}=\frac{\partial h}{\partial f}\frac{\partial f}{\partial y}+\frac{\partial h}{\partial g}\frac{\partial g}{\partial y}$$

偏导数

函数 $f(x,\ y,\ z)$ 是连续的三元函数。如果把 y、z 看作常数的话，把函数 $f(x,\ y,\ z)$ 成为只是 x 的函数。把 $f(x,\ y,\ z)$ 只对 x 求导数称之为 $f(x,\ y,\ z)$ 对 x 的偏导数。同样地，可对 y、z 求导数就为 x、y、z 的偏导数，又称为偏微分。

全微分

多元函数 $f(x,\ y,\ z)$ 的梯度全微分求用得，可用以下多元函数 $f(x,\ y,\ z)$ 的泰勒展开式为

$$f(x+\Delta x,y+\Delta y,z+\Delta z)=f(x,y,z)+\frac{\partial f}{\partial x}\Delta x+\frac{\partial f}{\partial y}\Delta y+\frac{\partial f}{\partial z}\Delta z+\cdots$$

式中，Δx、Δy、Δz 表示非常小的变化量，忽略二次项以后各项，则有

$$\Delta f=f(x+\Delta x,y+\Delta y,z+\Delta z)-f(x,y,z)$$

$$\approx \frac{\partial f}{\partial x}\Delta x + \frac{\partial f}{\partial y}\Delta y + \frac{\partial f}{\partial z}\Delta z$$

当 $\Delta x \to 0$，$\Delta y \to 0$，$\Delta z \to 0$ 时该式的极限，就是全微分表达式：

$$\mathrm{d}f = \frac{\partial f}{\partial x}\mathrm{d}x + \frac{\partial f}{\partial y}\mathrm{d}y + \frac{\partial f}{\partial z}\mathrm{d}z$$

希腊字母表

希腊字母（Greek Alphabet）经常被作为符号使用。

大写	小写	英语	近似读音	大写	小写	英语	近似读音
A	α	alpha	啊耳发	N	ν	nu	纽
B	β	beta	贝塔	Ξ	ξ	xi	克西
Γ	γ	gamma	嘎马	O	o	omicron	奥密克戎
Δ	δ	delta	得耳塔	Π	π	pi	派
E	ε	epsilon	艾普西龙	P	ρ	rho	洛
Z	ζ	zeta	截塔	Σ	σ	sigma	西格马
H	η	eta	衣塔	T	τ	tau	滔
Θ	θ	theta	西塔	Υ	υ	upsilon	依普西龙
I	ι	iota	约塔	Φ	ϕ，φ	phi	费衣
K	κ	kappa	卡帕	X	χ	chi	喜
Λ	λ	lambda	兰姆达	Ψ	ψ，ψ	psi	普西
M	μ	mu	谬	Ω	ω	omega	欧米嘎

例题 1

试求 $f(x, y, z) = 2x^2yz^3 - 3xy^3$ 函数的偏导数。

【例题 1 解】

关于 x 的偏导数

$$2\frac{\mathrm{d}}{\mathrm{d}x}x^2yz^3$$

$$\frac{\partial f}{\partial x} = 4xyz^3 - 3y^2$$

关于 y 的偏导数

$$2x^2\frac{\mathrm{d}}{\mathrm{d}y}yz^3$$

$$\frac{\partial f}{\partial y} = 2x^2z^3 - 6xy$$

关于 z 的偏导数

$$2x^2y\frac{\mathrm{d}}{\mathrm{d}z}z^3$$

$$\frac{\partial f}{\partial z} = 6x^2yz^2$$

例题 2

试求 $f(x, y, z) = 2x^2yz^3 - 3xy^3$ 函数的全微分。

【例题 2 解】

$f(x, y, z) = 2x^2yz^3 - 3xy^3$ 的全微分：

$$\mathrm{d}f = (4xyz^3 - 3y^2)\mathrm{d}x + (2x^2z^3 - 6xy)\mathrm{d}y + (6x^2yz^2)\mathrm{d}z$$

$$\frac{\partial f}{\partial x} \qquad \frac{\partial f}{\partial y} \qquad \frac{\partial f}{\partial z}$$

第6课

物质与电荷、静电感应

电荷：物体所带的电荷［量］Q（C）

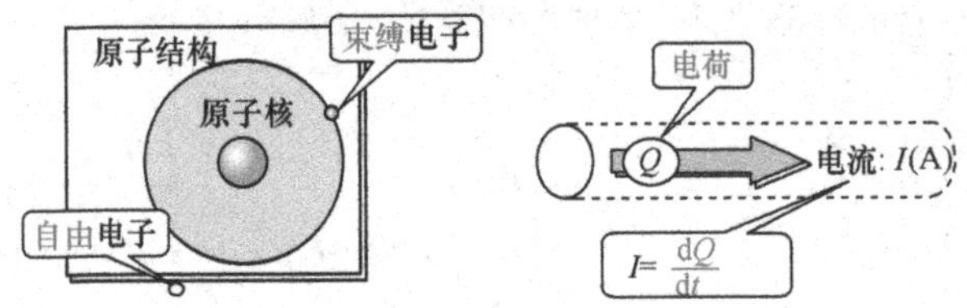

电荷和电流

● 根据电流流动的难易，物质可以分为多种类型：

电导率：表示电流在物体内流动的难易程度 κ（S/m）

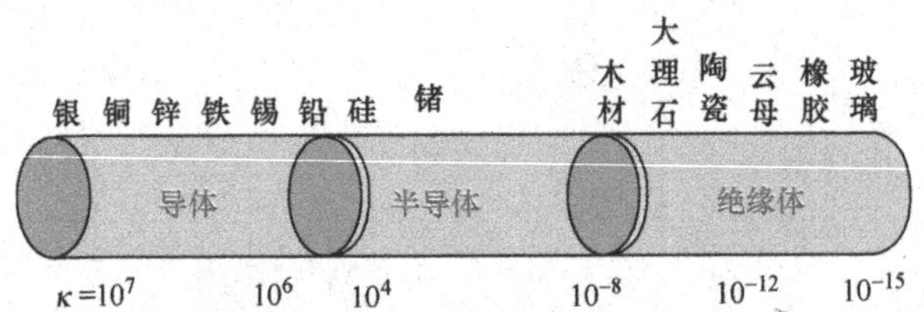

※导体、半导体、绝缘体并没有明确的界限

物质和电导率

● 物体靠近带电体：

带电体：带有电荷的物体

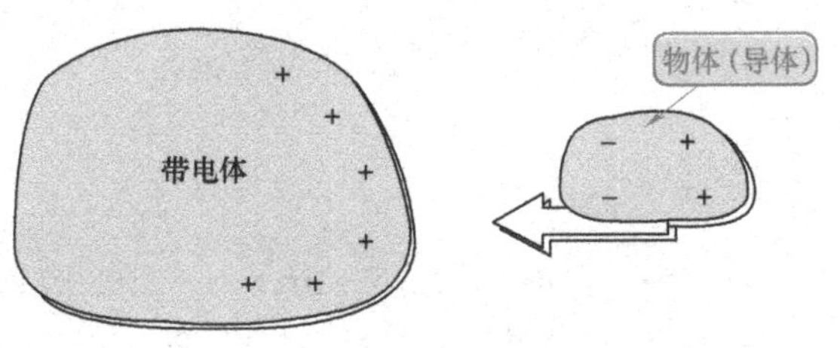

静电感应

注：导体与绝缘体的差异可以通过静电感应现象的不同来加以鉴别

[1] **电流的定义**

导体横截面中单位时间 dt 内通过的正电荷的电荷量 dQ 时，电流 I（A）的定义式：

$$I=\frac{dQ}{dt}$$

电流的方向为正电荷的移动方向。

[2] **电荷守恒定律**

在闭合导体中，导体内所有电荷移动时，其电荷的总量不变。

[3] **电导率**

电导率 κ（S/m）为

$$\kappa=\frac{1}{\rho}=\frac{l}{RS}$$

ρ 为电阻率（固有电阻）（Ω·m）

l 为物体的长度（m）

S 为物体的截面面积（m^2）

R 为物体的电阻（Ω）

电流，即电荷沿着一定的方向移动

电导率表示电荷移动的难易程度

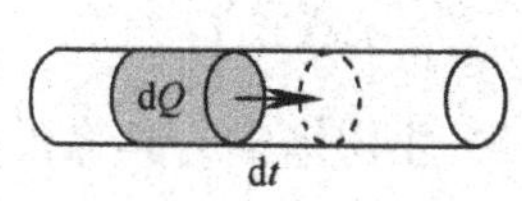

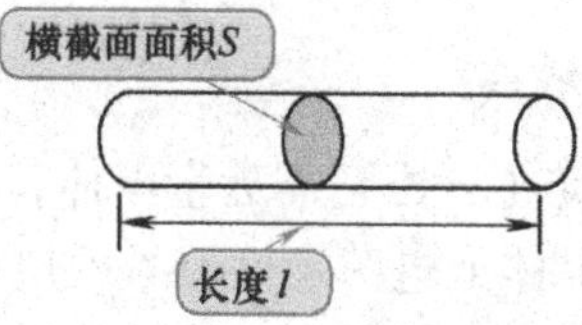

电荷

物质是由基本的原子组成，原子是由其中间部分的原子核和绕原子核四周椭圆轨道上旋转的电子组成，而原子核由质子和中子组成。

质子和电子是物体产生电磁作用的来源，质子带有正电荷，电子带有负电荷，质子和电子所带的电荷数量相等，其值 $e=1.602\times10^{-19}$C 为电荷的最小单位，称之为元电荷或基本电荷。

电子分布在原子核的周围，存在不能自由地移动到其他原子的束缚电子和可从原子脱离并自由地四处移动的自由电子。一般地，原子含有相同数量的质子和电子，所以原子不带电，表现为中性。不过，当原子失去电子的话，该原子就带有正电荷。如果，当原子获取了多余的电子，那么原子就带有负电荷。前者为阳（正）离子，后者为阴（负）离子。

导体、绝缘体

一般的金属都是很好地导电的导体。金、银、铜、铁、铅等的金属元素以及这些金属的合金，称之为金属。金属很容易导电，这主要是由于其晶体内存在自由电子。玻璃、橡胶等绝缘体的原子内部全部电子都被束缚，在物质内部不能自由地移动，因此不能导电。

此外，有些可以根据周围的电场和光照来控制电传导程度的物质，通常被称为半导体。以极低的温度控制使其电阻为0的物质被称为超导体。

静电感应

若将物质（导体）靠近带电体，则在中性物体中，其靠近带电体一侧会感应与带电体上电荷不同符号的电荷，远离带电体一侧会感应同符号的电荷的极性相同。这种现象称为静电感应。

有时，当我们触摸门把手的时候，时常会由于静电的作用产生麻木和电击的感觉，这种现象在干燥的冬天更容易出现。产生这种电击的主要原因是摩擦生电（产生静电）若两个物体相互摩擦就会产生静电。只要人们在行走，就会与各种物体摩擦而带电。由于身体与衣服、衣服相互间、鞋子与地板等的摩擦带电，所以在身体上就会积聚电荷。

当身体积聚电荷的情况下，接触金属的门把手时，就会感受到电击和麻木感。身体就成为带电体，当手接触金属门把手（导体）时，由于静电感应，金属门把手上就会感应不同符号的电荷，在正负的电荷之间会引起火花放电，身体也就感受到了电击的现象。

例题 1

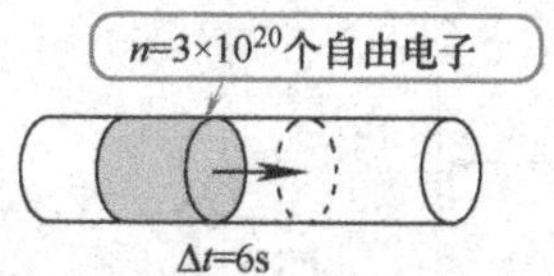

如上图所示，有截面面积为 $2mm^2$ 的导体，在 6s 时间之内通过该导体的横截面的自由电子数量为 3×10^{20} 个，试求流过导体的电流。

【例题 1 解】

流过导线的电流为

$$I=\frac{dQ}{dt}=\frac{\Delta Q}{\Delta t}=\frac{3\times10^{20}\times1.602\times10^{-19}}{6}A=8A$$

（$3\times10^{20}\times1.602\times10^{-19}$：$Q=ne$）

例题 2

测定长为 20m、直径为 1mm 的镍铬电热丝的电阻为 28Ω，试求这根镍铬电热丝的电导率。

【例题 2 解】

电热丝的截面面积 S 为

$$S=\pi\left(\frac{d}{2}\right)^2=3.14\times\left(\frac{1\times10^{-3}}{2}\right)^2m^2=3.14\times0.25\times10^{-6}m^2$$

镍铬电热丝的电导率 κ 为

$$\kappa=\frac{l}{RS}=\frac{20}{28\times3.14\times0.25\times10^{-6}}S/m=0.910\times10^{-6}S/m$$

（$3.14\times0.25\times10^{-6}$：截面面积）

库伦定律

两个点电荷 Q（C）之间的作用力 F（N）：静电力

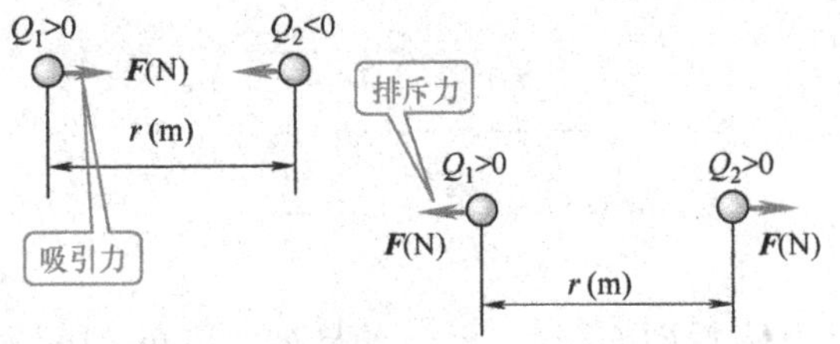

静电力（库伦力）

- 多个点电荷之间的作用力：

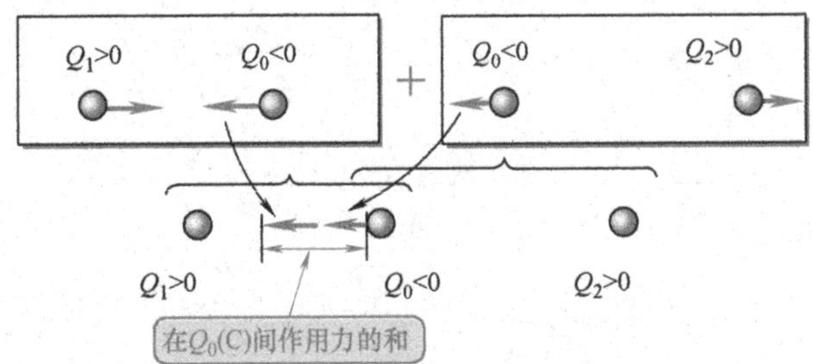

叠加原理

- 任意3个点上的电荷作用力

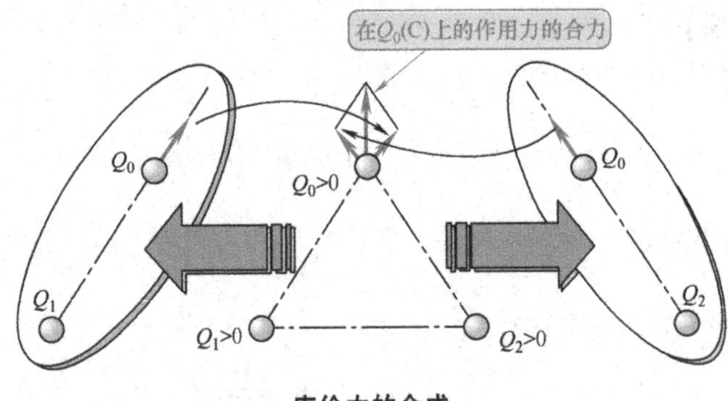

库伦力的合成

注：静电力为矢量，关于力的合成知识复习第2课。

[1] 库伦定律

两个点电荷之间的作用力 F(N) 为：

$$F = k\frac{Q_1 Q_2}{r^2}$$

$Q_1 Q_2$ 为电荷（C）

r 为电荷间的距离（m）

k 为真空中的比例系数（空气中的也几乎相同），

$$k = \frac{1}{4\pi\varepsilon_0} = 9\times10^9 \mathrm{m/F}$$

力的方向：在两个电荷所确定的直线上，当两电荷的符号不同时为引力，符号相同时为排斥力。

[2] 库伦定律的矢量表示

库伦定律的矢量表达式为

$$\boldsymbol{F} = k\frac{Q_1 Q_2}{r^2}\boldsymbol{r}_0$$

$\boldsymbol{r}_0$ 为电荷之间作用力的单位矢量

r 为电荷之间的距离

两个电荷 Q(C) 之间的作用力 F(N)，
通常把相互之间的排斥力作为正方向

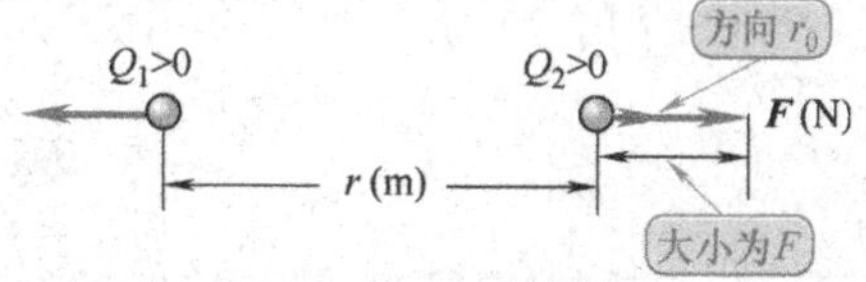

库伦定律

真空中或空气中的两个带电体，当带电体之间的距离比带电体的大小充分大的时候，相互之间的作用力可以看作与点电荷之间的作用力类似。两个带电体之间作用力的大小与两个带电体的电荷的乘积成正比，与两个带电体之间的距离的二次方成反比，该静电力也称为库伦力。

力的方向在带电体连线的方向上，相互作用力方向向外的，称为排斥力，记为正。

多个点电荷之间的作用力

电荷之间的作用力，大小和方向都可以用矢量来表示，多个点电荷存在的情况下，求其中的某个电荷上（里）的作用力，需要考虑除此电荷之外的其他各个电荷与该电荷之间的相互作用力，然后用矢量合成来表示该矢量的大小和方向。

在多个点电荷同时存在时，任意两个电荷之间独立的作用力，不会因为其他电荷的存在而改变。因此，可以通过分别计算两两电荷之间的作用力，然后通过矢量合成而计算最终的合力，也就是实际的作用力，这种方法称为叠加原理。

例题 1

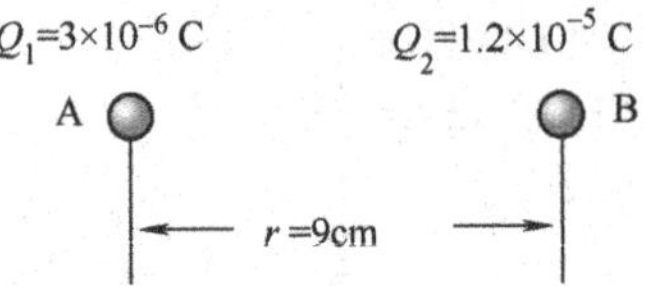

如图所示，真空中的两个电荷电量分别为 3×10^{-6}C、1.2×10^{-5}C，它们之间的距离为 9cm，求两个电荷之间的静电力。

【例题 1 解】

两个电荷之间的静电力 F(N) 为

$$F = k\frac{Q_1Q_2}{r^2} = 9\times10^9\times\frac{3\times10^{-6}\times1.2\times10^{-5}}{(9\times10^{-2})^2}\text{N} = 40\text{N}\ （排斥力）$$

Q_1

Q_2

r

$k=\dfrac{1}{4\pi\varepsilon_0}$

例题 2

如图所示，一个边长为 6cm 的等边三角形，以为顶点，2×10^{-6}C、-2×10^{-6}C、2×10^{-6}C 的三个点电荷分别位于三角形的三个顶点 ABC 的位置，求顶点 A 所受到的静电力。

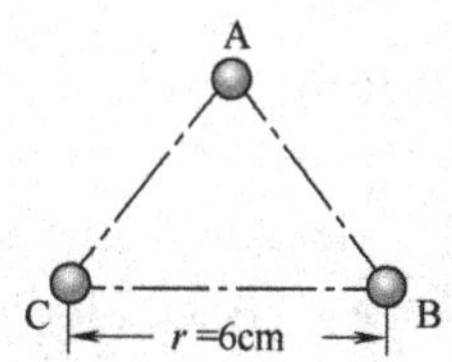

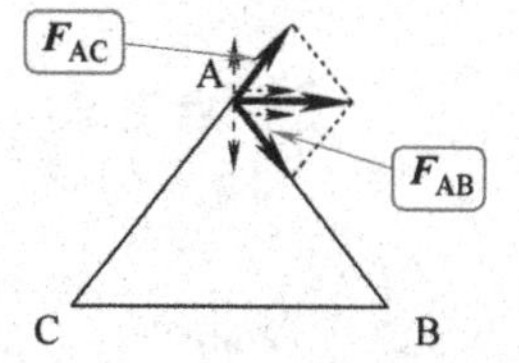

【例题2解】

顶点AB间的静电力为

$$F_{AB}=k\frac{Q_1Q_2}{r^2}=9\times10^9\times\frac{2\times10^{-6}\times(-2\times10^{-6})}{(6\times10^{-2})^2}\text{N}=-10\text{N}\text{（吸引力）}$$

顶点AC间的静电力为

$$F_{AC}=k\frac{Q_1Q_2}{r^2}=9\times10^9\times\frac{2\times10^{-6}\times2\times10^{-6}}{(6\times10^{-2})^2}\text{N}=10\text{N}\text{（排斥力）}$$

如图所示，顶点A所受的静电力F_{AB}和F_{AC}的合力大小为

$$F_A=|F_{AB}|=|F_{AC}|=10\text{N}$$

例题3

在例题1的条件下，A、B两点所定的一条直线上，放置另一个电荷于A、B点之间，求在A、B点之间的电荷所受合力为0的位置。

【例题3解】

假设电荷Q位于A、B点之间的C点的位置，当A、C点之间的距离为x时，在C点上的电荷受到的力F_{CA}、F_{CB}（N）为

$$F_{CA}=k\frac{3\times10^{-6}Q}{x^2},\quad F_{CB}=k\frac{1.2\times10^{-5}Q}{(9\times10^{-2}-x)^2}$$

因为，这两个力是正反作用力，$F_{CA}=F_{CB}$，所以：

$$\frac{3}{x^2}=\frac{12}{(0.09-x)^2},\ x=0.03\text{m}\text{ 或 }=-0.09\text{m}$$

到A点的距离为3cm时，它所受到的静电力的合力为0。

电场的定义、电场与电力线的关系

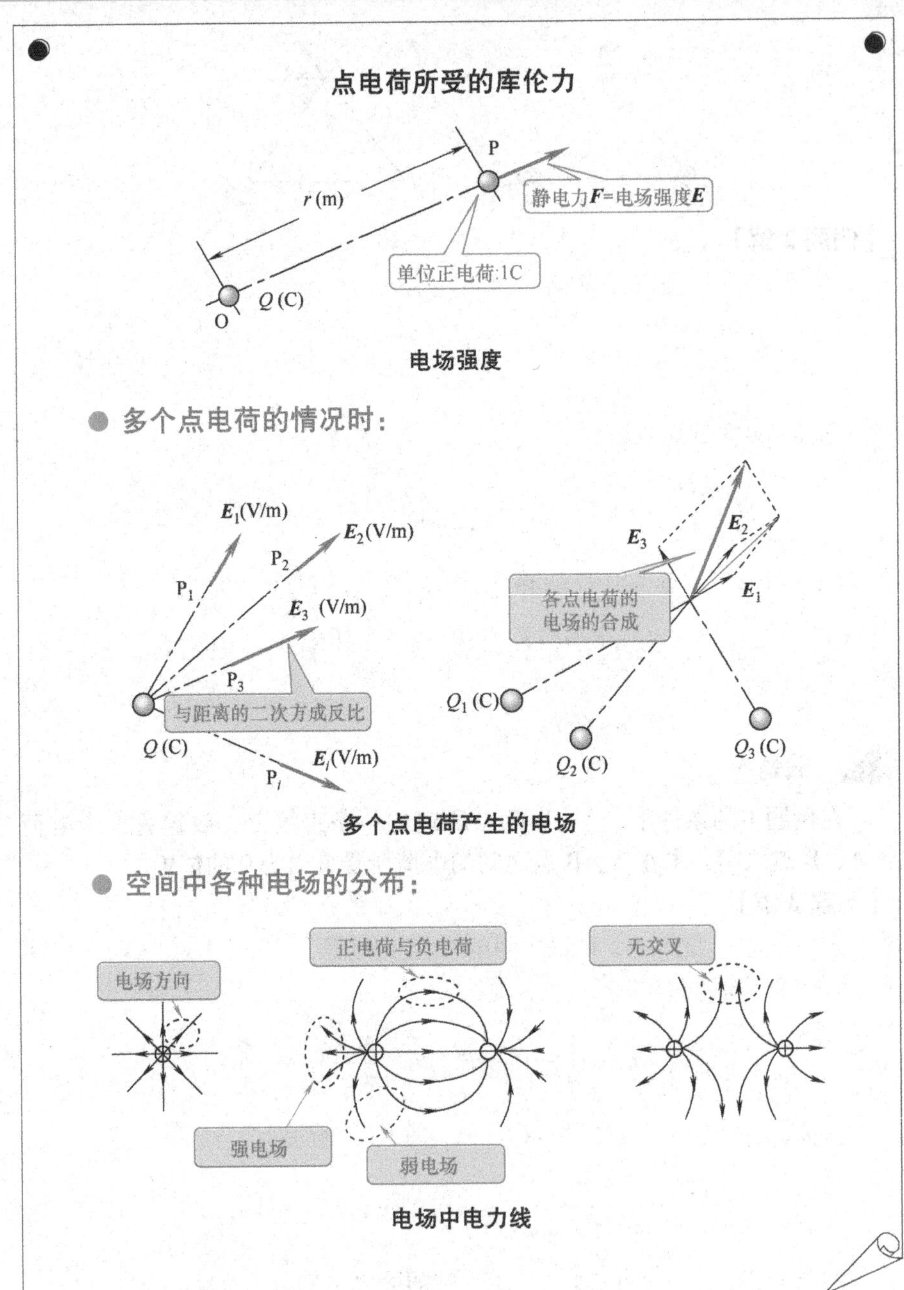

注：电场强度的大小可以用单位正电荷量在电场中所受到的静电力来定义。

[1] 电场强度

单个点电荷产生的电场强度 E（V/m）

$$\boldsymbol{E}=k\frac{Q_0}{r^2}\boldsymbol{r}_0$$

Q_0为电荷量（C）

r 为距离点电荷的距离（m）

$\boldsymbol{r}_0$ 为距离为处 r 的单位向量

k 为真空环境下的比例系数，

$$k=\frac{1}{4\pi\varepsilon_0}=9\times10^9\text{m/F}$$

电场强度 E（V/m）的大小为

$$E=k\frac{Q_0}{r^2}$$

[2] 静电力与电场强度的关系

电场中的点电荷所受到的力 F（N）

$$\boldsymbol{F}=Q\boldsymbol{E}$$

$\boldsymbol{E}$ 为该点的电场强度（V/m）

Q 为该点位置上电荷的电荷量（C）

[3] 2 个点电荷所产生的电场强度

空间中 2 个点电荷产生的电场强度 E（V/m）为

$$\begin{aligned}\boldsymbol{E}&=\boldsymbol{E}_1+\boldsymbol{E}_2\\&=(E_{1x}+E_{2x})\boldsymbol{i}+(E_{1y}+E_{2y})\boldsymbol{j}+(E_{1z}+E_{2z})\boldsymbol{k}\end{aligned}$$

$\boldsymbol{E}_1$为电荷 Q_1 产生的电场强度

$$\boldsymbol{E}_1=E_{1x}\boldsymbol{i}+E_{1y}\boldsymbol{j}+E_{1z}\boldsymbol{k}$$

$\boldsymbol{E}_2$ 为电荷 Q_2 产生的电场强度

$$\boldsymbol{E}_2=E_{2x}\boldsymbol{i}+E_{2y}\boldsymbol{j}+E_{2z}\boldsymbol{k}$$

电场强度大小为

$$E=\sqrt{\boldsymbol{E}\cdot\boldsymbol{E}}\text{（内积）}=\sqrt{(E_{1x}+E_{2x})^2+(E_{1y}+E_{2y})^2+(E_{1z}+E_{2z})^2}$$

电场

当某一带电体靠近另一个带电体时，该带电体将会受到静电力的作用，也就是说此带电体周围的空间存在电场。当把单位正电荷放入电场中的时候，正电荷所受到的静电力的电场强度和方向，就是该电场的电场强度矢量的大小和方向。

在真空中，O 点上有一点电荷，距离 O 点有一段距离的 P 点上的电场强度，与在该点上放置一个电荷量为 1C 的正电荷所受到的静电力的大小是相同的。

$O(x_0, y_0, z_0)$ 点位置上的电荷产生的电场强度

在 $O(x_0, y_0, z_0)$ 点上（里）放置电荷 $\boldsymbol{Q}_0$，$P(x, y, z)$ 点上的电场强度为 $\boldsymbol{E}$（V/m），从 O 点向 P 点的两线记为相量 $\boldsymbol{r}$，r 方向上的单位相量为 $\boldsymbol{r}_0$，$\boldsymbol{r}$ 的大小即为（OP 的距离）r 的长度。

$$\boldsymbol{r}=(x-x_0)\boldsymbol{i}+(y-y_0)\boldsymbol{j}+(z-z_0)\boldsymbol{k}$$

$$r=|\boldsymbol{r}|=\sqrt{(x-x_0)^2+(y-y_0)^2+(z-z_0)^2}$$

$$\boldsymbol{r}_0=\frac{\boldsymbol{r}}{r}=\frac{(x-x_0)\boldsymbol{i}+(y-y_0)\boldsymbol{j}+(z-z_0)\boldsymbol{k}}{r}$$

$$\boldsymbol{E}=E_x\boldsymbol{i}+E_y\boldsymbol{j}+E_z\boldsymbol{k}$$

$$E\boldsymbol{r}_0=E\frac{\boldsymbol{r}}{\boldsymbol{r}}=E\frac{(x-x_0)\boldsymbol{i}+(y-y_0)\boldsymbol{j}+(z-z_0)\boldsymbol{k}}{r}$$

$$E_x=E\frac{x-x_0}{r},\ E_y=E\frac{y-y_0}{r},\ E_z=E\frac{z-z_0}{r}$$

电力线

为了了解电场的分布情况，用虚拟的线来表示电场在空间的分布，这些线即为电力线。电力线的分布的形式具有以下性质。

① 电力线都是从正的电荷出发，在负的电荷结束。真空中，电力线从正电荷 Q(C) 发出 Q/ε_0 条，进入负电荷 $-Q$(C) 的条数也为 Q/ε_0。

② 在电力线上的任意一点所受的电场力的方向，为电力线的切线方向，也是该点的电场力的方向，电力线的密度表示为该点的电场强度大小。

③ 电力线不会在没有电荷的地方产生、减弱或连续，也不会与其他的电力线相交。

④ 电力线的密度在离开电荷的方向总是越来越稀疏的，因为同方向的电力线会相互排斥。

⑤ 电力线与导体的表面垂直方向出入，在导体内部不存在电力线。

例题 1

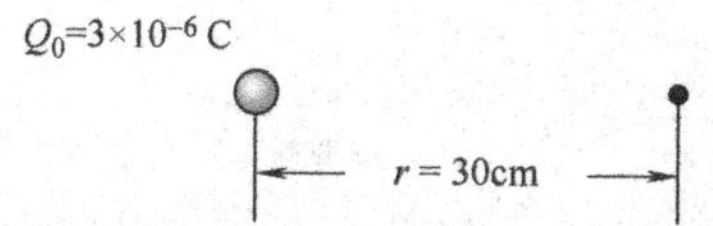

如图所示，空气中有一点电荷 3×10^{-6}C，距离该电荷 30cm 的位置有一点，求该点的电场强度，以及在该点放置以电荷量为 4×10^{-6}C 的电荷所受到的作用力。

【例题 1 解】

电荷 $Q_0=3\times10^{-6}$C 在距离该电荷 30cm 的位置产生的电场强度：

$$E=k\frac{Q_0}{r^2}=9\times10^9\times\frac{3\times10^{-6}}{0.3^2}\text{V/m}=3\times10^5\text{V/m}$$

（3×10^{-6} —— Q_0；0.3 —— r）

电荷 $Q=4\times10^{-6}$C 所受到的作用力的大小：

$$F=QE=4\times10^{-6}\times3\times10^5\text{N}=1.2\text{N}$$

例题 2

在点 A(0，0，0) 与点 B(2，0，0) 的位置上各有一点电荷，电荷量均为 2×10^{-6}C，求点 C(1，1，0) 上的电场强度。

【例题 2 解】

在点 A 上的电荷产生的电场强度 E_{CA}（V/m）为

$$E_{CA}=k\frac{Q_A}{r_{CA}^2}\cdot\frac{(x-x_A)\boldsymbol{i}+(y-y_A)\boldsymbol{j}+(z-z_A)\boldsymbol{k}}{\sqrt{(x-x_A)^2+(y-y_A)^2+(z-z_A)^2}}=9\times10^9\times\frac{2\times10^{-6}}{2}\times\frac{\boldsymbol{i}+\boldsymbol{j}}{\sqrt{2}}$$

在点 B 上的电荷产生的电场强度 E_{CB}（V/m）为

$$E_{CB}=k\frac{Q_B}{r_{CB}^2}\cdot\frac{(x-x_B)\boldsymbol{i}+(y-y_B)\boldsymbol{j}+(z-z_B)\boldsymbol{k}}{\sqrt{(x-x_B)^2+(y-y_B)^2+(z-z_B)^2}}=9\times10^9\times\frac{2\times10^{-6}}{2}\times\frac{-\boldsymbol{i}+\boldsymbol{j}}{\sqrt{2}}$$

点 C 的电场强度 E_C（V/m）为

$$\boldsymbol{E}_C=\boldsymbol{E}_{CA}+\boldsymbol{E}_{CB}=9\times10^3\times\left(\frac{\boldsymbol{i}+\boldsymbol{j}}{\sqrt{2}}+\frac{-\boldsymbol{i}+\boldsymbol{j}}{\sqrt{2}}\right)=9\sqrt{2}\times10^3\boldsymbol{j}$$

第 *9* 课

电场中的高斯定理

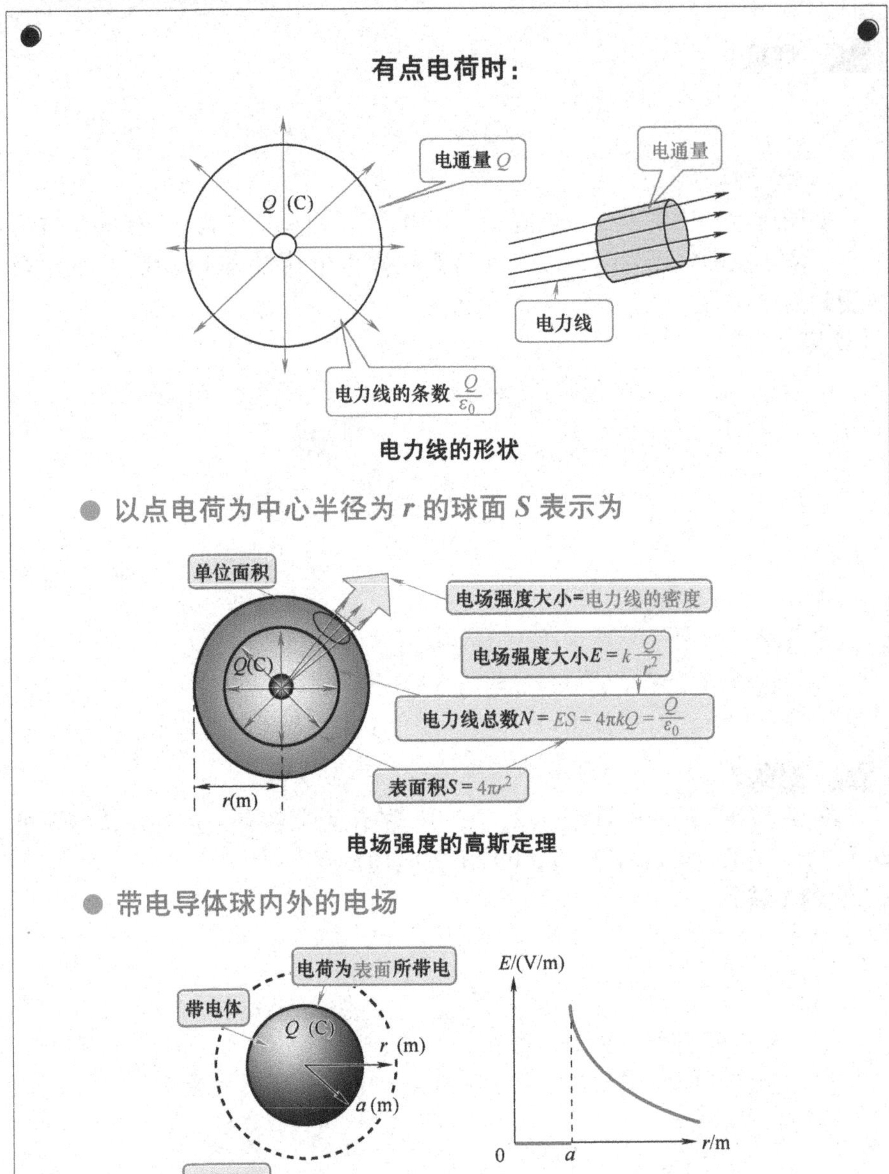

注：关于面积分参见第 4 课的内容。

[1] **电力线**

以点电荷为中心的任意球面，单位面积上的电力线的条数：

$$\frac{N}{S}=\frac{\left(\frac{Q}{\varepsilon_0}\right)}{4\pi r^2}=\frac{1}{4\pi\varepsilon_0}\cdot\frac{Q}{r^2}=E$$

Q 为电荷量（C）

N 为电力线的总数，$N=\frac{Q}{\varepsilon_0}$（条）

r 为球面的半径（m）

S 为球的表面积，$S=4\pi r^2$（m^2）

E 为电场强度（V/m）

[2] **电场中的高斯定理**

电场中的高斯定理为

$$\oint_S \boldsymbol{E}\cdot\boldsymbol{n}_0 \mathrm{d}S=\sum_{i=1}^{n}\frac{Q_i}{\varepsilon_0}$$

$\boldsymbol{E}$ 为电场强度（V/m）

$\boldsymbol{n}_0$ 为闭合曲面 S 上的任意一点的法线方向的单位相量

Q_i 为闭合曲面上的电荷量

积分表达式为

$$\oint_S E_n \mathrm{d}S=\oint_S E\cos\theta \mathrm{d}S=\sum_{i=1}^{n}\frac{Q_i}{\varepsilon_0}$$

E_n 为电场强度的面法线方向的分量（V/m）

E 为电场强度（V/m）

θ 为 $\boldsymbol{E}$ 与 $\boldsymbol{n}_0$ 夹角

任意闭合曲面内，当有多个点电荷存在时，相当于单个电荷情况的叠加。

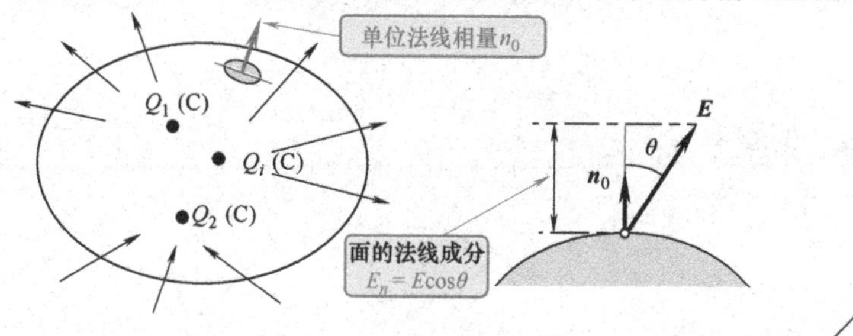

电通

电力线的方向以及密度表示了电场强度的方向和大小，从点电荷 Q（C）共发射出 Q/ε_0 个电力线，空间中任意一点的电力线的密度，表示为该点的电场，电力线分布的密度通常用电通来表示，电通是从点电荷 Q（C）闭合曲面穿过的电力线的总数 Q 条。

电场中的高斯定理

在空间中放置一点电荷 Q（C），电力线由电荷呈放射状传播，以点电荷为中心做一半径为 r(m) 的球面，则所有电力线均垂直穿过该球面，其总数为

$$N = ES = k\frac{Q}{r^2}\cdot 4\pi r^2 = 4\pi kQ = \frac{Q}{\varepsilon_0}$$

穿过球面的电力线个数与球面的半径无关，球面上穿过的电力线的总个数等于 Q/ε_0（个）。这个结论不仅适合于该特殊的球面上，对于任意闭合曲面也同样成立，这就是高斯定理。

一般，在电场中的任意闭合曲面上，穿过曲面的所有电力线的总个数为，闭合曲面电场强度的法线分量 E_n 的面积分：

$$N = \oint_S E_n \mathrm{d}S = \frac{Q}{\varepsilon_0}$$

如果，闭合曲面内有 n 个点电荷 $Q_i(i=1, 2, \cdots, n)$ 同时存在的情况下，则穿过闭合曲面的电力线的总数为

$$N = \oint_S E_n \mathrm{d}S = \sum_{i=1}^{n}\frac{Q_i}{\varepsilon_0}$$

例题 1

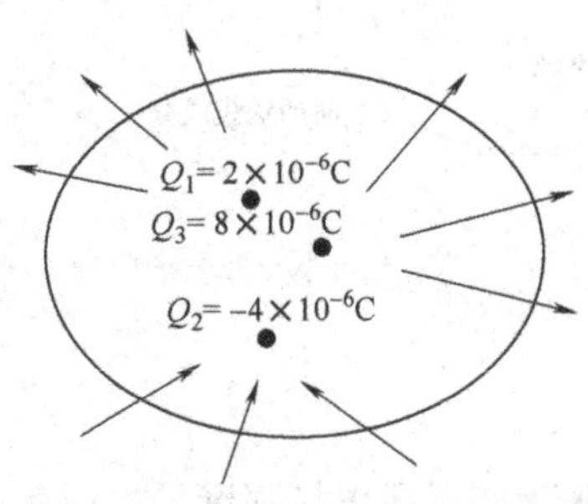

如图所示，包含有点电荷 2×10^{-6}C、-4×10^{-6}C、8×10^{-6}C 的闭合曲面上，垂直发出的电力线的总个数是多少？

【例题1解】

电力线的总个数为

$$N = \sum_{i=1}^{3} \frac{Q_i}{\varepsilon_0} = \frac{2\times10^{-6} - 4\times10^{-6} + 8\times10^{-6}}{8.854\times10^{-12}}\text{个} \approx 6.78\times10^{5}\text{个}$$

ΣQ_i

ε_0

例题2

电荷 Q（C）的带电导体半径为 a（m）的球体。求导体内外的电场强度。

【例题2解】

将导体以及导体以外的任意空间看作是半径为 r 的虚拟闭合球面 S，从闭合曲面垂直穿过的电力线的强度，也就是电场强度，在闭合曲面上的任何一点都是相同的，根据高斯定理，下式成立：

$$\oint_S E_n \mathrm{d}S = E\int_S \mathrm{d}S = E(4\pi r^2) = \frac{Q}{\varepsilon_0}$$

在导体球以外的空间（$r \geqslant a$），其电场强度 E（V/m）为

$$E = \frac{Q}{4\pi\varepsilon_0 r^2}$$

在导体球的内部（$r < a$），由于导体的电荷都集中分布在导体的外表面，内部电荷 $Q = 0$，所以其内部电场强度 E（V/m）为

$$E = 0$$

电位差与电位、由点电荷引起的电位

均匀电场中的点电荷移动的情况

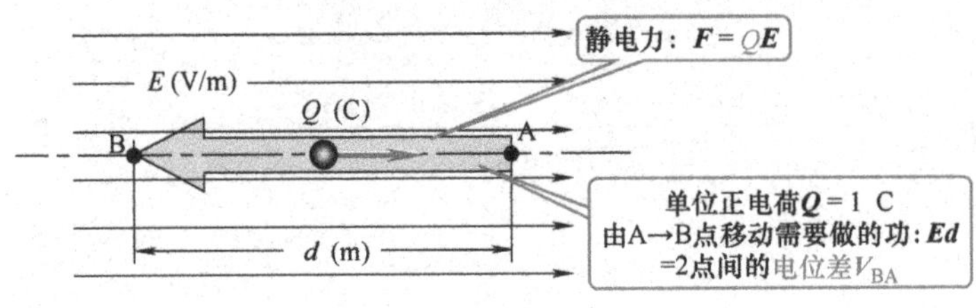

电位差

● 基准A点为无限远点的情况

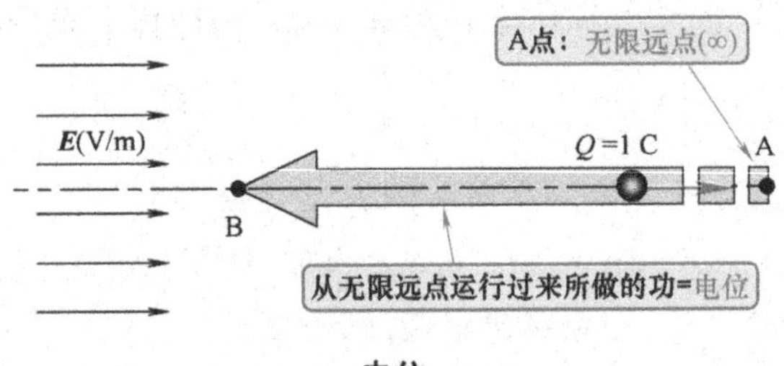

电位

● 以点电荷为中心的情况

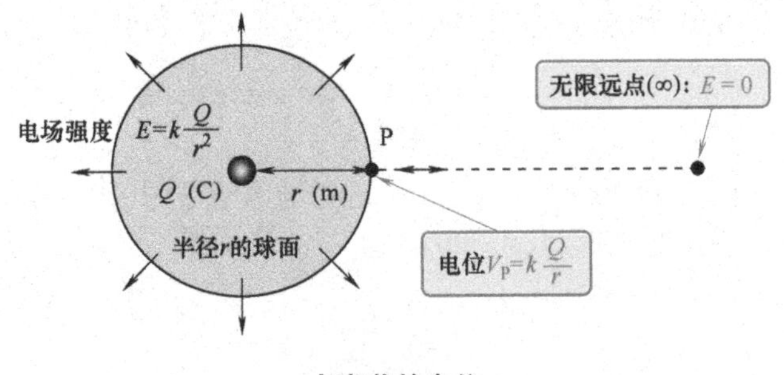

点电荷的电位

注：使用线积分来理解电位差和电位的不同。

[1] 电位差

电场中的 A 点对于 B 点的电位差 V_{BA}（V）为

$$V_{BA} = \frac{W_{BA}}{Q} = -\int_A^B \boldsymbol{E} \cdot \mathbf{d}\boldsymbol{l}$$

Q 为电荷（C）

E 为电场强度（V/m）

W_{BA}为点电荷在 A 点移动到 B 点所做的功（J）

$$\left(= -\int_A^B \boldsymbol{F} \cdot \mathbf{d}\boldsymbol{l} = -\int_A^B Q\boldsymbol{E} \cdot \mathbf{d}\boldsymbol{l} \right)$$

d*l* 为 AB 点之间任意一点的切线方向的矢量。

如果用积分式表示为

$$V_{BA} = -\int_A^B E_l \mathrm{d}l$$

E_l 为电场强度 E 的 dl 方向的分量（V/m）

[2] 电位

电场中的 B 点的电位 V_B（V）为

$$V_B = -\int_\infty^B \boldsymbol{E} \cdot \mathbf{d}\boldsymbol{l}$$

如果用积分式表示为

$$V_B = -\int_\infty^B E_l \mathrm{d}l$$

[3] 点电荷的电位

点电荷之外的 P 点的电位 V_P（V）为

$$V_P = -\int_\infty^r k\frac{Q}{r^2}\mathrm{d}r = k\frac{Q}{r}$$

Q 为电荷（C）

r 为点电荷距离 P 点的距离（m）

电场中，点电荷从 A 点到 B 点的，沿着 d*l* 的方向移动情况

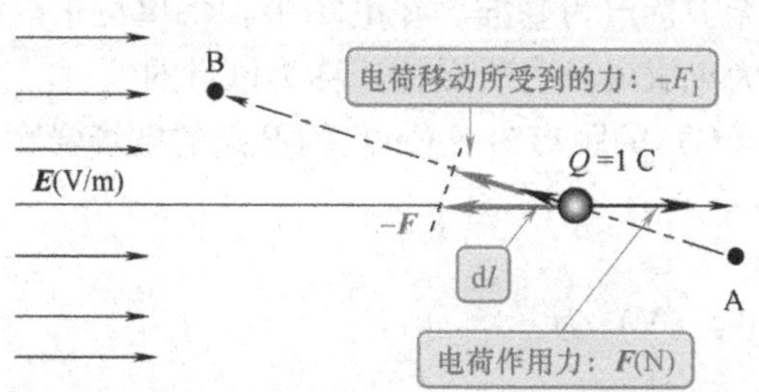

电位差

放置于电场中的电荷均会受到电场静电力的作用，使得电场中的正电荷总是会沿着电场强度的方向移动。因此，若逆着电场强度的方向，将单位正电荷从 A 点移动到 B 点就需要一个外力来克服电场的静电力才能完成。在此移动过程中，这个外力所做的功，就是 B、A 两点间的电位差或电压。

在等电场强度 $\boldsymbol{E}$（V/m）的电场中，点电荷 Q（C）沿着 $\mathbf{d}\boldsymbol{l}$ 的方向，移动一个微小的距离 $\mathrm{d}l$，则点电荷所受的电场力 $\boldsymbol{F}$（N）为

$$\boldsymbol{F}=Q\boldsymbol{E}$$

移动点电荷所做的功 $\mathrm{d}W$（J）为

$$\mathrm{d}W=-\boldsymbol{F}\cdot\mathbf{d}\boldsymbol{l}=-Q\boldsymbol{E}\cdot\mathbf{d}\boldsymbol{l}$$

$-\boldsymbol{E}$ 与 $\mathbf{d}\boldsymbol{l}$ 的夹角为 θ，它们的内积 $\boldsymbol{E}\cdot\mathbf{d}\boldsymbol{l}=E\mathrm{d}l\cos\theta$。电场中的 A 点到 B 点之间的电位差，等于单位正电荷移动该距离所做的功。电位差 V_{BA}（V）为

$$V_{\mathrm{BA}}=\frac{W_{\mathrm{BA}}}{Q}=-\int_A^B\boldsymbol{E}\cdot\mathbf{d}\boldsymbol{l}=-\int_A^B E\cos\theta\mathrm{d}l$$

$E\cos\theta$ 表示电场中 $\boldsymbol{E}$ 沿 $\mathbf{d}\boldsymbol{l}$ 方向的分量。

电位

以电场中的无穷远点为基准。在电场中，将单位正电荷从该基准点移动到某一点时，为克服电场力所做的功称为该点的电位。

距点电荷 Q（C）的距离为 r（m）的 P 点的电场强度 E（V/m）为

$$\boldsymbol{E}=k\frac{Q}{r^2}$$

点 P 的电位 V_{P}（V）为

$$V_{\mathrm{P}}=-\int_\infty^r E\mathrm{d}l=kQ\int_\infty^r\mathrm{d}l=kQ\left[\frac{1}{r}\right]_\infty^r=k\frac{Q}{r}$$

多个点电荷在有电场的情况下，任意的 P 点的电位均符合叠加原理：

$$V_{\mathrm{P}}=\sum_{i=1}^{n}=k\frac{Q_i}{r_i}$$

例题 1

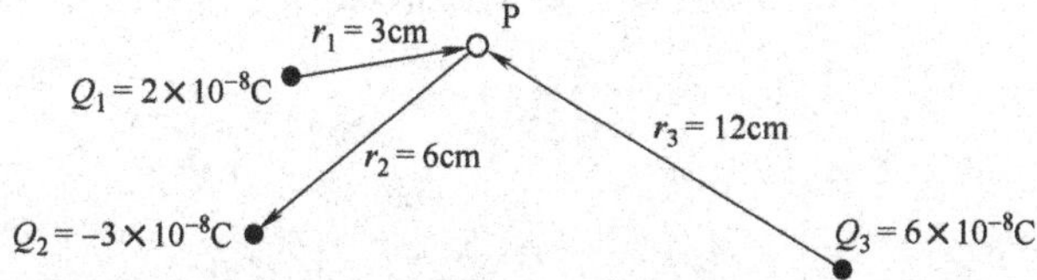

如图所示，真空中存在三个电荷 2×10^{-8}C、-3×10^{-8}C、6×10^{-8}C，距离 P 点的距离分别为 3cm、6cm、9cm，求该点的电位？

【例题 1 解】

点电荷 Q_1、Q_2、Q_3 在 P 点上的电位为

$$V_1 = k\frac{Q_1}{r_1} = 9\times10^9 \times \frac{2\times10^{-8}}{3\times10^{-2}}\text{V} = 6\times10^3\text{V}$$

（9×10^9：k；2×10^{-8}：Q_1；3×10^{-2}：r_1）

$$V_2 = k\frac{Q_2}{r_2} = 9\times10^9 \times \frac{-3\times10^{-8}}{6\times10^{-2}}\text{V} = -4.5\times10^3\text{V}$$

$$V_3 = k\frac{Q_3}{r_3} = 9\times10^9 \times \frac{6\times10^{-8}}{12\times10^{-2}}\text{V} = 4.5\times10^3\text{V}$$

$$V = V_1 + V_2 + V_3 = 6\times10^3\text{V}$$

例题 2

电场中电场强度恒定为 $\boldsymbol{E} = 2\boldsymbol{i} - \boldsymbol{j} + 3\boldsymbol{k}$，电场中 A 点（1，−2，3）到 B 点（2，−2，3）之间电位差。

【例题 2 解】

均匀电场中的 A 点到 B 点之间的电位差为

$$V_{BA} = -\int_A^B \boldsymbol{E}\cdot \mathrm{d}\boldsymbol{l} = -\boldsymbol{E}\cdot\left(\int_A^B \mathrm{d}\boldsymbol{l}\right)$$

（$\boldsymbol{E}$；内积；$\int_A^B \mathrm{d}\boldsymbol{l}$）

$$= -(2\boldsymbol{i} - \boldsymbol{j} + 3\boldsymbol{k})\cdot\{(2-1)\boldsymbol{i} + (-2+2)\boldsymbol{j} + (3-3)\boldsymbol{k}\}$$

$$= -(2\times1 - 1\times0 + 3\times0)\text{V} = -2\text{V}$$

电位梯度与电场强度

空间点电荷的情况

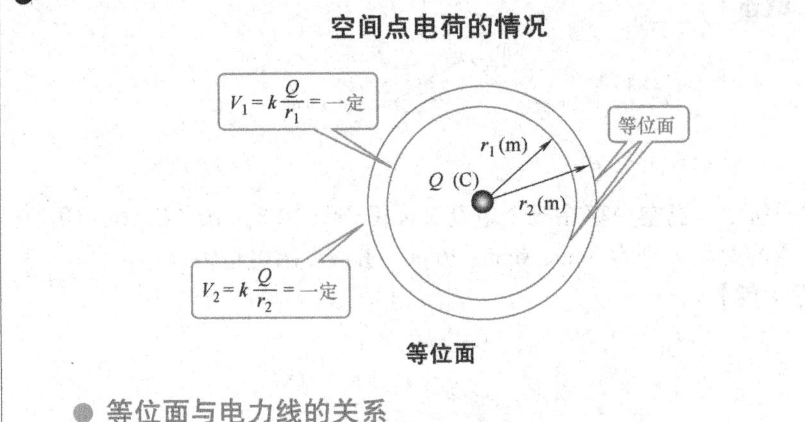

等位面

● 等位面与电力线的关系

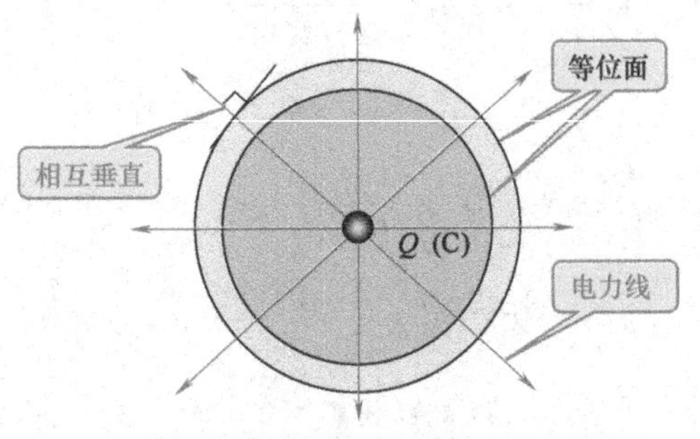

等位面与电力线

● 电位的梯度

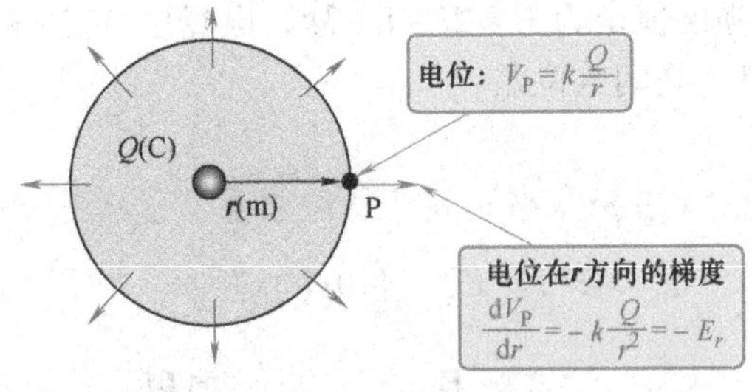

电场中电位梯度与电场强度

注：电位梯度即是电场强度。使用通过第 5 课学习的全微分进行了解。

[1] 电位梯度

空间中电位梯度，可以用全微分 dV（V/m）来表示：

$$dV=\frac{\partial V}{\partial x}dx+\frac{\partial V}{\partial y}dy+\frac{\partial V}{\partial z}dz$$

$V(x, y, z)$ 为电位（V）

[2] 电位梯度与电场

电位梯度与电场强度的关系为

$$\boldsymbol{E}=-\left(\frac{\partial V}{\partial x}\boldsymbol{i}+\frac{\partial V}{\partial y}\boldsymbol{j}+\frac{\partial V}{\partial z}\boldsymbol{k}\right)$$

E 为电场强度（V/m）

电场强度在 x、y、z 方向上的分量：

$$E_x=\frac{\partial V(x,y,z)}{\partial x}$$

$$E_y=\frac{\partial V(x,y,z)}{\partial y}$$

$$E_z=\frac{\partial V(x,y,z)}{\partial z}$$

空间中的等位面上的点的电场强度

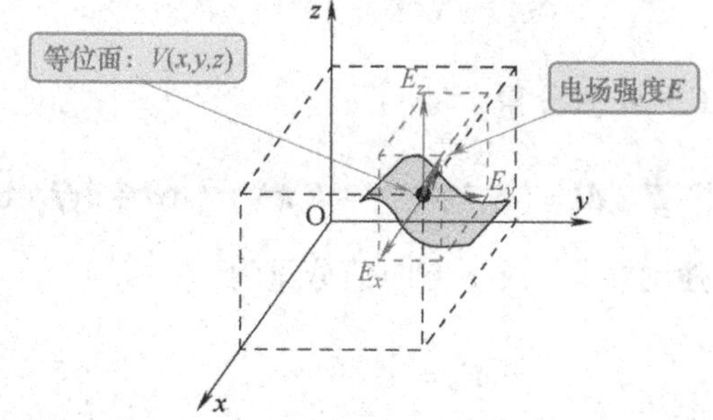

等位面

电场中的所有电位相等的点所构成的平面称为等位面。空间中有一点电荷，以点电荷为中心，以与点电荷距离 r(m) 为半径的球面，在该球面上的电位都相等。此时，以该电荷为中心的球面称为等位面。

对于等位面，有以下一些共同的性质：

① 等位面与电力线都是垂直相交的；

② 不同的等位面之间是不可能相交的。

电位梯度

有空间的 P 点，如果其周围的电位分布已知，并以矢量的形式来表示，则该点的电场强度在 x、y、z 方向的分量，以及该点电位梯度在 x、y、z 方向的分量均可根据电位分布计算出来。

该点的电位 $V(x, y, z)$ 的梯度可用全微分 $\mathrm{d}V$ (V/m) 表达：

$$\mathrm{d}V = \frac{\partial V}{\partial x}\mathrm{d}x + \frac{\partial V}{\partial y}\mathrm{d}y + \frac{\partial V}{\partial z}\mathrm{d}z = \left(\frac{\partial V}{\partial x}\boldsymbol{i} + \frac{\partial V}{\partial y}\boldsymbol{j} + \frac{\partial V}{\partial z}\boldsymbol{k}\right) \cdot (\mathrm{d}x\boldsymbol{i} + \mathrm{d}x\boldsymbol{j} + \mathrm{d}x\boldsymbol{k})$$

将 $V = -\int_{\infty}^{P} \boldsymbol{E} \cdot \mathbf{d}\boldsymbol{l}$ 微分得

$$\mathrm{d}V = -\boldsymbol{E} \cdot \mathbf{d}\boldsymbol{l} = (E_x\boldsymbol{i} + E_y\boldsymbol{j} + E_z\boldsymbol{k}) \cdot (\mathrm{d}x\boldsymbol{i} + \mathrm{d}y\boldsymbol{j} + \mathrm{d}z\boldsymbol{k})$$

因此，电场强度在 x、y、z 方向的分量为

$$E_x = \frac{\partial V(x,y,z)}{\partial x}$$

$$E_y = \frac{\partial V(x,y,z)}{\partial y}$$

$$E_z = \frac{\partial V(x,y,z)}{\partial z}$$

例题 1

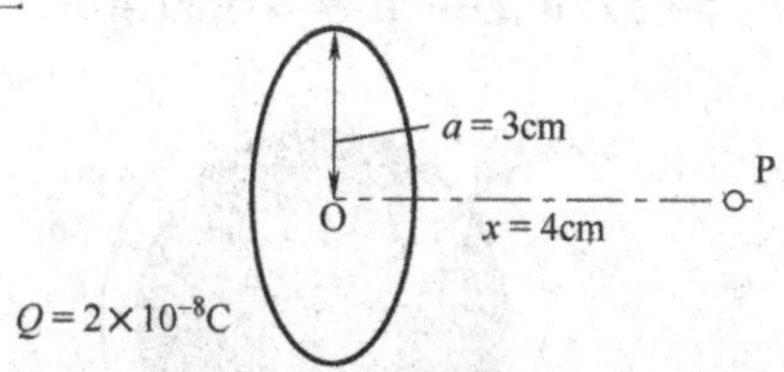

如图所示，真空中有半径为 3cm 的圆环，电荷量 2×10^{-8}C 均匀分布在圆环上。位于圆环中心轴上，距离圆环中心 4cm。计算 P 点的电场强度。

【例题 1 解】

圆环上的微小长度 dl 的电荷量用 $\mathrm{d}Q=\dfrac{Q}{2\pi a}$来表示，这些电荷在 P 点产生的电位为

$$\mathrm{d}V=k\frac{\mathrm{d}Q}{\sqrt{a^2+x^2}}=k\frac{Q}{2\pi a\sqrt{a^2+x^2}}$$

整个圆环在 P 点产生的电位 V（V）为

$$V=\int_0^{2\pi a}\mathrm{d}V=k\frac{Q}{\sqrt{a^2+x^2}}$$

P 点在中心轴（x）方向的电场强度 E_x（V/m）为

$$E_x=-\frac{\partial V}{\partial x}=k\frac{Qx}{(a^2+x^2)^{\frac{3}{2}}}$$

$$=9\times10^9\times\frac{\overbrace{2\times10^{-8}}^{Q}\times\overbrace{4\times10^{-2}}^{x}}{\{(\underbrace{3\times10^{-2}}_{a})^2+(\underbrace{4\times10^{-2}}_{x})^2\}^{\frac{3}{2}}}\mathrm{V/m}=1.152\times10^4\mathrm{V/m}$$

例题 2

当空间中的电压分布为 $V=3x+2y-9z$ 时，试计算其电场强度的分布。

【例题 2 解】

电场强度 E（V/m）的分布为

$$\boldsymbol{E}=-\left(\frac{\partial V}{\partial x}\boldsymbol{i}+\frac{\partial V}{\partial y}\boldsymbol{j}+\frac{\partial V}{\partial z}\boldsymbol{k}\right)=-(3\boldsymbol{i}+2\boldsymbol{j}-9\boldsymbol{k})=-3\boldsymbol{i}-2\boldsymbol{j}+9\boldsymbol{k}$$

第 12 课
带电导体的电场和电位——导体球

半径为 a 的带电导体球的情况

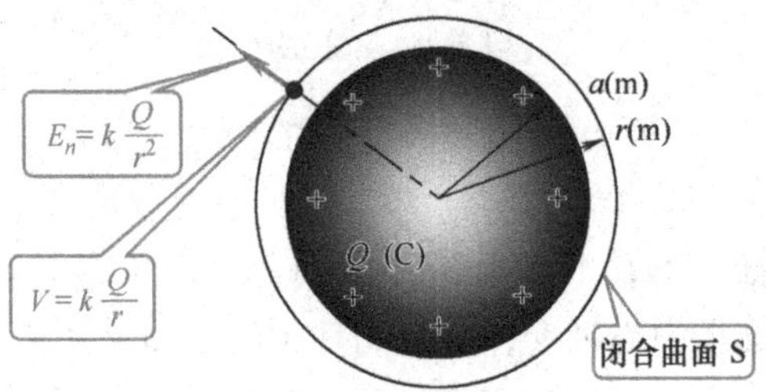

带电导体球的外部

● 导体球的内部

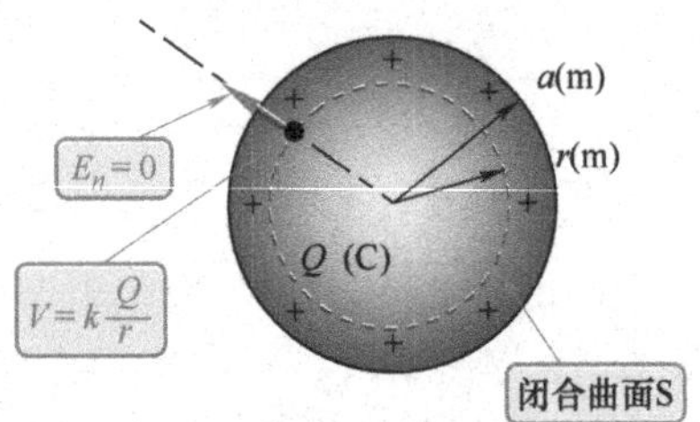

带电导体球的内部

● 导体球内部为空心的情况

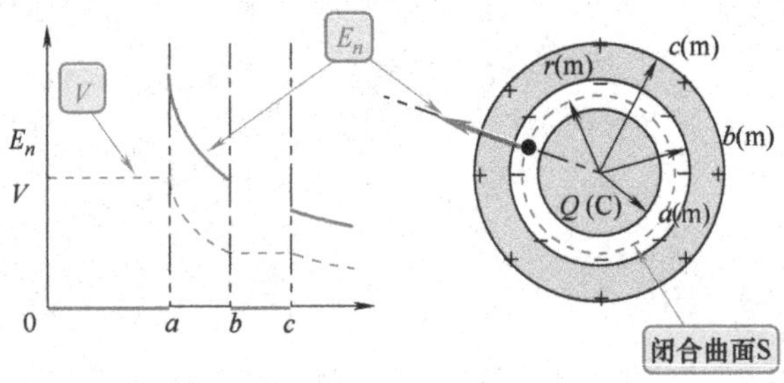

同心导体球的情况

注：电场计算需要用到第 9 课中学习的高斯定理。

[1] 带电导体球的电场强度和电位

带电导体球的电荷均匀分布在导体球的表面，外部的电场强度 E_n（V/m）和电位 V（V）表示：

$$E_n = k\frac{Q}{r^2}$$

$$V = k\frac{Q}{r}$$

E_n 为半径 r 的导体球上任意一点的法线方向的电场强度（V/m）

V 为距离导体球的中心为 r 的球面上任意点的电位（V）

Q 为带电导体球的电荷（C）

r 为到导体球的中心的距离（m）

带电导体球内部的电场强度 E_n（V/m）和电位 V（V）为

$$E_n = 0$$

$$V = k\frac{Q}{r}$$

r 到导体球的中心的距离（m）

[2] 同心导体球的电场强度和电位

内部的导体的半径 a（m），外部导体的内径 b（m）、外径 c（m），内部导体的电荷 Q（C），与导体球距离 r（m）的点，在同心导体球中的电场强度 E_n（V/m）和电位 V（V）为

$c \leqslant r$ 时：

$$E_n = k\frac{Q}{r^2}$$

$$V = k\frac{Q}{r}$$

$b \leqslant r \leqslant c$ 时：

$$E_n = 0$$

$$V = k\frac{Q}{c}$$

$a \leqslant r \leqslant b$ 时：

$$E_n = k\frac{Q}{r^2}$$

$$V = kQ\left(\frac{1}{r} - \frac{1}{b} + \frac{1}{c}\right)$$

$r \leqslant a$ 时：

$$E_n = 0$$

$$V = kQ\left(\frac{1}{a} - \frac{1}{b} + \frac{1}{c}\right)$$

带电导体球

为分析半径 a（m）、所带电荷 Q（C）在带电导体球内外的电场分布，以导体球的中心为球心，以距离 r（m）为半径作一球，该球面构成一个闭合曲面 S。由于该闭合曲面上任一点上，与曲面垂直方向的电场强度 E_n（V/m）大小均相等，因此根据高斯定理可得

$$\oint_S E_n \mathrm{d}S = E_n \oint_S \mathrm{d}S = E_n(4\pi r^2) = \frac{Q}{\varepsilon_0}$$

在导体球外部（$r \geqslant a$）时：

$$E_n = \frac{Q}{4\pi\varepsilon_0 r^2} = k\frac{Q}{r^2}$$

此时的电位 V（V）为

$$V = -\int_\infty^r E_r \mathrm{d}r = -\int_\infty^r E_n \mathrm{d}r = -kQ\int_\infty^r \frac{1}{r^2}\mathrm{d}r$$

$$= -kQ\int_\infty^r \frac{\mathrm{d}r}{r^2} = kQ\left[\frac{1}{r}\right]_\infty^r = k\frac{Q}{r}$$

在导体球内部（$r < a$）时，由于电荷只分布在导体表面，其内部的电荷 $Q = 0$，所以电场强度 E_n（V/m）为

$$E_n = 0$$

因为导体球内部没有电场，导体球内部的电位与导体球表面的电位是一样的，即 $r = a$ 时的电位 V（V）为

$$V = k\frac{Q}{a}$$

带电导体的特性

带电导体具有如下特性：

① 带电导体外部的电荷全部分布在导体表面上；

② 带电导体内部的电场强度为 0；

③ 带电导体表面的电场强度都垂直于导体表面，因此表面切线方向的电场强度为 0；

④ 带电导体都是等电位，导体的表面也是等位面。

例题 1

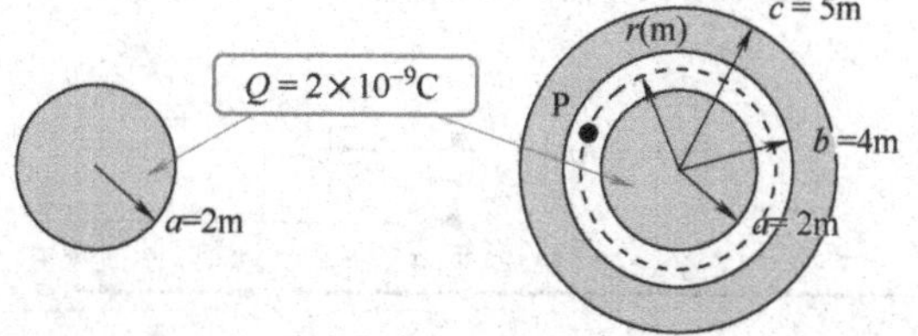

如图所示，真空中有一半径为 2m 的带电导体球，所带电荷为 2×10^{-9}C，求导体内外电场强度和电位。

【例题 1 解】

在导体球的外部，与导体球中心的距离为 r（m）的点的电场强度 E_n（V/m）和电位 V（V）为

$$E_n=k\frac{Q}{r^2}=9\times10^9\times\frac{2\times10^{-9}}{r^2}=\frac{18}{r^2}$$

$$V=k\frac{Q}{r}=9\times10^9\times\frac{2\times10^{-9}}{r}=\frac{18}{r}$$

（2×10^{-9} —— Q）

导体球内部的点的电场强度 E_n（V/m）和电位 V（V）为

$$E_n=0$$

$$V=k\frac{Q}{a}=9\times10^9\times\frac{2\times10^{-9}}{2}\text{V}=9\text{V}$$

（2 —— a）

例题 2

如上图所示，计算同心导体球内部空腔（$a\leqslant r\leqslant b$）部分的电位。

【例题 2 解】

同心导体球的空腔部分的电位为，外部带电导体的内表面电位 V_b（V）以及内部空腔部分的 P 点与外部导体的电位差 V_rb（V）的和，可用下式表示：

$$V_\text{r}=V_\text{b}+V_\text{rb}=k\frac{Q}{c}-kQ\int_b^r\frac{\text{d}r}{r^2}=k\frac{Q}{c}+kQ\left(\frac{1}{r}-\frac{1}{b}\right)$$

（$k\frac{Q}{c}$ —— V_b = 外部导体的电位）

$$=9\times10^9\times2\times10^{-9}\left(\frac{1}{5}+\frac{1}{r}-\frac{1}{4}\right)=\frac{18}{r}-0.9$$

带电导体的电场和电位——线形导体和圆柱形导体

导线上的电荷以线密度 ρ（C/m）均匀分布

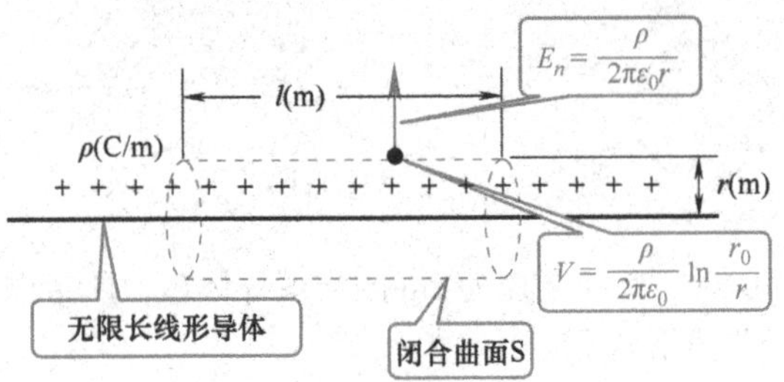

线形导体

● 无限长的圆柱形导体内部情况

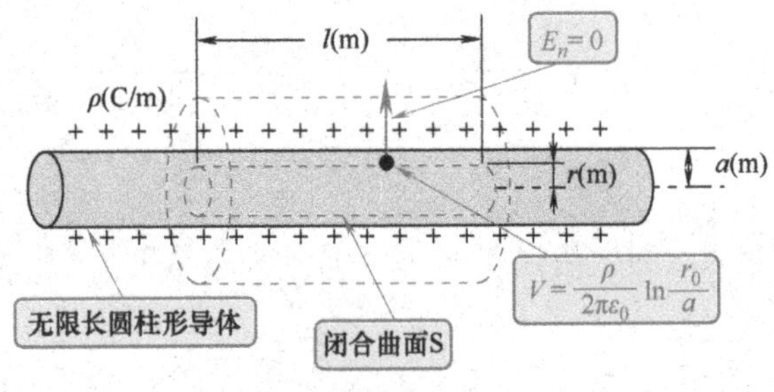

圆柱形导体

● 圆柱形导体内部为空心的情况

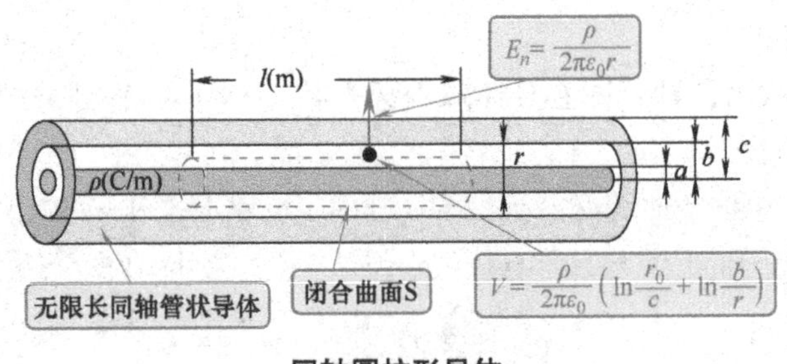

同轴圆柱形导体

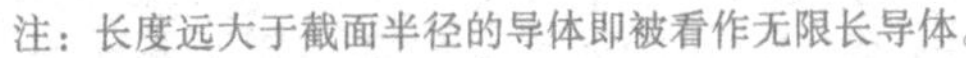

注：长度远大于截面半径的导体即被看作无限长导体。

[1] 线形导体的电场强度和电位

电荷均匀分布在无限长导体上的电场强度 E_n（V/m）和电位 V（V）为

$$E_n = \frac{\rho}{2\pi\varepsilon_0 r}$$

$$V = \frac{\rho}{2\pi\varepsilon_0}\ln\frac{r_0}{r}$$

E_n 为半径 r 的线形导体的表面上的任意一点，垂直于表面的法线方向的电场强度（V/m）

V 为半径 r 的圆柱形导体的闭合曲面上的任意一点，该点垂直方向的电位

ρ 为线形导体单位长度上的电荷（电荷密度）（C/m）

r 为线形导体上的点的垂直方向的距离（m）

r_0 为线形导体到基准点的垂直距离（m）

[2] 圆柱形导体的电场强度和电位

与圆柱形导体的轴线的垂直距离为 r 点，在导体外部的电场强度和电位，与线形导线的情况相同。圆柱形导体的内部的电场强度 E_n（V/m）和电位 V（V）为

$$E_n = 0$$

$$V = \frac{\rho}{2\pi\varepsilon_0}\ln\frac{r_0}{a}$$

a 为圆柱形导体截面的半径（m）

[3] 同轴圆柱形导体的电场强度和电位

内部导体的半径为 a（m）、外部导体的内径为 b（m）、外径为 c（m），内部导体的电荷线密度 ρ（C/m）与导体轴线的垂直距离 r（m）的点的电场强度 E_n（V/m）和电位 V（V）为

$c \leqslant r$ 时：

$$E_n = \frac{\rho}{2\pi\varepsilon_0 r}$$

$$V = \frac{\rho}{2\pi\varepsilon_0}\ln\frac{r_0}{r}$$

$b \leqslant r \leqslant c$ 时：

$$E_n = 0$$

$$V = \frac{\rho}{2\pi\varepsilon_0}\ln\frac{r_0}{c}$$

$a \leqslant r \leqslant b$ 时：

$$E_n = \frac{\rho}{2\pi\varepsilon_0 r}$$

$$V = \frac{\rho}{2\pi\varepsilon_0}\left(\ln\frac{r_0}{c} + \ln\frac{b}{r}\right)$$

$r \leqslant a$ 时：

$$E_n = 0$$

$$V = \frac{\rho}{2\pi\varepsilon_0}\left(\ln\frac{r_0}{c} + \ln\frac{b}{a}\right)$$

圆柱形导体

单位长度所带电荷为ρ（C/m），无限长圆柱形导体的截面半径为a（m），该导体的内外电场强度与圆柱形导体轴的垂直距离为r（m）的圆柱形闭合曲面S的面积分，则闭合曲面上，垂直方向的电场强度为E_n（V/m），假设闭合曲面的管长为l（m），由高斯定理得

$$\oint_S E_n \mathrm{d}S = E_n \oint_S \mathrm{d}S = E_n (2\pi r l) = \frac{\rho l}{\varepsilon_0}$$

圆柱形导体外（$r \geqslant a$时）的电场强度E_n（V/m）为

$$E_n = \frac{\rho l}{\varepsilon_0 (2\pi r l)} = \frac{\rho}{2\pi\varepsilon_0 r}$$

当基准点到圆柱形导体的轴线的垂直距离为r_0（m）时，电位（差）为

$$V = -\int_{r_0}^{r} E_r \mathrm{d}r = -\int_{r_0}^{r} E_n \mathrm{d}r = -\frac{\rho}{2\pi\varepsilon_0}\int_{r_0}^{r}\frac{1}{r}\mathrm{d}r = -\frac{\rho}{2\pi\varepsilon_0}[\ln r]_{r_0}^{r} = \frac{\rho}{2\pi\varepsilon_0}\ln\frac{r_0}{r}$$

圆柱形导体内（$r < a$时），当导体表面以外的电荷$\rho = 0$的情况下的电场强度E_n（V/m）为

$$E_n = 0$$

圆柱形导体内部没有电场，圆柱形导体内部的电位与圆柱形导体表面电位（差）相同，当上式$r = a$时，电位V（V）为

$$V = \frac{\rho}{2\pi\varepsilon_0}\ln\frac{r_0}{a}$$

线形导体

无限长的线形导体，电荷以单位长度上的电荷ρ（C/m）均匀分布。导体的电场强度与电位的计算，可以看作粗细为无穷小的圆柱形导体外部的情况，按照圆柱形导体那样进行计算。

例题1

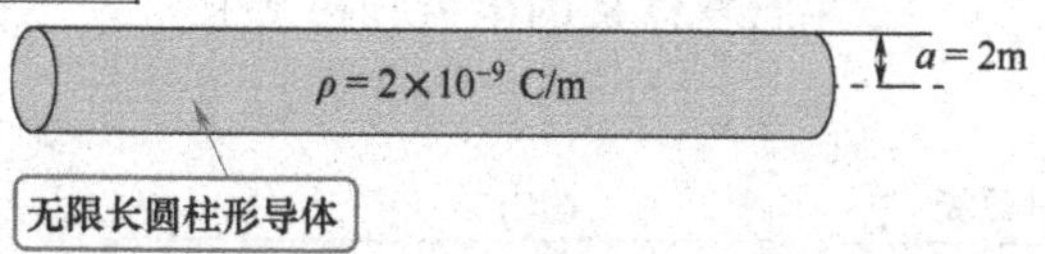

如图所示，真空中存在横截面半径为2m的无限长圆柱形导体，该导体的电荷线密度为2×10^{-9}C/m时，求圆柱形导体内外的电场强度和电位，电位的基准点与导体轴线的垂直距离r_0（m）。

【例题1解】

距离圆柱形导体的外部距离r（m）的点的电场强度E_n（V/m）和电位V（V）为

$$E_n=\frac{\rho}{2\pi\varepsilon_0 r}=\frac{2\times10^{-9}}{2\times3.14\times8.854\times10^{-12}\,r}=\frac{36}{r}$$

（2×10^{-9}：ρ；8.854×10^{-12}：ε_0）

$$V=\frac{\rho}{2\pi\varepsilon_0}\ln\frac{r_0}{r}=\frac{2\times10^{-9}}{2\times3.14\times8.854\times10^{-12}}\ln\frac{r_0}{r}=36\ln\frac{r_0}{r}$$

圆柱形导体内部的点的电场强度E_n（V/m）和电位V（V）为

$$E_n=0\qquad V=\frac{\rho}{2\pi\varepsilon_0}\ln\frac{r_0}{a}=36\ln\frac{r_0}{2}$$

（2：a）

例题2

试求同轴圆柱形导体空腔部分（$a\leqslant r\leqslant b$）的电位。

【例题2解】

同轴圆柱形导体空腔部分的电位为，外部导体的内径位置的电位V_b（V）以及空腔部分的P点与外部导体的电位差V_{rb}（V）之和，表示为

$$V_r=V_b+V_{rb}=\frac{\rho}{2\pi\varepsilon_0}\ln\frac{r_0}{c}-\frac{\rho}{2\pi\varepsilon_0}\int_b^r\frac{1}{r}\mathrm{d}r$$

（$\frac{\rho}{2\pi\varepsilon_0}\ln\frac{r_0}{c}$ —— V_b：导体外部电位）

$$=\frac{\rho}{2\pi\varepsilon_0}\ln\frac{r_0}{c}-\frac{\rho}{2\pi\varepsilon_0}\left[\ln r\right]_b^r=\frac{\rho}{2\pi\varepsilon_0}\left(\ln\frac{r_0}{c}+\ln\frac{b}{r}\right)$$

带电导体的电场和电位——平行导体板间

平行导体板的电荷分布情况

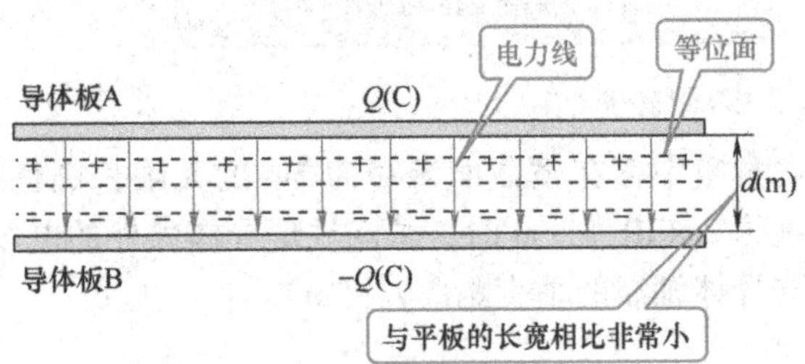

电力线和等位面

导体间的电场强度

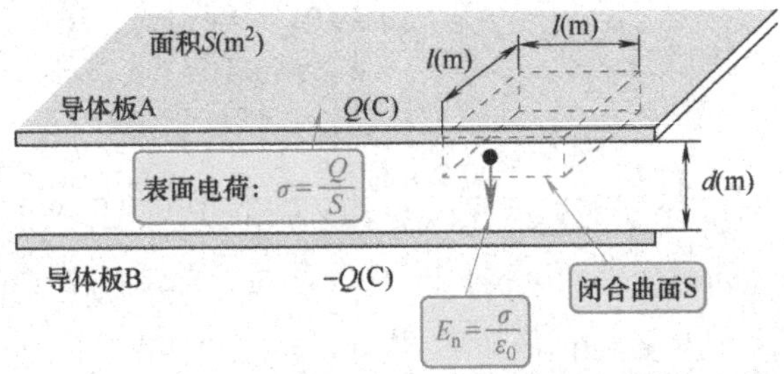

平行导体板之间的电场强度

导体板之间的电位差

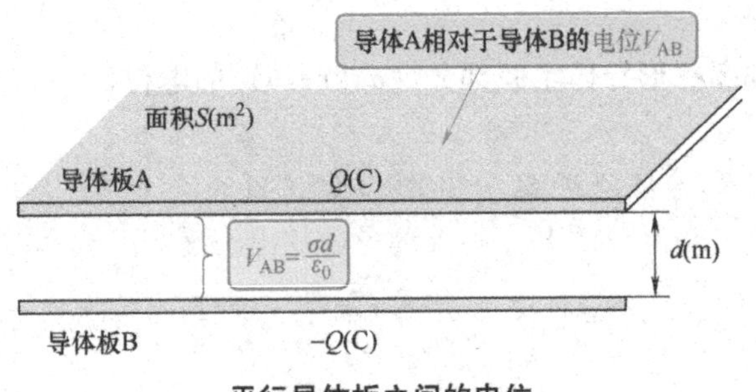

平行导体板之间的电位

注：通过第 10 课的学习可知，电场强度的线积分就是电位。

[1] 平行导体板之间的电场强度和电位

无限长的平行导体板之间的电场强度和电位差为

$$E_n = \frac{\sigma}{\varepsilon_0}$$

$$V_{AB} = \frac{\sigma d}{\varepsilon_0}$$

E_n 为与导体板表面垂直方向的电场强度（V/m）

V_{AB}为导体板之间的电位差（V）

σ 为导体板的表面电荷密度（C/m²）

d 为平行导体板之间的间隔距离（m）

[2] 平板导体的电场强度和电位

充分大的平板导体中外部的电场强度和电位差为

$$E_n = \frac{\sigma}{2\varepsilon_0}$$

$$V_d = -\frac{\sigma d}{2\varepsilon_0}$$

E_n 为与导体板表面垂直方向的电场强度（V/m）

V_d 为平板导体表面的点之间的电位差（V）

σ 为导体板的表面电荷密度（C/m²）

d 为导体板表面之间的垂直距离（m）

平板导体的表面充分大时电荷分布

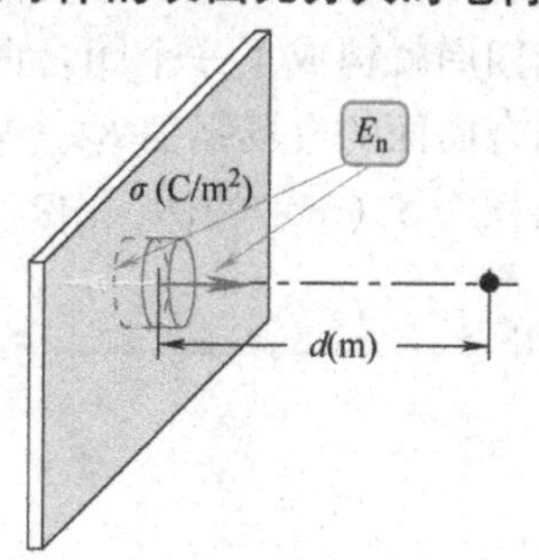

平行导体板之间

无限长的两个导体板 A、B 之间的距离为 d（m），平行放置，导体板 A 的表面电荷密度为 σ（C/m²），导体板 B 的表面电荷密度为 $-\sigma$（C/m²），平行导体板之间形成了均匀电场。在此，假设导体板 A 的内侧有一个恰好为正方形的平面，该平面为闭合曲面 S，并且与导体板平行。因此，闭合曲面 S 上所有点的垂直方向的电场强度 E_n（V/m）都是相同的，假设闭合

曲面为正方形其边长为 l（m）时，由高斯定理可得

$$\oint_S E_n \mathrm{d}S = E_n \oint_S \mathrm{d}S = E_n l^2 = \frac{\sigma l^2}{\varepsilon_0}$$

$$E_n = \frac{\sigma}{\varepsilon_0}$$

平行导体板之间的电位差 V_{AB}（V）为

$$V_{\mathrm{AB}} = -\int_B^A E_r \mathrm{d}r = -\int_0^d (-E_n)\mathrm{d}r = \frac{\sigma}{\varepsilon_0}\int_0^d \mathrm{d}r$$

$$= \frac{\sigma}{\varepsilon_0}[r]_0^d = \frac{\sigma d}{\varepsilon_0}$$

平板导体

无限宽广的导体平面上，当单位面积的电荷面密度为 σ（C/m^2），该导体平面上形成了均匀电场。假设导体平面上的一部分为厚度为无穷小的闭合体的话，该闭合体的四周就构成了一个闭合曲面。从该闭合体的一个闭合曲面垂直射向另一闭合曲面的电场强度 E_n（V/m）都是相同的。假设单个闭合曲面为平面其面积为 S（m）的话，由高斯定理可得

$$\oint_S E_n \mathrm{d}S = E_n \oint_S \mathrm{d}S = E_n (2S) = \frac{\sigma S}{\varepsilon_0}$$

$$E_n = \frac{\sigma}{2\varepsilon_0}$$

位于平板导体上方，垂直于导体平面的距离为 d（m）的两点间电位差 V_{d}（V）为

$$V_{\mathrm{d}} = -\int_0^d E_r \mathrm{d}r = -\int_0^d E_n \mathrm{d}r = -\frac{\sigma}{2\varepsilon_0}\int_0^d \mathrm{d}r = -\frac{\sigma}{2\varepsilon_0}[r]_0^d = -\frac{\sigma d}{2\varepsilon_0}$$

例题 1

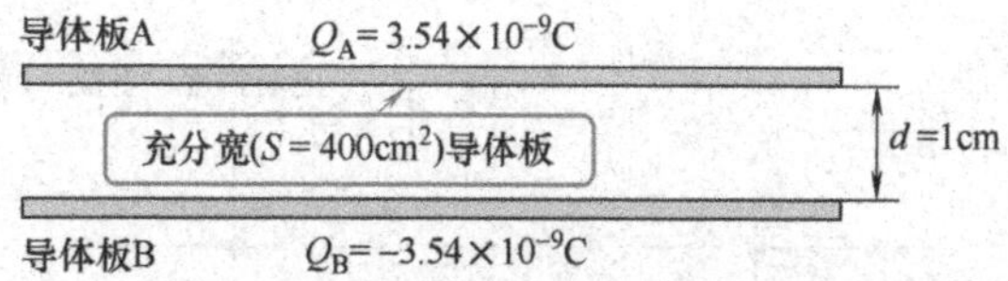

如图所示，真空存中的两平行导体板，间距为 1cm，单个板的表面积为 400cm^2，所带电荷均为 3.54×10^{-9}C/m，求带电导体板之间的电场强度和电位差。

【例题 1 解】

导体板之间的电场强度 E_n 与电位差 V_{AB} 为

$$\sigma = \frac{Q_A}{S}$$

$$E_n = \frac{\rho}{\varepsilon_0} = \frac{\dfrac{3.54\times10^{-9}}{400\times10^{-4}}}{8.854\times10^{-12}}\text{V/m} = 10^4\text{V/m}$$

（分母：ε_0）

$$V_{AB} = \frac{\sigma d}{\varepsilon_0} = E_n d = 10^4\times1\times10^{-2}\ \text{V} = 100\text{V}$$

（10^4：E_n；1×10^{-2}：d）

例题 2

半径充分大的圆形导体板，所带电荷为 $2\times10^{-6}\text{C/m}^2$。有圆板上方与圆板的垂直距离为 10cm 的点，计算其电场强度以及与圆板中心的电位差。

【例题 2 解】

无限长的平板导体的电场强度 E_n 可由下式计算，并且与距离无关。

$$E_n = \frac{\sigma}{2\varepsilon_0} = \frac{2\times10^{-6}}{2\times8.854\times10^{-12}}\text{V/m} = 1.13\times10^5\text{V/m}$$

平板的中心距离为 10cm 的点的电位差 V_d 为

$$V_d = -\frac{\sigma d}{2\varepsilon_0} = -E_n d = -1.13\times10^5\times10\times10^{-2}\text{V} = -1.13\times10^4\text{V}$$

电镜像法的基本原理与平面导体的电镜像法

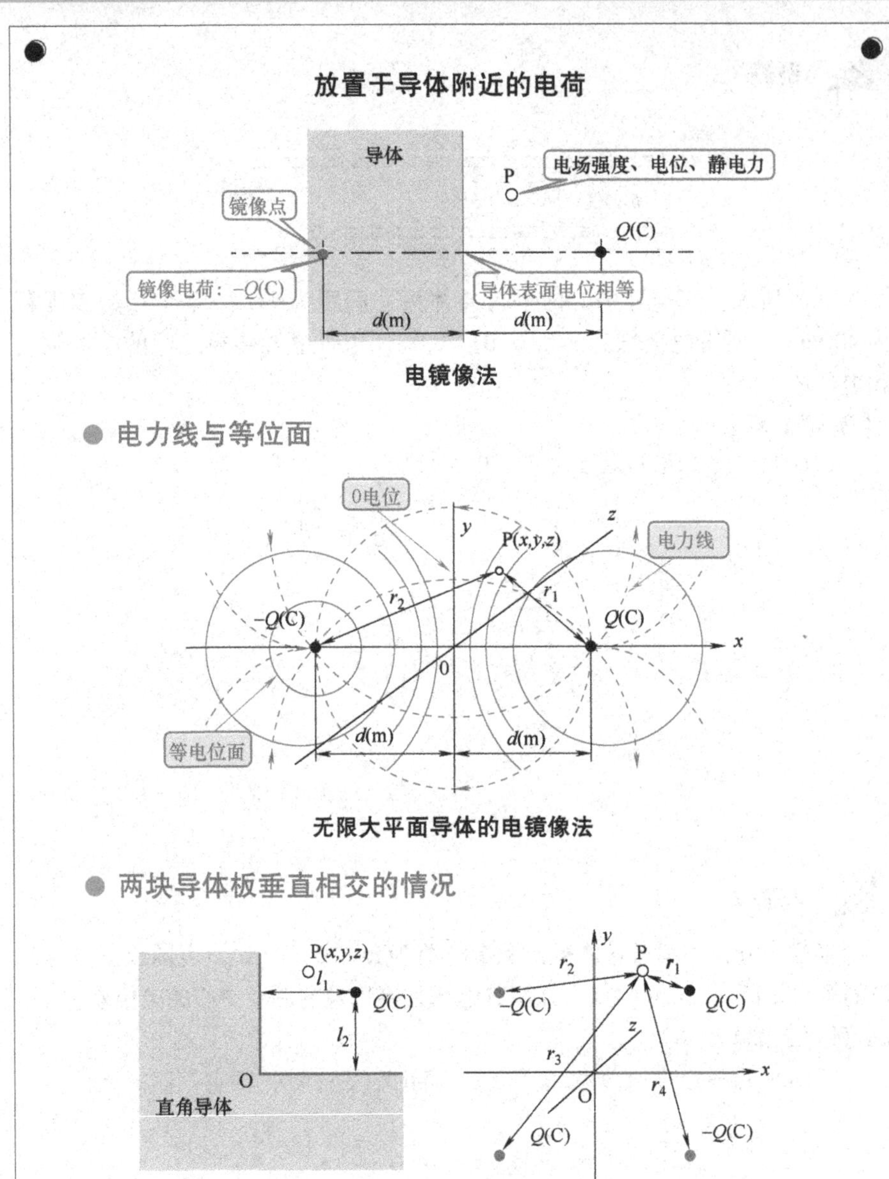

注：大地可以被视为无限大平面导体。

[1] 电镜像法—无限大平面导体

无限大平面导体附近放置一点电荷时，任意 P 点的电位为

$$V = kQ\left(\frac{1}{r_1} - \frac{1}{r_2}\right)$$

V 为 $P(x, y, z)$ 点的电位（V）

Q 为电荷（C）

r_1 为点电荷到 P 点的距离（m）

$$r_1 = \sqrt{(x-d)^2 + y^2 + z^2}$$

r_2 为镜像电荷到 P 点的距离（m）

$$r_2 = \sqrt{(x+d)^2 + y^2 + z^2}$$

P 点的电场强度的 x、y、z 方向的分量 E_x、E_y、E_z（V/m）为

$$E_x = -\frac{\partial V}{\partial x} = kQ\left(\frac{x-d}{r_1^3} - \frac{x+d}{r_2^3}\right)$$

$$E_y = -\frac{\partial V}{\partial y} = kQ\left(\frac{y}{r_1^3} - \frac{y}{r_2^3}\right)$$

$$E_z = -\frac{\partial V}{\partial z} = kQ\left(\frac{z}{r_1^3} - \frac{z}{r_2^3}\right)$$

点电荷所受的作用力 F（N）为

$$F = -k\frac{Q^2}{(2d)^2}$$

[2] 电镜像法—直角导体

直角导体附近放置点电荷时，任意 P 点的电位为

$$V = kQ\left(\frac{1}{r_1} - \frac{1}{r_2} + \frac{1}{r_3} - \frac{1}{r_4}\right)$$

V 为 $P(x, y, z)$ 点的电位（V）

Q 为电荷（C）

r_1为点电荷到 P 点的距离（m）

$$r_1 = \sqrt{(x-l_1)^2 + (y-l_2)^2 + z^2}$$

r_2、r_3、r_4 为镜像电荷与 P 点之间的距离

$$r_2 = \sqrt{(x+l_1)^2 + (y-l_2)^2 + z^2}$$

$$r_3 = \sqrt{(x+l_1)^2 + (y+l_2)^2 + z^2}$$

$$r_4 = \sqrt{(x-l_1)^2 + (y+l_2)^2 + z^2}$$

P 点的电场强度的 x、y、z 方向的分量 E_x、E_y、E_z（V/m）为

$$E_x = -\frac{\partial V}{\partial x} = kQ\left(\frac{x-l_1}{r_1^3} - \frac{x+l_1}{r_2^3} + \frac{x+l_1}{r_3^3} - \frac{x-l}{r_4^3}\right)$$

$$E_y = -\frac{\partial V}{\partial y} = kQ\left(\frac{y-l_2}{r_1^3} - \frac{y-l_2}{r_2^3} + \frac{y+l_2}{r_3^3} - \frac{y+l_2}{r_4^3}\right)$$

$$E_z = -\frac{\partial V}{\partial z} = kQ\left(\frac{z}{r_1^3} - \frac{z}{r_2^3} + \frac{z}{r_3^3} - \frac{z}{r_4^3}\right)$$

电镜像法

当在导体附近放置一点电荷时，在不清楚导体表面的电荷分布的情况下，无法计算空间内任意一点的电场强度、电位以及电荷与导体的静电作用力。目前采用的方法是，不管导体表面的电荷分布情况是怎样的，通过放置一个虚拟电荷来代替导体，使其与导体所产生的感应电荷等效，从而计算空间内任意一点的电场强度、电位以及电荷与导体的静电作用力。这种方法即称为电镜像法，所放置的虚拟电荷被称为镜像电荷，虚拟电荷所在的位置被称为镜像点。

无限大平面导体的电镜像法

空间中有电量相等、符号相异的两个点电荷，到两个点电荷的距离都相等的平面上的任意一点的电位均为0，该平面即为0电位等位面。如果在该等位面处放置一个无限大平面导体时，导体两边的电力线及电位的分布均将不会发生任何改变。根据这一特性，可以用一个处在镜像位置的异号等量的点电荷来代替附近放有静电荷的无限大导体的静电场，此时的计算结果是相同的。

因此当 $x=0$，$r_1=r_2$ 时，无限大平面导体表面的电场强度 E_x、E_y、E_z（V/m）为

$$E_x = kQ\left(\frac{x-d}{r_1^3}-\frac{x+d}{r_2^3}\right) = -\frac{2kQd}{(d^2+y^2+z^2)^{\frac{3}{2}}}$$

$$E_y = 0$$

$$E_z = 0$$

电场中垂直于导体表面的电场强度都为0，满足电场的分界条件。

由于外部电荷的静电感应，导体表面有电荷分布，导体表面的电荷分布的面密度 σ（C/m^2）为

$$\sigma = \varepsilon_0 E_x = -\frac{2\varepsilon_0 kQd}{(d^2+y^2+z^2)^{\frac{3}{2}}} = -\frac{2\varepsilon_0 k}{4\pi\varepsilon_0}\cdot\frac{Qd}{(d^2+y^2+z^2)^{\frac{3}{2}}}$$

$$= -\frac{Qd}{2\pi(d^2+y^2+z^2)^{\frac{3}{2}}}$$

导体表面电荷的符号与导体外部的感应电荷的符号相反。

例题 1

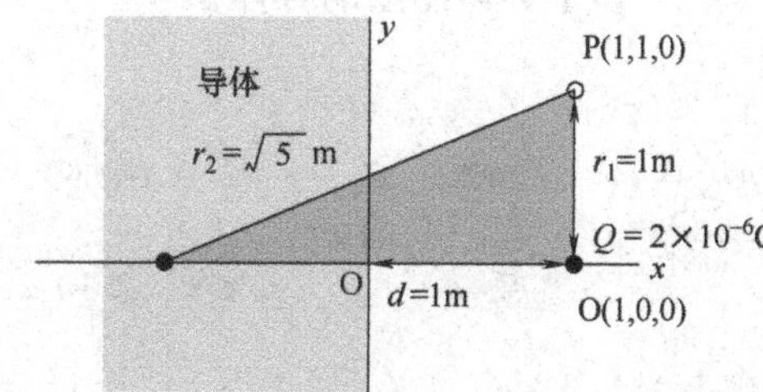

如图所示，真空中距离无限大平面导体 1m 的点 O，放置一电荷量为 2×10^{-6}C/m 的点电荷，计算点电荷的上方垂直距离 1m 处 P 点的电场强度、电位以及电荷与导体之间的作用力。

【例题 1 解】

P(1，1，0）点的电位和电场强度为

$$V=kQ\left(\frac{1}{r_1}-\frac{1}{r_2}\right)$$

$$=9\times10^9\times\underbrace{2\times10^{-6}}_{Q}\times\left(\frac{1}{\underbrace{\sqrt{(1-1)^2+1^2+0^2}}_{r_1}}-\frac{1}{\underbrace{\sqrt{(1+1)^2+1^2+0^2}}_{r_2}}\right)\text{V}$$

$$=1.8\times10^4\times\left(1-\frac{1}{\sqrt{5}}\right)\text{V}=9.95\times10^3\text{V}$$

$$E_x=kQ\left(\frac{x-d}{r_1^3}-\frac{x+d}{r_2^3}\right)=1.8\times10^4\times\left(-\underbrace{\frac{2}{\sqrt{5}^3}}_{\frac{x+d}{r_2^3}}\right)\text{V/m}=-3.22\times10^3\text{V/m}$$

$$E_y=kQ\left(\frac{y}{r_1^3}-\frac{y}{r_2^3}\right)=1.8\times10^4\times\left(\underbrace{1}_{\frac{y}{r_1^3}}-\underbrace{\frac{1}{\sqrt{5}^3}}_{\frac{y}{r_2^3}}\right)\text{V/m}=1.64\times10^4\text{V/m}$$

$$E_z=kQ\left(\frac{z}{r_1^3}-\frac{z}{r_2^3}\right)=0$$

电荷与导体之间的作用力 F（N）为

$$F=-k\frac{Q^2}{(2d)^2}=-9\times10^9\times\frac{(2\times10^{-6})^2}{2^2}\text{N}=-9\times10^{-3}\text{N(吸引力)}$$

第 *16* 课

电位系数与容量系数

多个导体组成的导体系

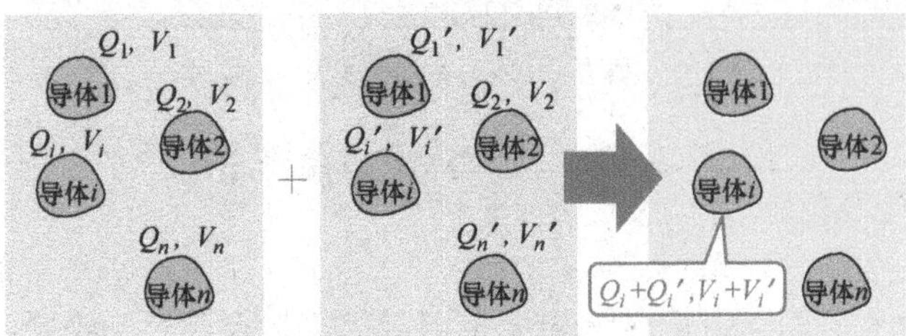

导体系的电荷与电位

● 仅导体 j 有单位电荷时

各导体电位 p_{ij} 的计算

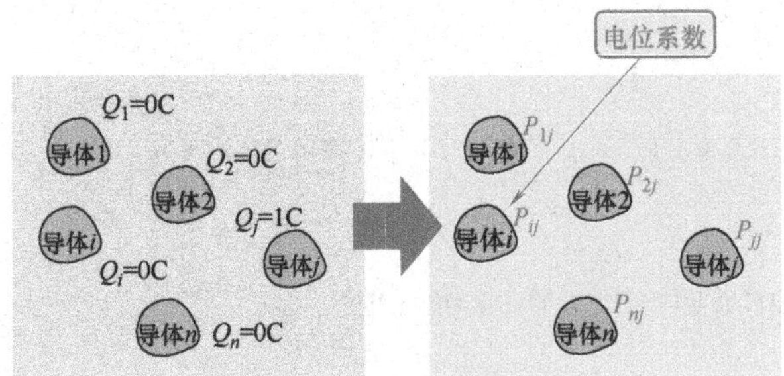

电位系数

● 仅导体 j 有单位电位时，各个导体的电荷 q_{ij}

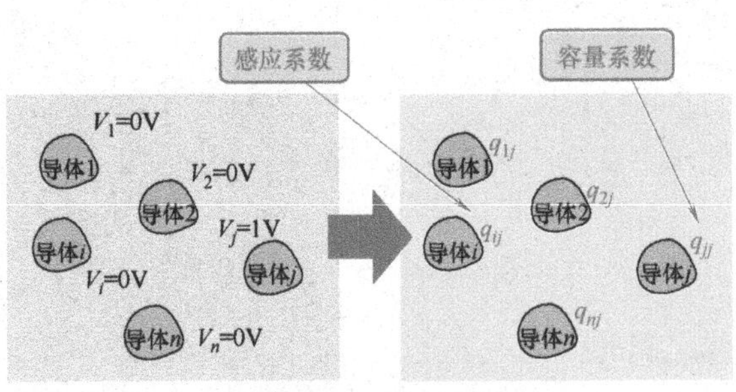

容量系数和感应系数

注：多个导体中同时存在电荷（电位）时，电量的叠加原理成立。

[1] 电位系数

在导体系中，已知各导体的电荷，各导体的电位表示为

$$V_i = \sum_{i=1}^{n} p_{ij} Q_j$$

V_i为导体 i 的电位（V）

Q_i 为导体 i 的电荷（C）

p_{ij}为电位系数（$p_{ij} = p_{ji}$）

行列式表示：

$$\begin{pmatrix} V_1 \\ V_2 \\ \vdots \\ V_n \end{pmatrix} = \begin{pmatrix} p_{11} & p_{12} & \cdots & p_{1n} \\ p_{21} & p_{22} & \cdots & p_{2n} \\ \vdots & \vdots & \cdots & \vdots \\ p_{n1} & p_{n2} & \cdots & p_{nn} \end{pmatrix} \begin{pmatrix} Q_1 \\ Q_2 \\ \vdots \\ Q_n \end{pmatrix}$$

[2] 容量系数和感应系数

在导体系中，已知各导体的电位各导体的电荷为

$$Q_i = \sum_{i=1}^{n} q_{ij} V_j$$

Q_i为导体 i 的电荷（C）

V_i为导体的电位（V）

q_{ii}为容量系数

q_{ij}为感应系数（$q_{ij} = q_{ji}$）

各导体所带的电荷为 Q_i 时，

电荷与各导体之间电位关系的表示

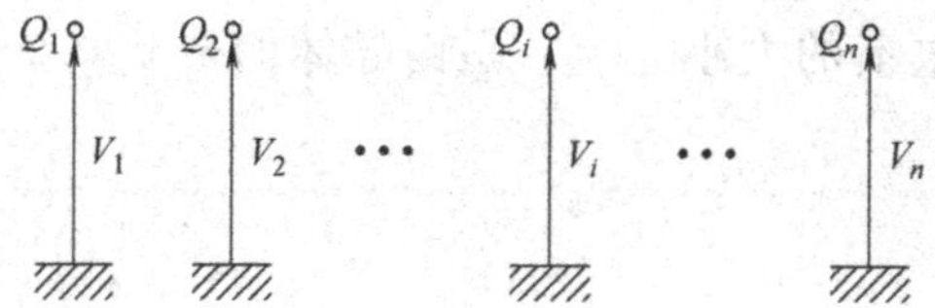

导体系

n 个导体组成的导体系，各导体的电荷为 Q_1、$Q_2 \sim Q_n$（C）时，它们的电位为 V_1、V_2、$V_3 \sim V_n$（V）。当各导体的电荷为 Q'_1、$Q'_2 \sim Q'_n$（C）时，它们的电位为 V'_1、V'_2、$V'_3 \sim V'_n$（V）。当电荷 $Q_1 + Q'_1$、$Q_2 + Q'_2 \sim Q_n + Q'_n$（C），时，它们的电位为 $V_1 + V'_1$、$V_2 + V'_2 \sim V_n + V'_n$（V）。因此，叠加原理成立。

电位系数

n 个导体组成的导体系，仅导体j带有单位正电荷，其他导体不带电荷时，第 i 个导体的电位为 p_{ij}。此时，第 j 个导体所带的电荷为 Q_j（C），其他的导体所带的电荷都为 0，第 i 个导体的电位为 $V_i = p_{ij}Q_j$(V)。因此，当导体$j=1, 2, 3, \cdots, n$ 时，其所带的电荷分别为 Q_1、Q_2、$Q_3 \sim Q_n$ 的时候，第 i 个导体的电位，由叠加原理可得

$$V_i = p_{i1}Q_1 + p_{i2}Q_2 + \cdots + p_{ij}Q_j + \cdots + p_{in}Q_n$$

式中，p_{ij}为电位系数（$p_{ij} = p_{ji}$）。电位系数与电荷的大小无关，是由导体的形状、大小以及结构所决定的。

容量系数与感应系数

与电位与电荷的关系相对应，电荷 Q_i（C）与电位之间的关系为

$$Q_i = q_{i1}V_1 + q_{i2}V_2 + \cdots + q_{ij}V_j + \cdots + q_{in}V_n$$

式中，q_{ii}为容量系数；q_{ij}为感应系数（$q_{ij} = q_{ji}$）。与电位系数一样，容量系数、感应系数与电荷的大小无关，是由导体的形状、大小以及结构所决定的。

静电屏蔽

若导体系中的某导体被赋予电荷，则其他导体上也会呈现感应电荷。由于导体被其他导体包围，这样内部导体就不会受到外部电荷的影响。但是，若内部导体被赋予电荷，则围住内部导体的外部导体上也会呈现感应电荷，使得该外部导体也会受到影响。在这里，如果将外部导体接地的话，就能够消除内部电荷对外部导体的影响。采用这种接地的导体包围的方式，就不会产生外部导体的静电影响，将此称为静电屏蔽。通常，除了通过接地进行静电屏蔽外，保持外部导体的电位恒定，也能实现静电屏蔽。

例题 1

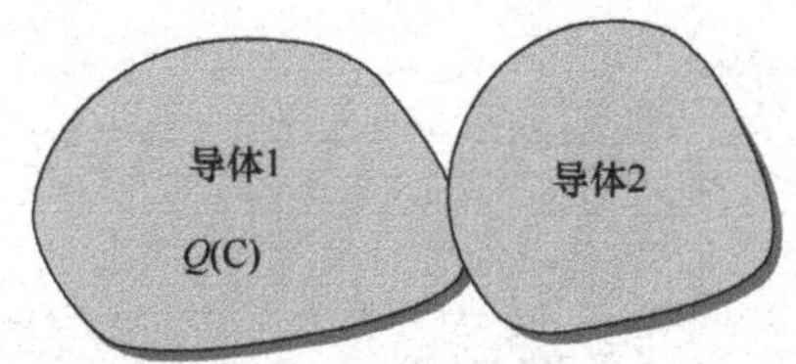

如图所示，所带电荷为 Q（C）的导体 1 和导体 2 相接触，计算导体 2 的电荷，并采用电位系数来表示。

【例题 1 解】

各导体的电位 V_1、V_2（V）可由电位系数表示为

$$V_1 = p_{11}Q_1 + p_{12}Q_2$$
$$V_2 = p_{21}Q_1 + p_{22}Q_2$$

因为导体 1 与导体 2 接触，所以 $V_1 = V_2$，$Q_1 + Q_2 = Q$。

$$p_{11}(Q - Q_2) + p_{12}Q_2 = p_{21}(Q - Q_2) + p_{22}Q_2$$

（两处 $Q - Q_2$ 均标注为 Q）

$$Q_2 = \frac{p_{11} - p_{21}}{p_{11} + p_{22} - p_{12} - p_{21}}Q = \frac{p_{11} - p_{12}}{p_{11} + p_{22} - 2p_{12}}Q$$

例题 2

导体 1 为 $+Q$（C），导体 2 为 $-Q$（C）时，计算带电导体之间电位差，并采用电位系数来表示。

【例题 2 解】

当 $Q_1 = Q$，$Q_2 = -Q$ 时，各导体的电位 V_1、V_2（V）为

$$V_1 = p_{11}Q + p_{12}(-Q)$$
$$V_2 = p_{21}Q + p_{22}(-Q)$$

导体之间的电位差 V（V）为

$$V = V_1 - V_2 = (p_{11}Q - p_{12}Q) - (p_{21}Q - p_{22}Q) = (p_{11} + p_{22} - p_{12} - p_{21})Q$$
$$= (p_{11} + p_{22} - 2p_{12})Q$$

第 17 课

静电电容与平行平板电容器

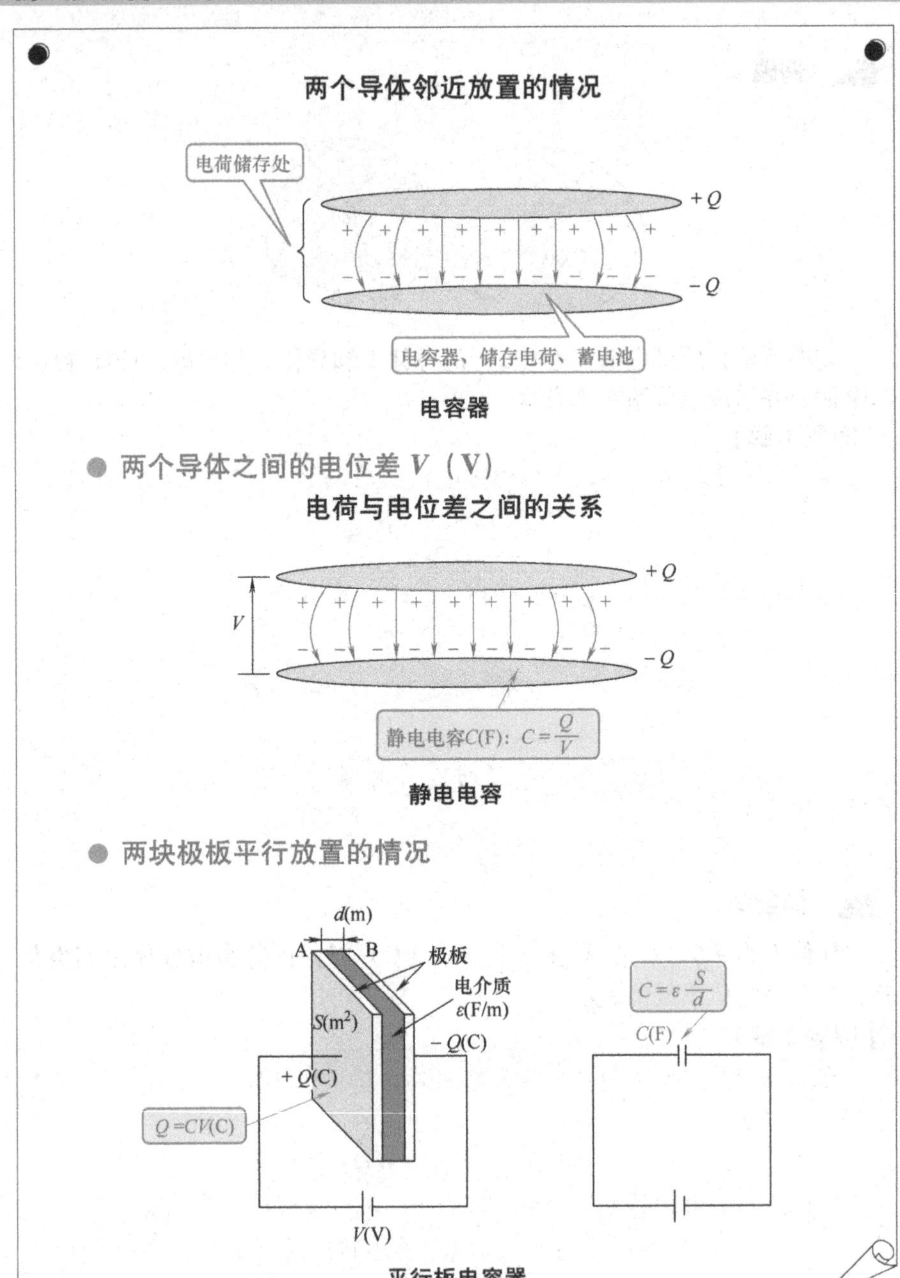

注：静电电容为导体之间储存电荷的能力。

[1] 静电电容

两个导体之间的静电电容为

$$C = \frac{Q}{V}$$

C 为静电电容（F）
Q 为导体之间的电荷（C）
V 为导体之间的电位差（V）

在电容器两端加直流电压为 V（V），能储存的电荷为

$$Q = CV$$

[2] 平行平板电容器

平行板电容器的静电电容为

$$C = \varepsilon \frac{S}{d}$$

C 为静电电容（F）
S 为极板的面积（m^2）
d 为极板之间的距离（m）
ε 为极板之间电介质的介电常数（F/m）

电容器

两个导体相互接近放置，当一个导体所带电荷为 $+Q$（C），另一导体为 $-Q$（C）时，电力线会从一侧导体发出，到达另一侧导体结束。导体之间有 Q（C）的电荷存储。我们将这种能够储存电荷的原件称为电容器。

静电电容

有两个导体，一个导体所带的正电荷为 $+Q$（C），另个导体所带的负电荷为 $-Q$（C）时，导体之间的电位差为 V（V）。此时，导体之间存储的电荷 Q（C）与该电位差 V（V）成正比，其比值即为该导体之间的静电电容。

静电电容的大小为导体之间电位差为 1V 时导体所存储的电荷 Q（C），表示了导体之间的电荷存储的能力。

平行平板电容器

两个极板A、B平行放置，极板之间插入介电常数为ε（F/m）的电介质，这就构成了平行平板电容器。如果极板A、B的表面积为S（m^2），极板之间的距离为d（m）足够小，当极板之间所加的直流电压为V（V）时，则极板A所带的正电荷为$+Q$（C），极板B所带的负电荷为$-Q$（C）。此时，极板之间的电场强度E（V/m）为

$$E=\frac{Q}{\varepsilon S}=\frac{V}{d}$$

平行平板电容器的静电电容C（F）为

$$C=\frac{Q}{V}=\frac{\varepsilon S}{d}$$

电容器的用途

电容器的种类很多，所以其用途也有很多：

● 在模拟电子电路中的用途

在模拟电子电路中，电容器除了用于能量的存储以及作为电路中的传导电容以外，还可以用于升压电路、谐振电路以及滤波电路等的信号平滑。

● 在数字电子电路中的用途

主要用作电路中的传导电容。

● 电源电路中的用途

主要是电解电容，用于电源的滤波电路。

● 电力系统中的用途

在电力系统中，电容主要被用来改善负载的功率因数，电容器的超前电流可以补偿感性负载的滞后电流，使电路的功率因数趋近于1。

● 作为电源的用途

大容量的高效双层超级电容器相继被开发出来，用作电能的储存装置。

例题 1

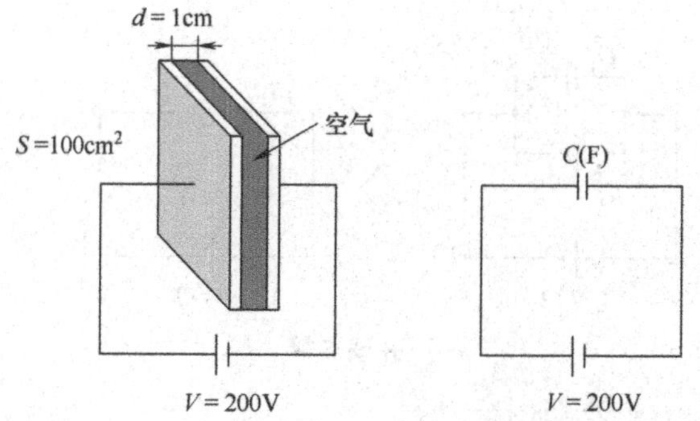

如图所示，极板的面积为 $100cm^2$，极板之间的距离为 1cm，平行极板之间为空气，两极板之间施加的直流电压为 200V，求平行极板之间的静电电容。

【例题 1 解】

平行极板电容器的静电电容为

$$C=\frac{\varepsilon_0 S}{d}=\frac{\underbrace{8.854\times10^{-12}}_{\varepsilon_0}\times\underbrace{100\times10^{-4}}_{S}}{\underbrace{1\times10^{-2}}_{d}}\mathrm{F}$$

$$=8.854\times10^{-12}\mathrm{F}=8.854\mathrm{pF}$$

例题 2

计算例题 1 中的极板之间存储的电荷。

【例题 2 解】

极板之间存储的电荷为

$$Q=CV=8.854\times10^{-12}\times200\mathrm{C}=1.77\times10^{-9}\mathrm{C}$$

第 18 课

电容器的连接

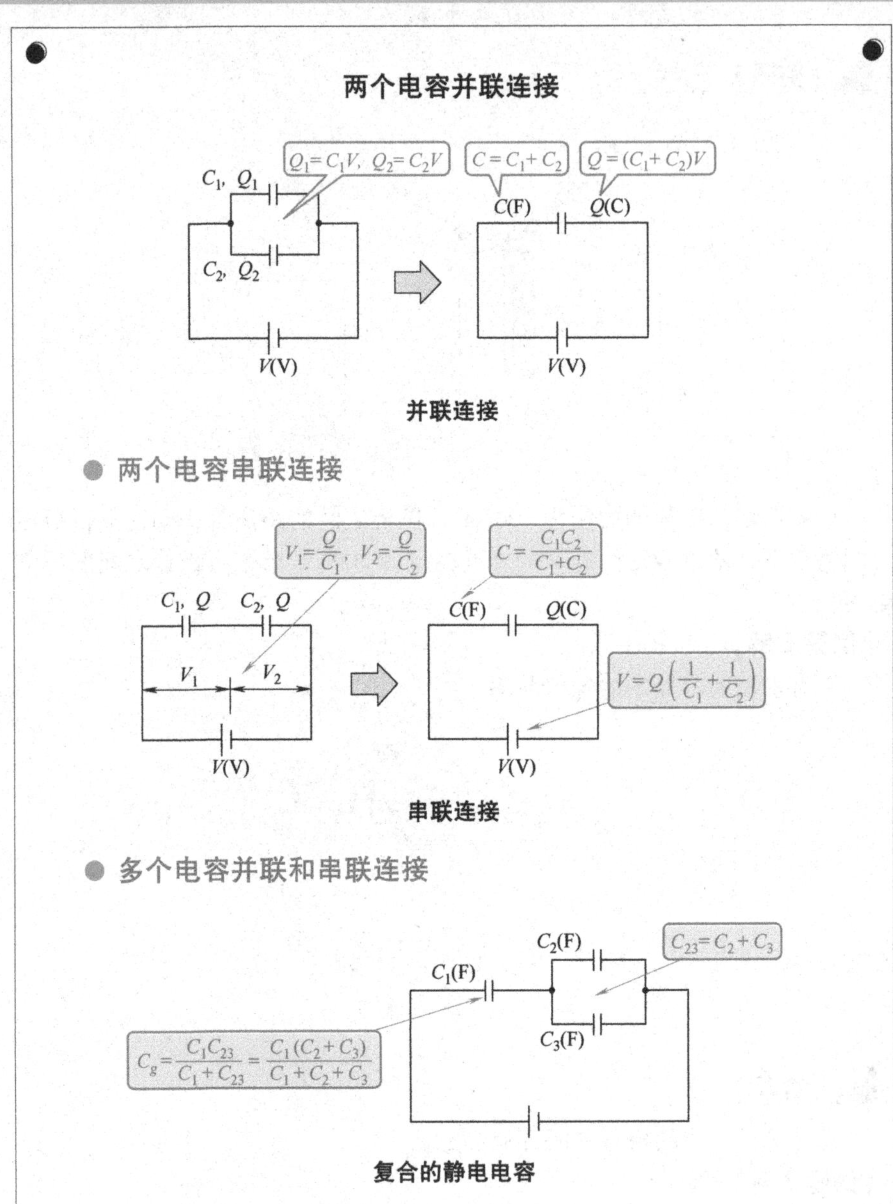

并联连接

串联连接

复合的静电电容

注：并联连接的电容两端所加的电压相同，串联连接的电容所存储的电荷相同。

[1] **并联**

n个电容并联的情况下，复合静电电容为

$$C = \frac{Q}{V} = \frac{\sum_{i=1}^{n} Q_i}{V} = \sum_{i=1}^{n} \frac{Q_i}{V}$$

$$= \sum_{i=1}^{n} C_i$$

C 为复合静电电容（F）

Q 为总电荷（C）

V 为并联电路的电位差（V）

C_i 为电容器 i 的静电电容（F）

Q_i 为电容器 i 的电荷（C）

[2] **串联**

n个电容串联的情况下，复合静电电容为

$$C = \frac{Q}{V} = \frac{Q}{\sum_{i=1}^{n} V_i} = \frac{1}{\sum_{i=1}^{n} \frac{V_i}{Q}}$$

$$= \frac{1}{\sum_{i=1}^{n} \frac{1}{C_i}}$$

C 为复合静电电容（F）

Q 为各个电容的电荷（C）

V 为串联电路的电位差（V）

C_i 为电容器 i 的静电电容（F）

Q_i 为电容器 i 的电荷（C）

多个电容的并联和串联连接

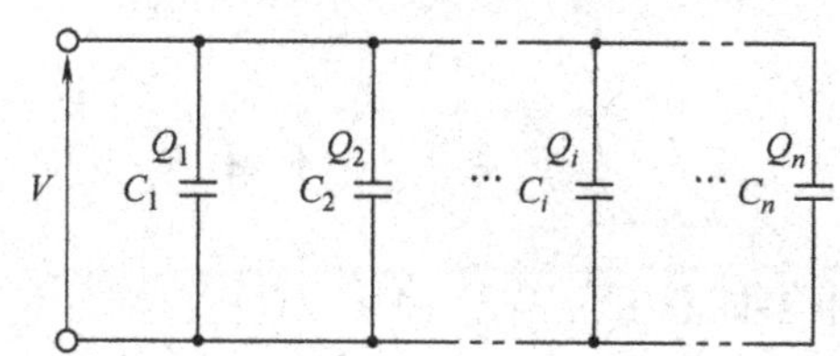

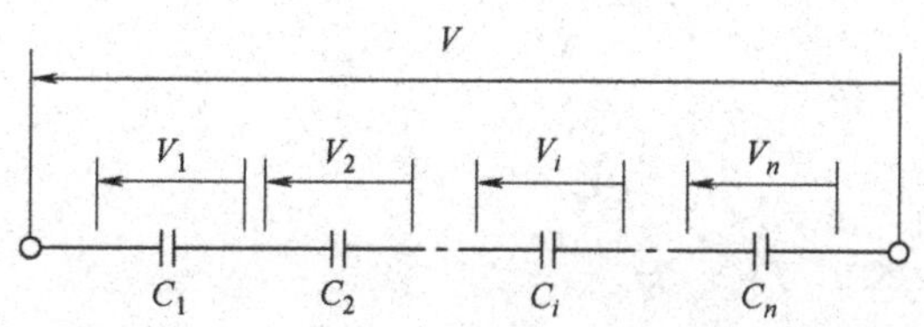

并联连接

静电电容分别为 C_1、$C_2 \sim C_n$（F）的 n 个电容器并联时，电压 V（V）加在各个电容器的两端，各电容器所加的电压相同，各电容储存的电荷为

$$Q_1 = C_1 V, Q_2 = C_2 V, \cdots, Q_n = C_n V$$

电路中所有电容所存储的总电荷 Q（C）为

$$Q = Q_1 + Q_2 + \cdots + Q_n = C_1 V + C_2 V + \cdots + C_n V = (C_1 + C_2 + \cdots + C_n) V$$

复合的静电电容 C（F）为

$$C = \frac{Q}{V} = C_1 + C_2 + \cdots + C_n$$

串联连接

静电电容分别为 C_1、$C_2 \sim C_n$（F）的 n 个电容器串联连接在一起，串联电路所加电压为 V（V），各个电容器所储存的电荷都相同，各电容器两端的电位差为

$$V_1 = \frac{Q}{C_1}, V_2 = \frac{Q}{C_2}, \cdots, V_n = \frac{Q}{C_n}$$

电路中的所有电容的总电位差 V（V）为

$$V = V_1 + V_2 + \cdots + V_n = \frac{Q}{C_1} + \frac{Q}{C_2} + \cdots + \frac{Q}{C_n}$$

$$= Q\left(\frac{1}{C_1} + \frac{1}{C_2} + \cdots + \frac{1}{C_n}\right)$$

复合静电电容 C（F）为

$$C = \frac{Q}{V} = \frac{1}{\frac{1}{C_1} + \frac{1}{C_2} + \cdots + \frac{1}{C_n}}$$

例题 1

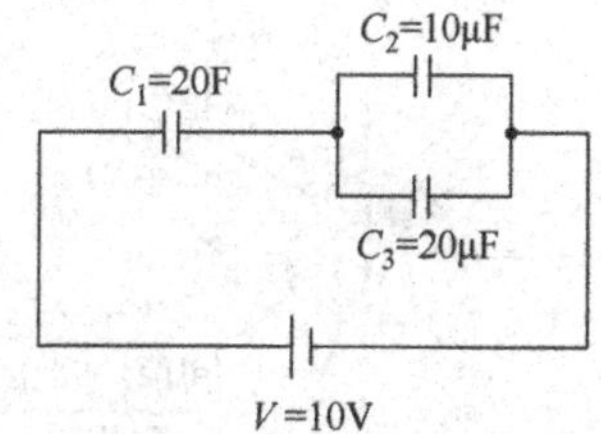

如图所示，静电电容为 10μF 和 20μF 的两个电容器并联，然后将该并联电路与静电电容为 20μF 的电容器串联在一起，求该电路的复合静电电容。

【例题 1 解】

并联电路的复合静电电容为

$$C_{23} = C_2 + C_3 = (10 + 20)\,\mu F = 30\mu F$$

电路整体的复合静电电容为

$$C_g = \frac{C_1\ C_{23}}{C_1 + C_{23}} = \frac{20 \times 30}{20 + 30}\mu F = 12\mu F$$

$C_2 + C_3$

例题 2

当例题 1 中的电路所加的直流电压为 10V 时，计算各个电容器两端的电位差。

【例题 2 解】

电路中所有电容所存储的总电荷为

$$Q = C_g\ V = 12 \times 10^{-6} \times 10C = 1.2 \times 10^{-4}C$$

电容器 C_1、并联电路 C_{23}的电位差为

$$V_1 = \frac{Q}{C_1} = \frac{1.2 \times 10^{-4}}{20 \times 10^{-6}}V = 6V$$

$$V_{23} = \frac{Q}{C_{23}} = \frac{1.2 \times 10^{-4}}{30 \times 10^{-6}}V = 4V$$

由于电容并联电路中各电容两端的电位差相等，因此：

$$V_2 = V_3 = V_{23} = 4V$$

第19课
静电场中的能量和导体之间的作用力

带电荷 Q（C）的导体

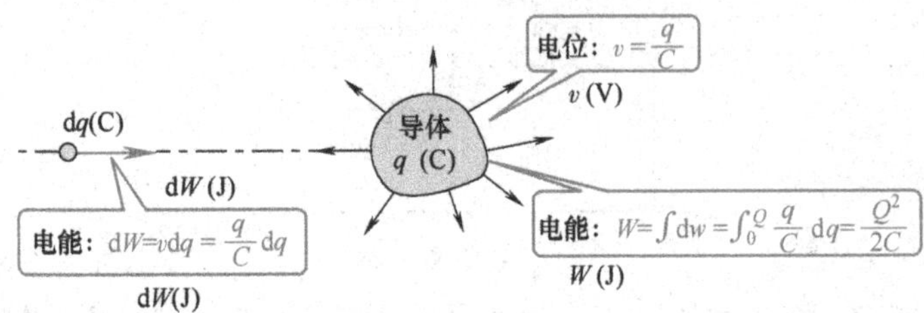

带电导体的能量

充电电容器

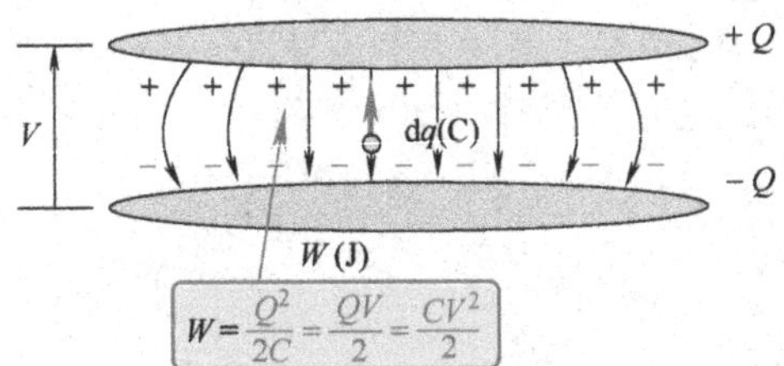

电容器所储存的能量

平行平板电容器的能量与导体板间作用力的关系

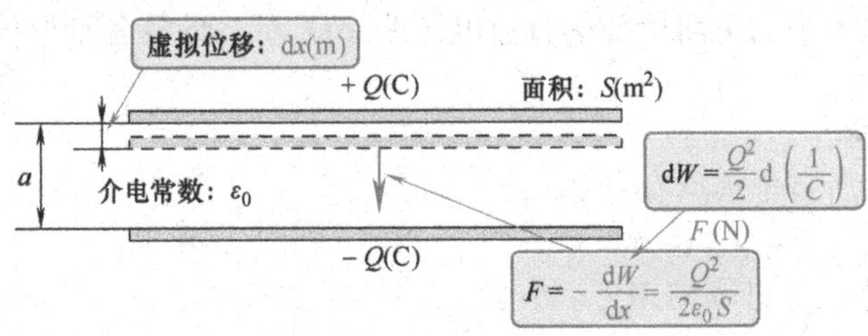

导体板之间的作用力

注：关于虚拟位移，请预习第54课的“虚拟功原理”。

[1] **带电导体的能量**

电荷使导体带电产生所需要的电量：

$$W=\frac{Q^2}{2C}=\frac{QV}{2}=\frac{CV^2}{2}$$

W 为带电导体储存的电能（J）

C 为带电导体的静电电容（F）

Q 为带电导体的电荷（C）

V 为带电导体的电位（V）

[2] **电容器所储存的电能**

给电容器充电需要的电能

$$W=\frac{Q^2}{2C}=\frac{QV}{2}=\frac{CV^2}{2}$$

W 为电容器储存的电能（J）

C 为电容器的静电电容（F）

Q 为电容器充电需要的电荷（C）

V 为极板之间的电位差（V）

[3] **平行平板电容器中的作用力**

电荷一定的时候，表面的作用力与静电电能之间的关系：

$$F=-\frac{\mathrm{d}W}{\mathrm{d}x}=\frac{Q^2}{2\varepsilon_0 S}$$

F 为极板表面的作用力（N）

$\mathrm{d}x$ 为虚拟位移（m）

$\mathrm{d}W$ 为极板在 $\mathrm{d}x$ 变化量的情况下电容器储存的电能（J）

Q 为电容器的电荷（C）

S 为极板的表面积（m^2）

极板之间的电位差一定时：

$$F=\frac{\mathrm{d}W}{\mathrm{d}x}=\frac{Q^2}{2\varepsilon_0 S}$$

极板之间的电位差一定的情况

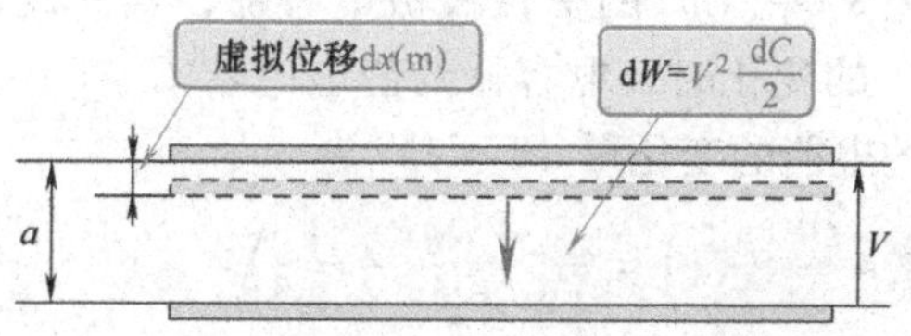

带电导体的能量

带电导体所带的电荷为，导体的电位为 V（V）的情况下，为使导体所带电荷有一个 $\mathrm{d}q$（C）的微小增加，需要逆着导体所带电荷 q（Q）形成的电场将该微小增量电荷从无限远点传送到导体所在的位置。当导体的静电电容为 C（F）时，传送微小增量电荷 $\mathrm{d}q$（C）所做的功 $\mathrm{d}W$（J）为

$$\mathrm{d}W = v\mathrm{d}q = \frac{q}{C}\mathrm{d}q$$

因此，使导体所带的电荷由 $q=0$ 增加到 Q（C）时，所做的功 W（J）为

$$W = \int \mathrm{d}w = \int_0^Q \frac{q}{C}\mathrm{d}q = \frac{Q^2}{2C}$$

当导体所带的电荷为 Q（C），导体的电位为 V（V）时，$Q=CV$ 成立。因此得

$$W = \frac{Q^2}{2C} = \frac{QV}{2} = \frac{CV^2}{2}$$

为使导体带电所需要的能量，即为该带电导体所储存的静电电能。

对于充电电容器储存的电量为 $\pm Q$（C）时，电容所储存的静电电能也可以用上述公式来表示。这里的 C（F）为该电容器的静电电容，V（V）为电容器两端的电位差。

平行极板电容器的作用力

对于充电量为 $\pm Q$（C）的平行极板电容器，当其极板的内侧之间的距离发生 $\mathrm{d}x$（m）的变化时，电容器的静电电容 C（F）也随之变化，此时电容器所储存的电能的变化量 $\mathrm{d}W$（J）为

$$\mathrm{d}W = \frac{Q^2}{2}\mathrm{d}\left(\frac{1}{C}\right) = \frac{Q^2}{2}\left(\frac{a-\mathrm{d}x}{\varepsilon_0 S} - \frac{a}{\varepsilon_0 S}\right) = -\frac{Q^2}{2}\cdot\frac{\mathrm{d}x}{\varepsilon_0 S}$$

电容器导体表面的所受到的作用力 F（N）可由 $\mathrm{d}W = -F\mathrm{d}x$ 求得

$$F = -\frac{\mathrm{d}W}{\mathrm{d}x} = \frac{Q^2}{2\varepsilon_0 S}$$

例题 1

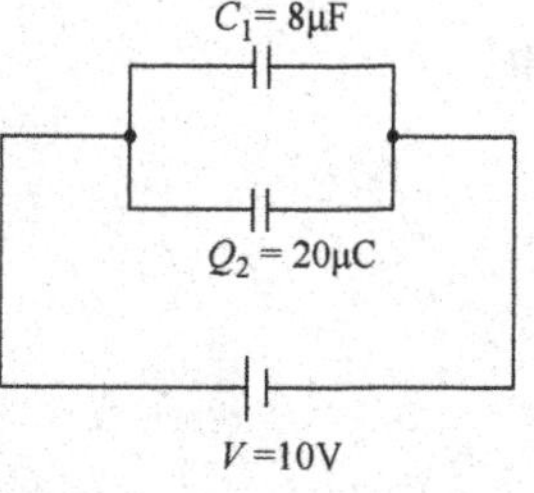

如图所示，两个电容器并联在一起电压为 $V=10V$ 的电源给它们充电，一个电容器的静电电容为 $8\mu F$，另一个为 $20\mu F$，求两个电容器所储存的电能。

【例题 1 解】

各电容器所储存的电能为

$$W_1 = \frac{C_1 V^2}{2} = \frac{8\times 10^{-6}\times 10^2}{2}J = 4\times 10^{-4}J$$

（C_1）

$$W_2 = \frac{VQ_2}{2} = \frac{10\times 20\times 10^{-6}}{2}J = 1\times 10^{-4}J$$

（Q_2）

两个电容器所储存的电能的总和为

$$W_1 + W_2 = 5\times 10^{-4}J$$

例题 2

极板之间的电位差一定的情况下，计算平行极板电容器的极板之间的作用力。

【例题 2 解】

极板内侧之间的距离发生 dx（m）变化的时候，其静电电容 C（F）也随之变化。在充电电源的电动势 V（V）一定的情况下，电容器储存的电荷 Q（C）也会发生改变。此时，电源向电容器提供的电能为 dW_e（J）时，电容器储存的电能的变化量为

$$dW = -Fdx + dW_e$$

$$Fdx = dW_e - dW = V^2 dC - \frac{V^2 dC}{2} = \frac{V^2 dC}{2} = dW$$

（dW；$dW_e = VdQ$）

$$F = \frac{dW}{dx}$$

导体球的静电电容

导体球之间施加直流电压的情况

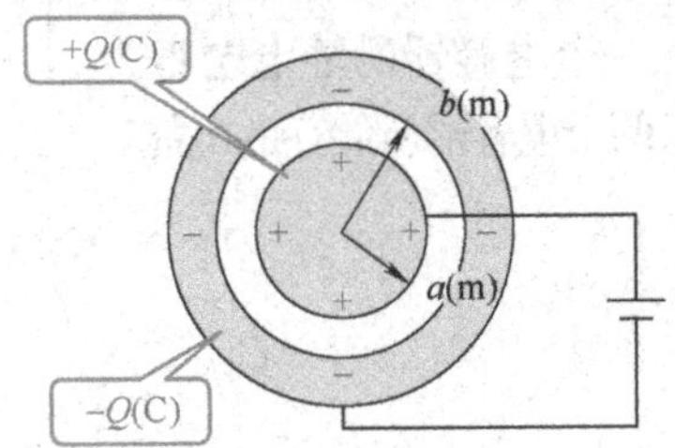

同心导体球

内部导体球和外部导体球的电位差

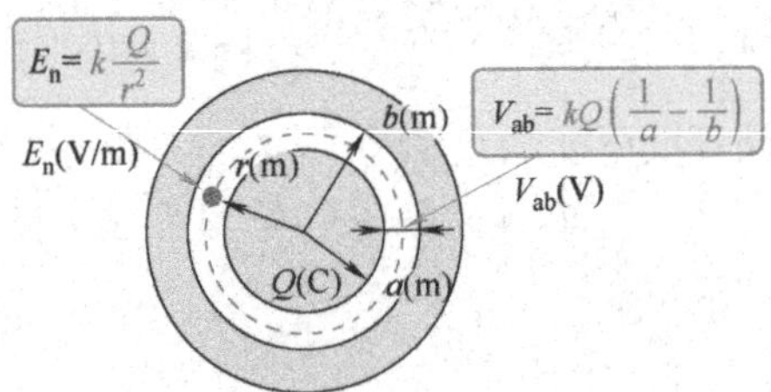

导体之间的电位差

同心导体球的静电电容

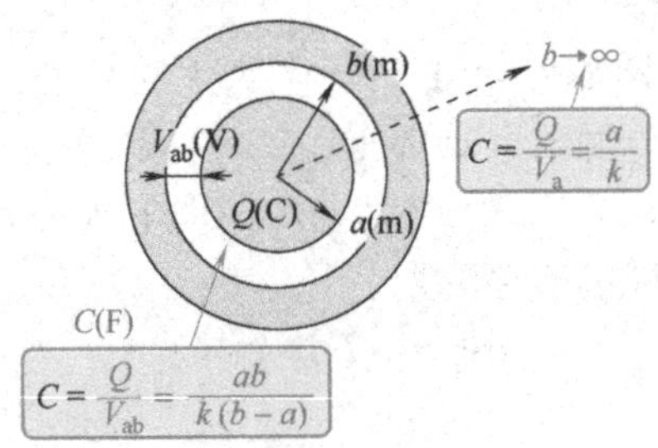

静电电容

注：同心导体球的电位请复习第 12 课的内容。

[1] 同心导体球的间的电位差

同心导体球的内部导体球与外部导体球之间的空腔的电位差为

$$V_{ab} = kQ\left(\frac{1}{a} - \frac{1}{b}\right)$$

V_{ab}为同心导体球的空腔之间的电位差（V）

Q 为内部导体球所带电荷（C）

a 为内部导体球的半径（m）

b 为外部导体球的半径（m）

[2] 同心导体球的静电电容

同心导体球的静电电容为

$$C = \frac{Q}{V_{ab}} = \frac{ab}{k(b-a)}$$

C 为同心导体球的静电电容（F）

V_{ab}为同心导体球的空腔之间的电位差

Q 为内部导体球所带电荷（C）

a 为内部导体球的半径（m）

b 为外部导体球的半径（m）

导体球的静电电容为

$$C = \frac{Q}{V_a} = \frac{a}{k}$$

C 为导体球的静电电容（F）

V_a为导体球的电位（V）

Q 为导体球的所带电荷（C）

a 为导体球的半径（m）

同心导体球

半径为 a（m）的导体球为内部导体球，半径为 b（m）的空心导体球为外部导体球，两个导体球构成了一个内部具有空腔的同心导体球。当在两个同心导体球之间施加直流电压时，内外导体球分别带有正负电荷。因此，同心导体球如同平行平板电容器那样，也储存了电荷。

导体球

在上述的同心导体球中，当外部导体球的内径 $b\to\infty$ 时，内部导体球即可以被看作为一个空间导体球。此时，该空间导体球的静电电容 C（F）为

$$C=\frac{Q}{kQ\left(\frac{1}{a}-\frac{1}{b}\right)}=\frac{a}{k}=4\pi\varepsilon a$$

例题 1

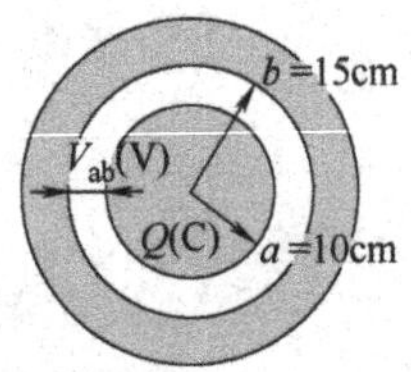

如图所示，内部导体球的半径为10cm，外部导体球的内径为15cm时，求空腔中为空气的同心导体球之间的静电电容。

【例题 1 解】

同心导体球的静电电容为

$$C=\frac{Q}{V_{ab}}=\frac{4\pi\varepsilon_0}{\left(\frac{1}{a}-\frac{1}{b}\right)}$$

$$=\left(\frac{4\times3.14\times\underbrace{8.854\times10^{-12}}_{\varepsilon_0}}{\underbrace{\frac{1}{10\times10^{-2}}}_{a}-\underbrace{\frac{1}{15\times10^{-2}}}_{b}}\right)\text{F}$$

$$=33.4\times10^{-12}\text{F}=33.4\text{pF}$$

例题 2

水中有半径为 5cm 的导体球，求导体球的静电电容。水的介电常数为 81。

【例题 2 解】

导体球的静电电容为

$$C = 4\pi\varepsilon_0\varepsilon_r a = 4\times3.14\times8.854\times10^{-12}\times81\times5\times10^{-2}\text{F}$$
$$= 450\times10^{-12}\text{F} = 45.0\text{pF}$$

（注：81 为 ε_r，5×10^{-2} 为 a）

例题 3

把地球看作一个球状的电容器，求该电容器的静电电容，地球的半径为 $a = 6417\text{km}$。

【例题 3 解】

地球的半径 $a = 6417\text{km}$ 的导体球，地球的静电电容为

$$C = 4\pi\varepsilon_0 a = 4\times3.14\times8.854\times10^{-12}\times6417\times10^{3}\text{F}$$
$$= 4\times3.14\times8.854\times10^{-12}\times6.417\times10^{6}\text{F} = 4\times3.14\times8.854\times6.417\times10^{-6}\text{F}$$
$$= 714\times10^{-6}\text{F} = 714\mu\text{F}$$

（注：8.854×10^{-12} 为 ε_0，6417×10^{3} 为 a）

地球的静电电容仅仅为 0.000714F。

由此可知，作为电容的单位：法拉（F），是非常大的单位。实际中常被使用的单位，通常为法拉的 100 万分之一的 μF，称为微法。还有 μF 这个单位的 100 万分之一的 pF，称为皮法。

但对于目前广受关注的作为电能储存装置使用的双层超级电容器的容量，就需要使用法拉（F）来表示了。

同轴导线的静电电容

无限长导线上的电荷密度

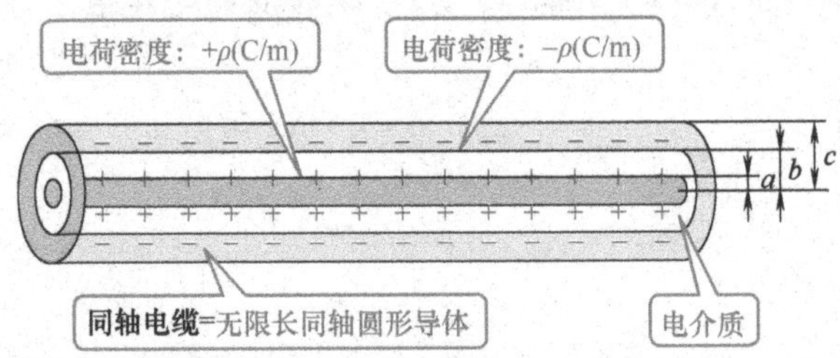

同轴导线

● 内部导体与外部导体的电位差

圆柱形导体的内侧与外侧导体的电位差

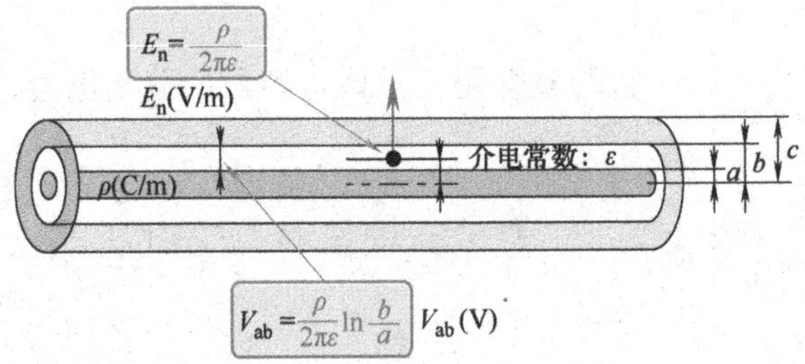

导体间的电位差

● 同轴导线的静电电容

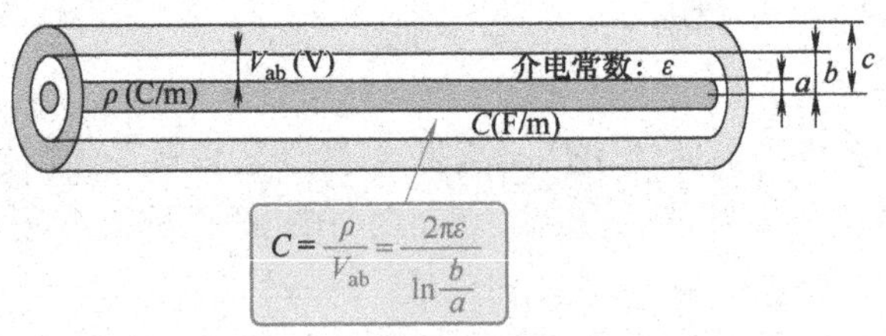

静电电容

注：同轴导线的电位，请复习第 13 课的内容。

[1] 同轴导线的空隙间的电位差

同轴导线的内部圆柱形导体与外部

柱状导体之间空隙的电位差 V_{ab}（V）为

$$V_{ab}=\frac{\rho}{2\pi\varepsilon}\ln\frac{b}{a}$$

V_{ab}为同轴导线的导体之间的电位差（V）

ρ 为内部导体的电荷线密度（C/m）

a 为内部圆柱形导体的半径（m）

b 为外部圆筒形导体的内径（m）

[2] 同轴导线的静电电容

同轴导线的静电电容C（F/m）为

$$C=\frac{\rho}{V_{ab}}=\frac{2\pi\varepsilon}{\ln\frac{b}{a}}$$

C 为同轴导线的单位长度的静电电容（F）

V_{ab}为同轴导线空隙之间的电位差（V）

ρ 为内部导体的电荷线密度（C/m）

ε 为绝缘体的介电常数（F/m）

a 为内部圆柱形导体的半径（m）

b 为外部圆筒形导体的内径（m）

同轴导线的结构

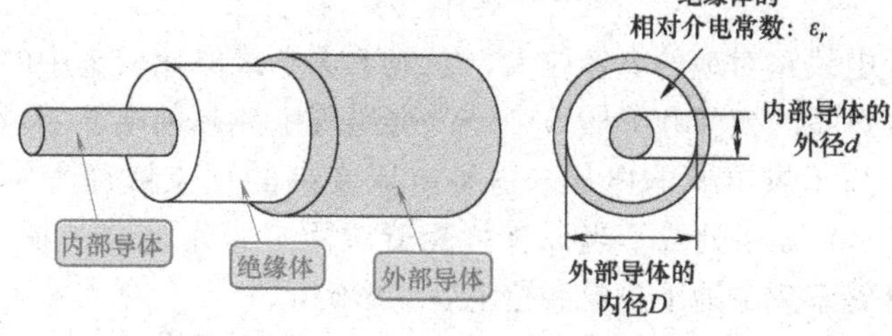

同轴导线

同轴导线被制作成外部导体包围着内部导体的结构，其电容的量，与无限长柱状同轴导体之间添加电介质的情况相同，都是由内部导体的外径为 d（m）、外部导体的内径为 D（m）以及绝缘体的介电常数 ε 所决定的。

同轴电缆

同轴导线又称为同轴电缆，广泛应用于高频信号的高效传输。信号在内部导体与外部导体之间传输，外部导体的金属不仅可以防止传输信号的外泄，又可以对外部干扰信号加以隔离，阻止了外部信号的侵入。同轴电缆的这种作用也被称为屏蔽。正是因为这种性能，同轴电缆的高频信号传输效率非常高，而且可以将外部电波和噪声信号的影响降低到最低的限度。所以，电视台、中继站以及工厂等场合，都采用同轴电缆来实现语音信号、视频信号以及传声器信号的传输。

实际应用中，根据电信号输送环境的不同，有采用铁搭和电线杆等支撑起来的架空线路，也有采用地中埋设的地下线路。同轴电缆也常被用于地下线路。通常都有接地的设备。同时，在导线电容上，地下线路和架空线路存在着较大的差异。当采用油浸绝缘纸或聚乙烯作电缆的绝缘材料，并对电缆的金属屏蔽层接地时，地下电缆的电容量大概为架空线的 50 倍左右，这也对线路的传输特性具有较大的影响。

地下送电线路的对地电容及电气特性

地下送电线路对地的电容较大，在地下送电线路比较集中的城市供电网中，在轻负载的夜间和节假日中经常会出现电流超前电压的情况，使得受电侧电压高于供电侧的电压。这种电压变高的现象被称为费兰梯效应（Ferrantieffect）如果处置不当，有可能造成用户家用电器的损坏。因此，需要采取措施来减少地下送电线路电容的影响。

另外，因为地下送电线路的对地静电电容大，线路对地的漏电流（充电电流）比架空线要大很多，因此，也是长距离高压输电线路不可忽视重要因素。因此，在节假日的轻负载的时候，在不降低供电可靠性的前提下，尽可能地停止部分线路的工作，将线路的电容降为原来的一半，以消除电路的费兰梯效应。

例题 1

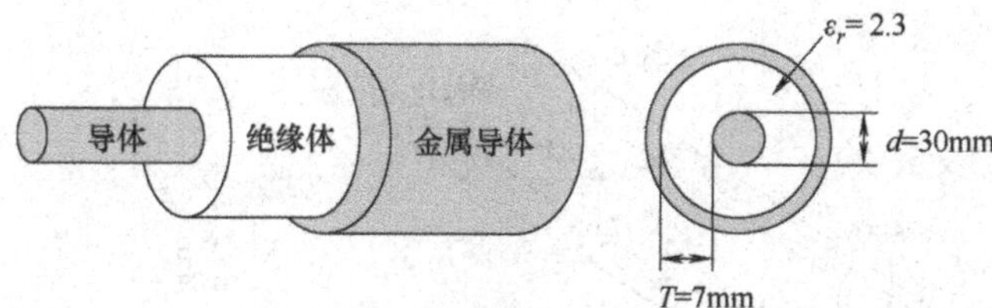

如图所示，22kV 的 CV 同轴电缆内部导体外直径为 30mm，绝缘层厚度为 7mm，试求该电缆每千米的电容。聚乙烯绝缘体的相对介电常数为 2.3。

【例题 1 解】

CV 同轴电缆的外部金属导体内直径为 $D=30+7\times2\text{mm}=44\text{mm}$，其电容为

$$C=\frac{\rho}{V_{ab}}=\frac{2\pi\varepsilon_0\varepsilon_r}{\ln\frac{D}{d}}=\frac{2\times3.14\times\underbrace{8.854\times10^{-12}}_{\varepsilon_0}\times\underbrace{2.3}_{\varepsilon_r}}{\ln\frac{44\ (D)}{30\ (d)}}$$

$$=0.33\times10^{-9}\text{F/m}=0.33\mu\text{F/km}$$

例题 2

相对介电常数为 2.3 的绝缘材料用于某同轴电缆中，该电缆的静电电容为 100pF/m，求该电缆绝缘体外径 D 与内导体外径 d 的比值 D/d。

【例题 2 解】

同轴电缆的电容量为

$$C=\frac{2\pi\varepsilon_0\varepsilon_r}{\ln\frac{D}{d}}=\frac{2\times3.14\times8.854\times10^{-12}\times2.3}{\ln\frac{D}{d}}=100\times10^{-12}\text{F/m}$$

电缆绝缘体外径 D 与内导体外径 d 的比值为

$$\ln\frac{D}{d}=\frac{2\times3.14\times8.854\times10^{-12}\times2.3}{100\times10^{-12}}=1.279$$

$$\frac{D}{d}=e^{1.279}=3.59$$

第 22 课
平行线路的静电电容

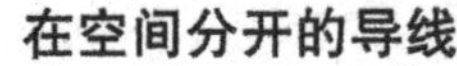
在空间分开的导线

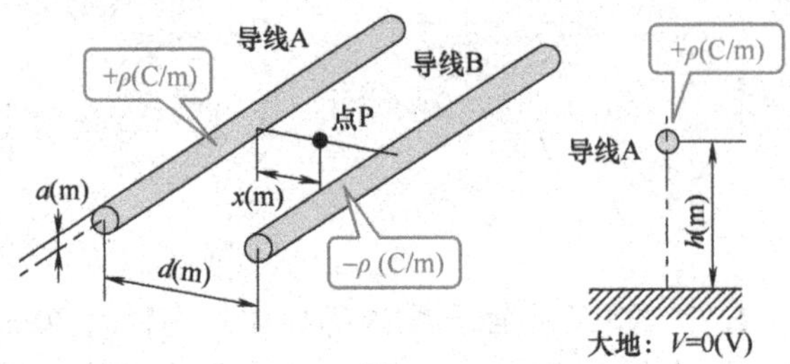

平行线路

● 平行线路之间的静电电容

分开的平行导线之间的电位差

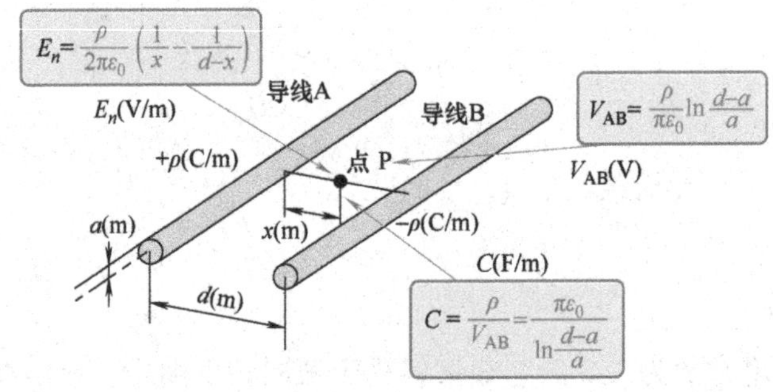

线间静电电容

● 线路与大地之间的静电电容

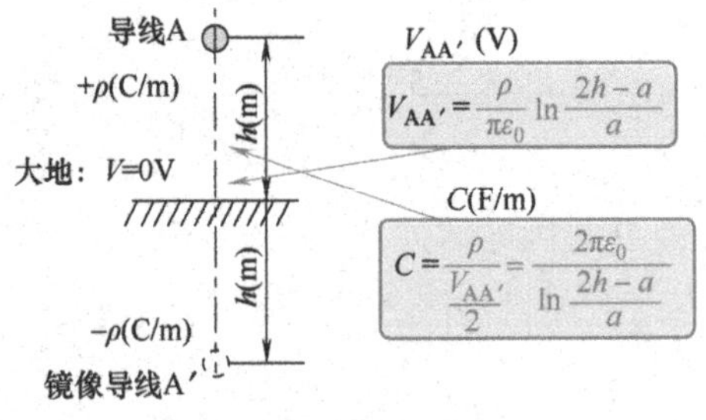

对地静电电容

注：关于电荷镜像法的内容，复习第 15 课的内容。

[1] **平行线路线间的电位差**

非常长的平行线路线间的电位差为

$$V_{AB}=\frac{\rho}{2\pi\varepsilon_0}\ln\frac{d-a}{a}$$

V_{ab}为平行线路的导线 A、B 之间的电位差（V）

$\pm\rho$ 为导线 A、B 的电荷线密度（C/m）

a 为导线 A、B 的截面半径（m）

d 为导线 A、B 的中心距离（m）

[2] **平行线路的线间静电电容**

平行线路的线间静电电容为

$$C=\frac{\rho}{V_{AB}}=\frac{\pi\varepsilon_0}{\ln\frac{d-a}{a}}$$

C 为平行线路的电位长度的线间静电电容（F/m）

[3] **直线线路的电位**

水平分开的非常长的直线线路的电位为

$$V_A=\frac{V_{AA'}}{2}=\frac{\rho}{2\pi\varepsilon_0}\ln\frac{2h-a}{a}$$

V_A为直线线路的导线 A 的电位（V）

V_{AA}为导线 A 的镜像导线 A′之间的电位差（V）

ρ 为导线 A 的电荷线密度（C/m）

a 为导线 A 的截面半径（m）

h 为导线 A 到大地的高度（m）

[4] **直线线路的对地静电电容**

直线线路的对地静电电容为

$$C=\frac{\rho}{V_A}=\frac{2\pi\varepsilon_0}{\ln\frac{2h-a}{a}}$$

C 为直线线路的单位长度对地的静电电容（F/m）

平行线路

在空中等间距地放置两条充分长的导线，就构成一条平行线路，这也是输送电能的架空输电线经常采用的形式。在线路的一侧给线路施加电压时，两条导线就分别带上极性相反的正负电荷，这种情况下，线路就像平行平板电容器那样能够储存电荷。线间静电电容是由导线的长度以及它们之间的距离决定的。

直线线路

横截面半径为 a（m）的无限长直线导线在距离地面 h（m）的高度上水平分开放置时，所构成的直线线路与大地之间的对地电容量，可以采用电镜像法求解。

直线线路中导线 A 的电荷线密度为 ρ（C/m），可按照电镜像法原理来分析该导线对大地的电力线的分布情况。若在大地中，与导线 A 平行放置的镜像导线 A′，且电荷线密度为 $-\rho$（C/m）、深度为 h（m），则导线 A′与导线 A 即组成了一条平行线路。因此，直线线路在空中任一点的电场强度和电位均可按照平行线路的方法求得。

假设导线 A 与其镜像导线 A′之间的电位差为 $V_{AA'}$（V），平行线路的中心间距为 $d=2h$，则直线线路的电位 V_A（V）为

$$V_A=\frac{V_{AA'}}{2}=\frac{1}{2}\left(\frac{\rho}{\pi\varepsilon_0}\ln\frac{2h-a}{a}\right)$$

直线线路对地的静电电容 C（F/m）为

$$C=\frac{\rho}{V_A}=\frac{\rho}{\dfrac{V_{AA'}}{2}}=\frac{2\pi\varepsilon_0}{\ln\dfrac{2h-a}{a}}$$

架空输电线路的线路参数

架空输电线路的性能由电阻 R（Ω）、等效电感 L（H）、等效电容 C（F）以及漏电导 G（S）等线路参数来表示。线路参数中 R、L、C 最小的时候为理想的状态，导体的电阻是由导体的材质、长度以及横截面积决定的，并且随着温度的升高其电阻也会有一定的变化。并且，从后续的学习中还可以了解到，由于交流的趋肤效应，这些参数的值要比直流的时候更大。

由于电感和静电电容是由输电线路的长度、导线的粗细以及导线之间部署的间距等因素所决定的。当导线的间距 D 相同时，导线半径 r 的变化也会使线路参数发生改变。当 D/r 增大时，线路的电感效应就会增强，其静电电容就会变小。

例题 1

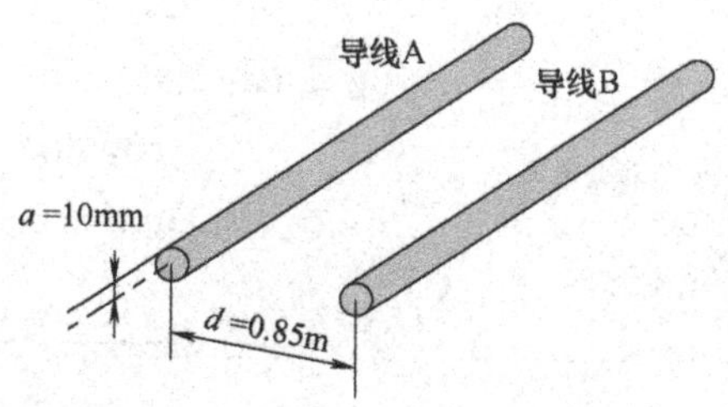

如图所示，电线横截面半径为 10mm，线间距离为 0.85m 的架空输电线路，求每千米线路的线间静电电容。

【例题 1 解】

当 $d \gg a$ 时，架空输电线路的线间静电电容为

$$C = \frac{\pi\varepsilon_0}{\ln\frac{d-a}{a}} \approx \frac{\pi\varepsilon_0}{\ln\frac{d}{a}} = \frac{3.14\times 8.854\times 10^{-12}}{\ln\frac{0.85}{10\times 10^{-3}}}$$

（8.854×10^{-12} …… ε_0；0.85 …… d；10×10^{-3} …… a）

$$= 6.26\times 10^{-12}\text{F/m} = 6.26\text{nF/km}$$

例题 2

在例题 1 的情况下，该架空线距地 9m，平行分开放置时，其中一条导线的每千米对地静电电容。

【例题 2 解】

当 $d \gg a$ 时，架空输电线的一条导线的对地静电电容为

$$C = \frac{2\pi\varepsilon_0}{\ln\frac{2h-a}{a}} \approx \frac{2\pi\varepsilon_0}{\ln\frac{2h}{a}} = \frac{2\times 3.14\times 8.854\times 10^{-12}}{\ln\frac{9\times 2}{10\times 10^{-3}}}\text{F/m}$$

$$= 7.42\times 10^{-12}\text{F/m} = 7.42\text{nF/km}$$

第 23 课

电介质与相对介电常数

极板之间插入绝缘体的情况

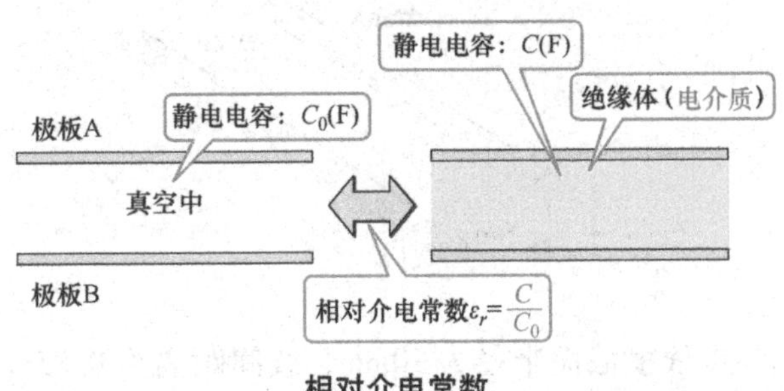

相对介电常数

● 极板之间插入极板的情况

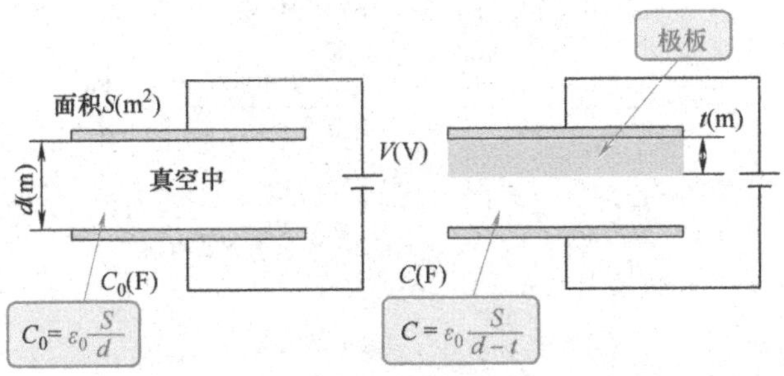

插入极板的情况

● 极板之间插入相对介电常数为 ε_r 的电介质的情况

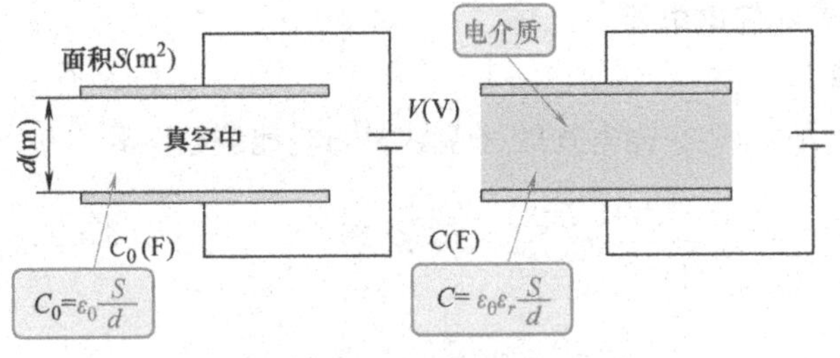

插入电介质的情况

注：把第 6 课中介绍过的绝缘体称为电介质。

[1] 相对介电常数和介电常数

绝缘体（电介质）的相对介电常数为

$$\varepsilon_r = \frac{C}{C_0}$$

ε_r为绝缘体的相对介电常数

C_0 为真空中的静电电容（F）

C 为插入绝缘体后的静电电容（F）

绝缘体（电介质）的介电常数为

$$\varepsilon = \varepsilon_0 \varepsilon_r$$

ε_r 为绝缘体的介电常数（F/m）

ε_0为真空介电常数（F/m）

[2] 插入电介质的电容器

插入电介质的平行平板电容器的静电电容为

$$C = \varepsilon \frac{S}{d} = \varepsilon_0 \varepsilon_r \frac{S}{d}$$

C 为静电电容（F）

S 为极板的面积（m^2）

d 为极板之间的距离（m）

ε 为极板之间的电介质的介电常数（F/m）

ε_0 为真空介电常数（F/m）

ε_r 为极板之间的电介质的相对介电常数

物质的相对介电常数

物　质	相对介电常数	物　质	相对介电常数
空气（20℃）	1.000536	玻璃	3.5～9.9
水	81	云母	2.5～6.6
酒精	16～31	陶瓷	5.0～6.5
变压器油	2.2～2.4	树脂	4.5～7.0
石膏	1.9～2.5	石英	2.8
纸	1.2～2.6	聚乙烯	2.3～2.4
木材	2.5～7.7	聚苯乙烯	2.5～2.7
橡胶	2.0～3.5	聚四氟乙烯	2.1

相对介电常数

在平行平板电容器的极板之间插入绝缘体时，与真空中的情况相比，电容器的容量会增加。平行平板电容器在插入绝缘体时的静电电容 C（F）与其真空情况下的静电电容 C_0（F）的比 C/C_0，称之为相对介电常数 ε_r。空气的相对介电常数大致为 1，与真空中的情况一样。

电介质

在电场中放置绝缘体时，电场强度会因此而减弱，此时的绝缘体被称为电介质。电介质的介电常数为 $\varepsilon = \varepsilon_r \varepsilon_0$（F/m）。

由于物质的内部存在自由电子使得电荷可以自由移动，由此具有良好导电性的物质称为导体。而所有的电子都被原子等束缚而电荷不能自由移动，因此不能导电的物质，称之为绝缘体。关于导体与绝缘体的内容已在第 6 课中介绍过了。

电介质会发生后面要介绍的电介质极化，绝缘体在电场力的作用下也能够具有一定的导电性能，此时的绝缘体我们称之为电介质，现在也有将其称为电媒质的。对于被极化的电介质的电感应现象存在与导体的静电感应相似的情况。一旦带电体靠近物体，该物体是导体的情况也好，或是电介质也好均会感应电荷。当带电体远离物体时，电荷就会从电介质上消失。

例题 1

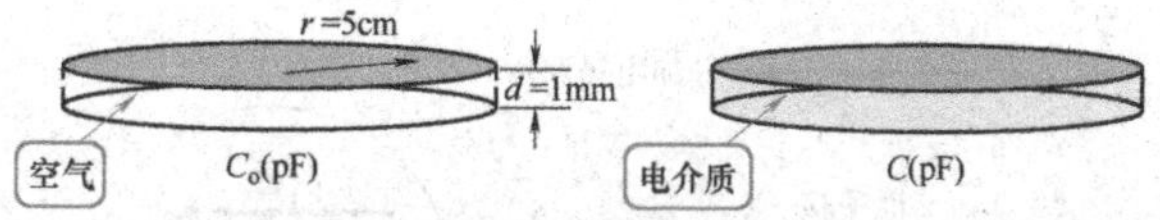

如上图所示，在半径为5cm、间隔距离为1mm的圆形平行平板电容器的极板之间放入和未放入半径相同、厚度为1mm的电介质情况下，测得两者的静电电容差为125pF，试求该电介质的相对介电常数。

【例题 1 解】

电容器在两种情况下的静电电容的差为

$$C-C_0=\varepsilon_0\varepsilon_r\frac{S}{d}-\varepsilon_0\frac{S}{d}=(\varepsilon_r-1)\varepsilon_0\frac{S}{d}$$

$$\varepsilon_r=\frac{(C-C_0)d}{\varepsilon_0 S}+1$$

$$=\frac{\overbrace{125\times10^{-12}}^{C-C_0}\times\overbrace{10^{-3}}^{d}}{8.854\times10^{-12}\times\underbrace{3.14\times(5\times10^{-2})^2}_{S}}+1=2.80$$

例题 2

在静电电容为0.05μF的平行平板空气电容器的极板之间，平行地插入厚度为极板间隔距离的1/2、相对介电常数为7的玻璃板，试求此时其静电电容。

【例题 2 解】

1/2间隔距离的平行平板空气电容器的静电电容为

$$C_1=0.05\times2\mu F=0.1\mu F$$

插入玻璃板部分的静电电容为

$$C_2=\varepsilon_r C_1=7\times0.1\mu F=0.7\mu F$$

电容器总体的静电电容为以上两部分的串联：

$$C=\frac{C_1C_2}{C_1+C_2}=\frac{0.1\times0.7}{0.1+0.7}\mu F=0.0875\mu F$$

极化与电通密度

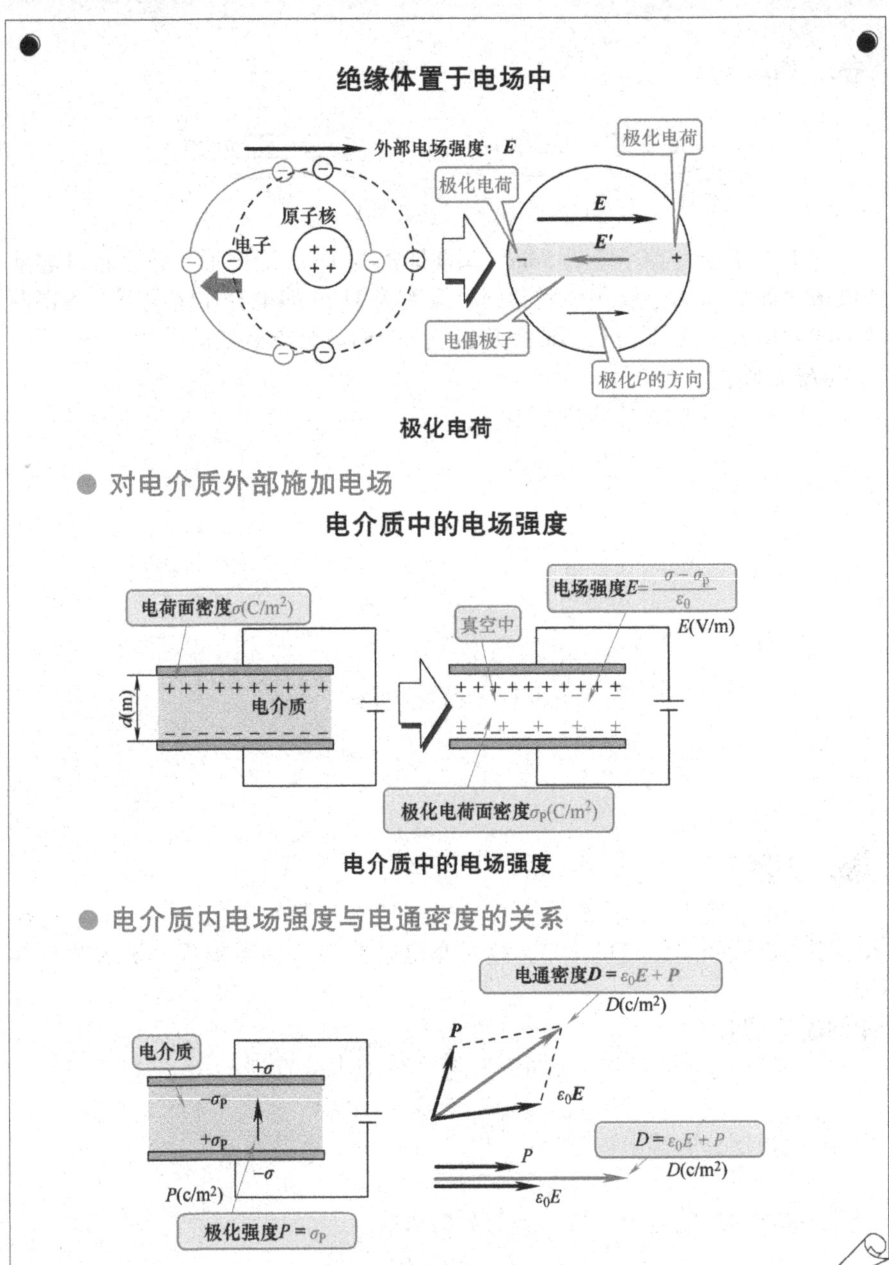

极化电荷

电介质中的电场强度

电通密度与极化

注：极化是由于外部电场的作用而产生的。

[1] **极化**

电介质中的电场强度为

$$E=\frac{\sigma-\sigma_{P}}{\varepsilon_0}$$

E 为电介质中的电场强度（V/m）

σ 为外部施加的电荷面密度（C/m^2）

σ_P 为极化电荷面密度（C/m^2）

极化强度

$$P=\sigma_P=\varepsilon_0(\varepsilon_r-1)E=\chi E$$

P 为极化强度（C/m^2），其方向为正电荷移动的方向

ε_r 为电介质的相对介电常数

χ 为极化率（F/m）

[2] **电通密度**

电通密度为

$$D=\varepsilon_0 E+P$$

D 为电通密度（C/m^2）

E 为电介质中的电场强度（V/m）

P 为电介质的极化强度（C/m^2）

ε_0 为真空介电常数（F/m）

电通密度与电场强度的方向相同时，用标量表示为

$$D=\varepsilon_0 E+P=\sigma=\varepsilon_0\varepsilon_r E=\varepsilon E$$

σ 为外部电荷面密度（C/m^2）

ε_r 为极板之间的电介质的相对介电常数

ε 为极板之间的电介质的介电常数（F/m）

极化

在绝缘体内部，原子核外围的电子受到很强的束缚，所以为不能自由移动的束缚电子。

将绝缘体（电介质）放置于电场中时，由于电场中的库仑力的作用，电子（负电荷）受到与电场方向相反的力的作用，虽然在原子核（正电荷）的四周旋转，但还是产生了与电场方向相反的位移。为此，原子就变成了电偶极子，形成与外部所加的电场的方向相反的电场，因此起到使得电介质中的电场被弱化的电气上作用，这种现象称为极化。

若存在大小相等、符号相反的两个非常接近点电荷，将其称为电偶极子。由于外部电场的作用，在电介质中产生了同样的极化，并有电偶极子的存在。但在电介质的内部，电偶极子之间的正、负电荷的相互抵消，因此只在其两端的表面有电荷呈现。此称为极化电荷，在此用电荷面密度 σ_P（C/m^2）来表示。

电介质中的电场强度

在极板之间插入电介质的平行平极板电容器上施加电压时，该极板表面上所带的电荷面密度为σ（C/m^2），由于该电荷引起的电场使电介质被极化，极化电荷集中在电介质两端的表面，极化电荷面密度为σ_P（C/m^2）。此时，电介质中的电场强度E（V/m）可由下式来表示。其中（$\sigma-\sigma_P$）（C/m^2）为平行平板电容器的极板在真空中所带的电荷面密度与电介质在电场中的极化电荷面密度之差值。

$$E=\frac{\sigma-\sigma_P}{\varepsilon_0}$$

由于电极化强度$P=\sigma_P$（单位为C/m^2），所以有

$$E=\frac{\sigma-P}{\varepsilon_0}$$

设电介质的相对介电常数为ε_r，则由于电介质中电荷为相同电荷面密度下的表面的极化电荷密度为导体板电容真空中的电场的$1/\varepsilon_r$。因此，电介质中的电场强度为$E=\sigma/(\varepsilon_0,\ \varepsilon_r)$，电介质的电极化强度为

$$P=\sigma-\varepsilon_0E=\varepsilon_0\varepsilon_rE-\varepsilon_0E=\varepsilon_0(\varepsilon_r-1)E$$

由此可见，除了那些极化作用非常强的电介质外，绝大多数的电介质在电场中的极化强度是与外加的电场强度大致成正比的，利用电极化率χ（F/m），因此，有

$$P=\chi E$$

电通密度

电通密度的方向与外部电场强度的方向相同时，电通密度等于外部给予的电容器极板的表面电荷面密度σ（C/m^2），因此电通密度D（C/m^2）可由下式定义：

$$D=\sigma=\varepsilon_0E+P$$

式中，表面电荷面密度σ（C/m^2）为电容器极板所呈现的净电荷。由

$P=\varepsilon_0(\varepsilon_r-1)E$，若设电介质的介电常数为$\varepsilon$（F/m），则有

$$D=\varepsilon_0E+\varepsilon_0(\varepsilon_r-1)E=\varepsilon_0\varepsilon_rE=\varepsilon E$$

例题 1

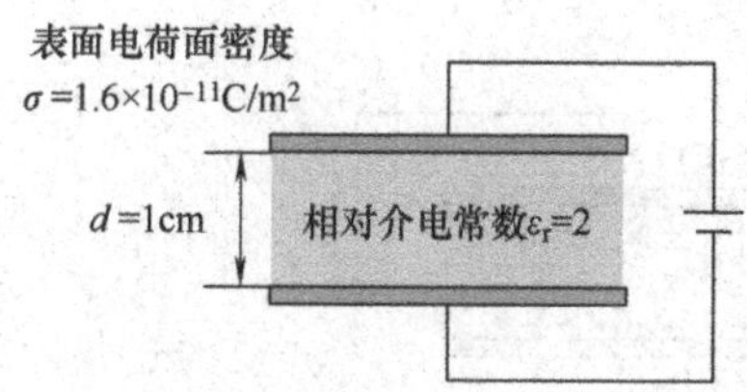

如上图所示，在间隔距离为 1cm 的平行平板电容器的极板之间插入相对介电常数为 2 的电介质。当极板上表面电荷面密度为 $1.6\times10^{-11}\,\mathrm{C/m^2}$ 时，试求电介质内部的电场强度。

【例题 1 解】

由于电介质中的电场强度为真空中的电场强度的 $1/\varepsilon_r$，因此得

$$E=\frac{\sigma}{\varepsilon_0\varepsilon_r}=\frac{1.6\times10^{-11}}{8.854\times10^{-12}\times2}\mathrm{V/m}=0.904(\mathrm{V/m})$$

（1.6×10^{-11}：σ；2：ε_r）

例题 2

在例题 1 的条件下，试求电介质的电极化强度。

【例题 2 解】

极化强度为

$$\begin{aligned}P&=\sigma-\varepsilon_0E=(1.6\times10^{-11}-8.854\times10^{-12}\times0.904)\mathrm{C/m^2}\\&=8\times10^{-12}\mathrm{C/m^2}\end{aligned}$$

或

$$\begin{aligned}P&=\varepsilon_0(\varepsilon_r-1)E=\varepsilon_0(2-1)E=\varepsilon_0E=8.854\times10^{-12}\times0.904\mathrm{C/m^2}\\&=8\times10^{-12}\mathrm{C/m^2}\end{aligned}$$

电通的高斯定理

电介质中电场强度 E（V/m）

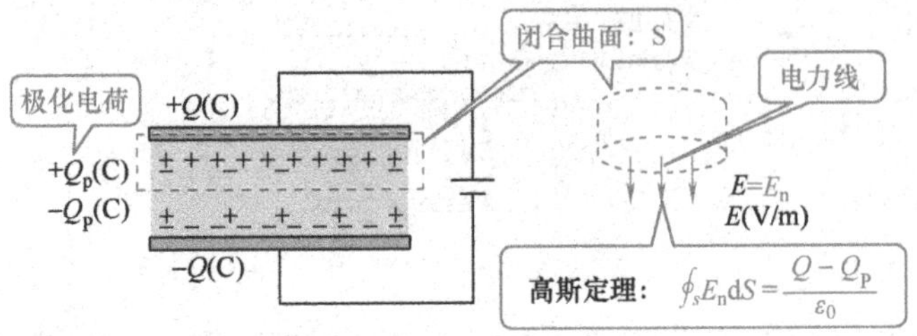

电力线与电场

● 由电通产生的电力线

电通密度 D（C/m^2）

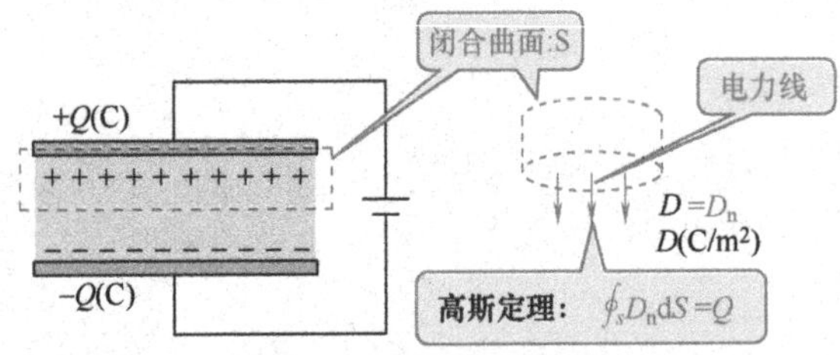

电力线与电通密度

● 电介质中存在带电导体球时的导体表面的极化电荷

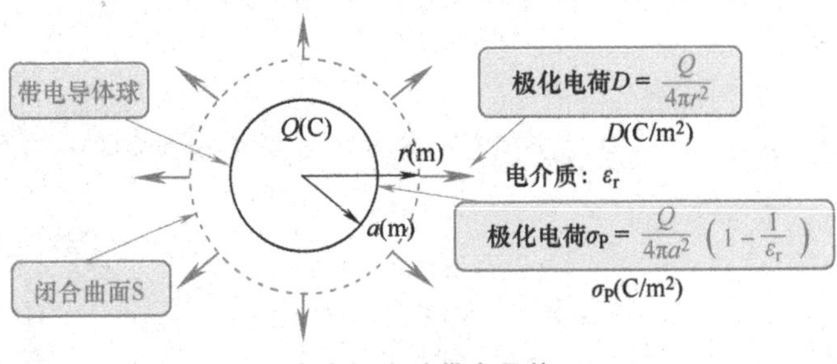

电介质中的带电导体

注：通过第9课，学习电场中的高斯定理。

[1] 电通密度的高斯定理

电通的高斯定理

$$\oint_s D \cdot n_0 \mathrm{d}S = \sum_{i=1}^{n} Q_i$$

D 为电通密度（C/m^2）

n_0 为闭合曲面 S 上任意一点的法线方向的单位矢量

Q_i 为闭合曲面内所包含多个电荷

标量表示形式：

$$\oint_S D_n \mathrm{d}S = \oint_S D\cos\theta \mathrm{d}S \sum_{i=1}^{n} Q_i$$

D_n 为电通密度的曲面法线方向的分量（C/m^2）

D 为电通密度（C/m^2）

θ 为 D 与 n_0 的夹角

[2] 电介质中有带电导体球时的极化电荷

相对介电常数为 ε_r 的电介质中的电场强度（V/m）和电位（V）为

$$E_n = \frac{Q}{4\pi\varepsilon_0\varepsilon_r r^2}$$

$$V = \frac{Q}{4\pi\varepsilon_0\varepsilon_r r}$$

E_n 为将离导体球中心的距离 r 作为半径的球面上的任意一点的法线方向的电场强度（V/m）

V 为将离导体球中心的距离 r 作为半径的球面上的任意一点的电位（V）

Q 为带电导体球的净电荷（C）

r 为导体球外部的某点到导体球的中心的距离（m）

导体表面的极化电荷面密度 $-\sigma_P$（C/m^2）为

$$-\sigma_P = -\frac{Q}{4\pi a^2}\left(1 - \frac{1}{\varepsilon_r}\right)$$

任意闭合曲面中，当闭合曲面内有多个电荷存在时

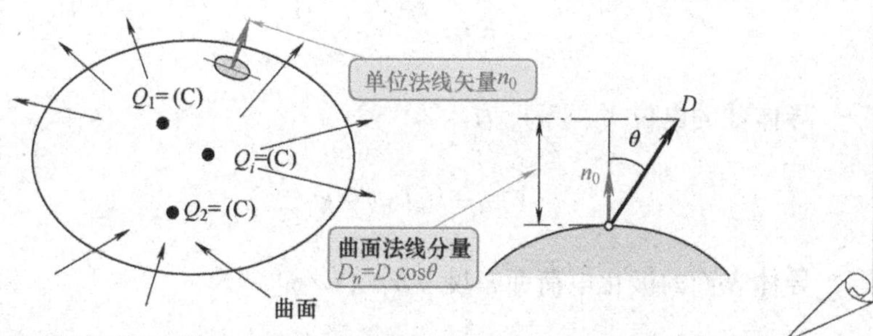

电通密度的高斯定理

一般，在有多个净电荷存在的任意闭合曲面中，若设电通密度的曲面法线分量为 D_n，则穿过该曲面的电力线数量 N（条）为

$$N = \oint_S D_n \mathrm{d}S = Q$$

当闭合曲面内包含的多个电荷分别为 $Q_i(\mathrm{C})\{i=1, 2, \cdots, n\}$ 时，穿过该闭合曲面的电力线的总数 N（条）为

$$N = \oint_S D_n \mathrm{d}S = \sum_{i=1}^{n} Q_i$$

上式被称为电通的高斯定理。

含有带电球体的电介质

将带净电荷 Q（C）、半径为 a（m）的导体球置于电介质中时，电力线从其电荷发出成放射状分布。如果考虑到导体球中心距离 r（m）作为半径做一球面的话，则所有电力线均垂直穿过该球面，若设电通密度为 D（$\mathrm{C/m^2}$），那么根据高斯定理，可得从整个球面发出的电力线为

$$DS = D(4\pi r^2) = Q \qquad D = \frac{Q}{4\pi r^2}$$

电介质中的电场强度 E（V/m）为

$$E = \frac{D}{\varepsilon_0 \varepsilon_r} = \frac{Q}{4\pi\varepsilon_0\varepsilon_r r^2}$$

导体球的电位 V_a（V）为

$$V_a = -\oint_\infty^a E\mathrm{d}r = \frac{Q}{4\pi\varepsilon_0\varepsilon_r a}$$

导体表面的极化电荷面密度 $-\sigma_P$（$\mathrm{C/m^2}$）为

$$-\sigma_P = -P = -\varepsilon_0(\varepsilon_r - 1)E_a = -\frac{Q}{4\pi a^2}\left(1 - \frac{1}{\varepsilon_r}\right)$$

例题 1

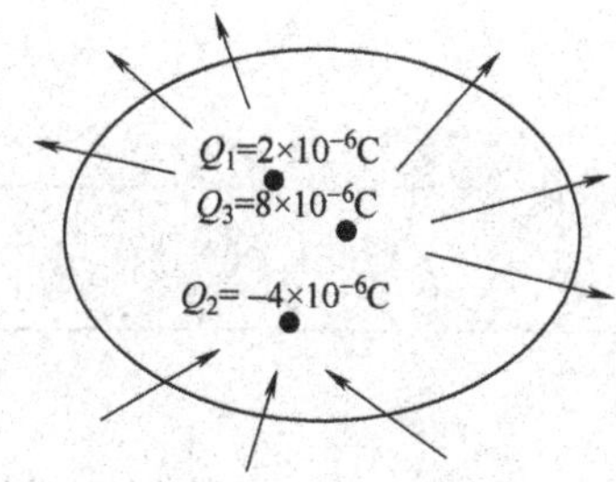

如上图所示，闭合曲面中含有点电荷 2×10^{-6}C、-4×10^{-6}C、8×10^{-6}C，试求从闭合曲面垂直地发出的电力线的条数。

【例题 1 解】

电力线的条数为

$$N=\sum_{i=1}^{3}Q_i=(2\times10^{-6}-4\times10^{-6}+8\times10^{-6})\text{条}=6\times10^{-6}\text{条}$$

$\sum Q_i$

例题 2

相对介电常数为 4 的电介质中，所带的电荷为 3.2×10^{-8}C 时，试求距离该电荷的距离为 2m 的点的电场强度。

【例题 2 解】

若以电荷为中心，距离 2m 为半径作一球面，则穿过该球面的电通密度 D 可由电通的高斯定理表示为

$$D=\frac{Q}{4\pi r^2}=\frac{3.2\times10^{-8}}{4\times3.14\times2^2}\text{C/m}^2=6.25\times10^{-10}\text{C/m}^2$$

距离电荷 2m 的点的电场强度为

$$E=\frac{D}{\varepsilon_0\varepsilon_r}=\frac{6.25\times10^{-10}}{8.854\times10^{-12}\times4}\text{V/m}=17.6\text{V/m}$$

第26课
电介质分界面的边界条件

两种不同电介质的分界面

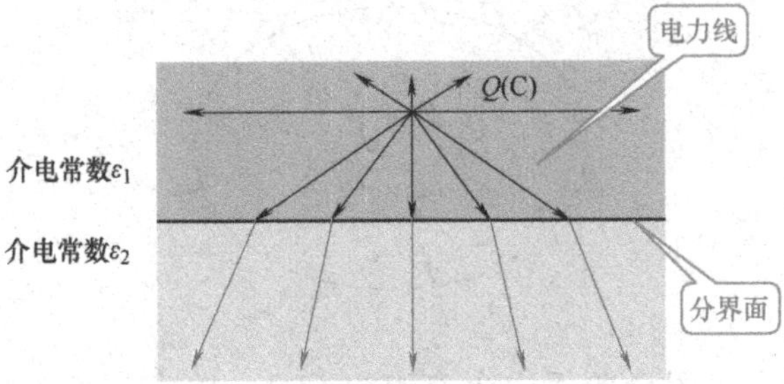

电力线
Q(C)
介电常数ε₁
介电常数ε₂
分界面

电力线的折射

● 电通的高斯定理

分界面的电通密度

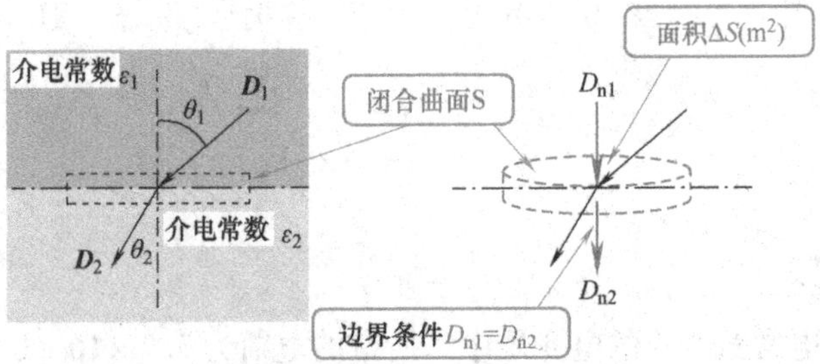

介电常数ε₁
D₁
θ₁
介电常数 ε₂
D₂
θ₂
闭合曲面S
面积ΔS(m²)
Dn1
Dn2
边界条件Dn1=Dn2

电通密度的边界条件

● 分界面的电场强度

介电常数 ε₁
θ₁
E₁
l(m)
介电常数 ε₂
θ₂
E₂
闭合曲面C
单位正电荷
Es2
Es1
边界条件Es1=Es2

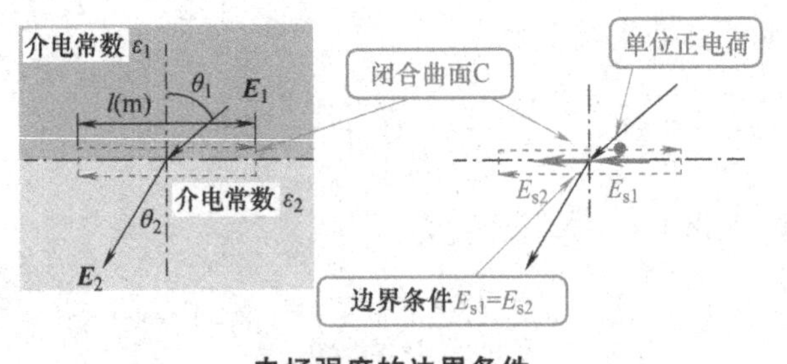

电场强度的边界条件

注：在此采用电通的高斯定理。

[1] **电通密度的边界条件**

两种不同的电介质的分界面的电通密度的边界条件为

$$D_{n1}=D_{n2}$$

D_{n1}、D_{n2}为两种不同电介质的电通密度的法线分量（C/m^2）

[2] **电场强度的边界条件**

两种不同的电介质分界面的电场强度的边界条件。

$$E_{n1}=E_{n2}$$

E_{n1}、E_{n2}为两种不同电介质的电场强度的切线分量（V/m）

[3] **电介质分界面的折射定理**

两种不同的电介质的分界面的电力线与电通的折射定理为

$$\frac{\tan\theta_1}{\tan\theta_2}=\frac{\varepsilon_1}{\varepsilon_2}$$

θ_1 为电通密度和电场强度在分界面的入射角

θ_2 为电通密度和电场强度在分界面的折射角

ε_1，ε_2 为两种不同电介质的介电常数（F/m）

不同电介质的分界面处的电力线与电通

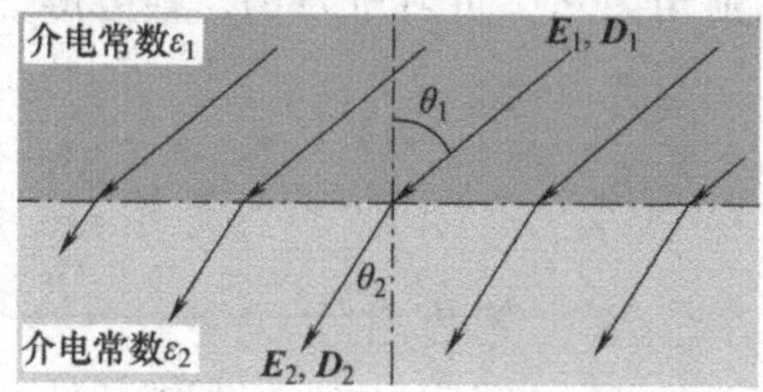

不同电介质的分界面

一般情况下，在两种不同电介质的分界面处，电力线与电通都会发生折射。

分界面的电通密度

将内含两种不同电解质的分界面的非常细而长的圆柱形成闭合曲面时，若对该圆柱面适用电通的高斯定理，那么由于分界面上不存在净电荷，根据下式：

$$\oint_S D_n \mathrm{d}S = -D_{n1}\Delta S + D_{n2}\Delta S = 0$$

得到 $D_{n1} = D_{n2}$。D_{n1}、D_{n2}（$\mathrm{C/m^2}$）于是在分界面电通密度的法线分量是连续的。

分界面的电场强度

将内包两种不同电介质的分界面的非常细的长方形形成闭合曲线 C，单位正电荷沿此曲线运动一周，为克服电场力所做的功为

$$-E_{s1}l + E_{s2}l = 0$$

因此有 $E_{n1} = E_{n2}$，于是在分界面边界电场强度的切线分量是连续的。

电力线和电通的折射定理

若在介电常数分别为 ε_1、ε_2（F/m）的两种不同电介质分界面，电通密度和电场强度的入射角为 θ_1，折射角为 θ_2，则可得

$$D_1\cos\theta_1 = D_2\cos\theta_2 \quad E_1\sin\theta_1 = E_2\sin\theta_2$$

因此有

$$\frac{E_1}{D_1}\cdot\frac{\sin\theta_1}{\cos\theta_1} = \frac{E_2}{D_2}\cdot\frac{\sin\theta_2}{\cos\theta_2}$$

$$\frac{E_1}{D_1}\tan\theta_1 = \frac{E_2}{D_2}\tan\theta_2$$

因为 $D_1 = \varepsilon_1 E_1$，$D_2 = \varepsilon_2 E_2$，所以

$$\frac{\tan\theta_1}{\varepsilon_1} = \frac{\tan\theta_2}{\varepsilon_2}$$

$$\frac{\tan\theta_1}{\tan\theta_2} = \frac{\varepsilon_1}{\varepsilon_2}$$

该关系式即为两种不同电介质分界面处的电力线与电通的折射定理。

例题 1

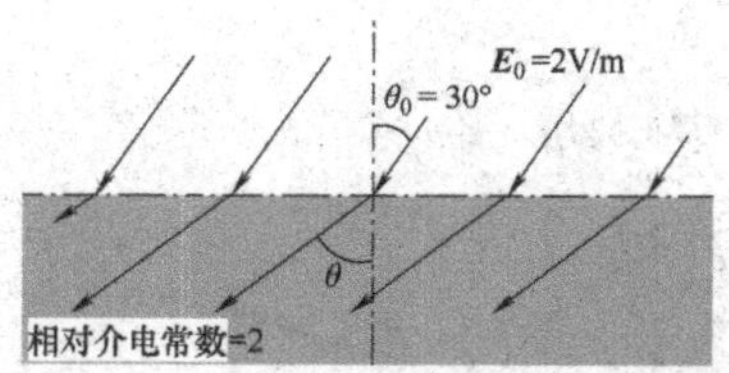

如上图所示，相对介电常数为 2 的电介质平面与空气相接触的情况下，在分界面与分界面的法线方向成 30°角度时，由空气侧均匀地施加 2V/m 的电场强度时，试求电介质中的电场强度。

【例题 1 解】

分界面的折射角为

$$\tan\theta = \frac{\varepsilon_0\varepsilon_r}{\varepsilon_0}\tan\theta_0 = \varepsilon_r\tan\theta_0 = 2 \times \frac{1}{\sqrt{3}}$$

$$\sin\theta = \frac{2}{\sqrt{\sqrt{3}^2 + 2^2}} = \frac{2}{\sqrt{7}}$$

电介质中的电场强度为

$$E = E_0\frac{\sin\theta_0}{\sin\theta} = 2 \times \frac{\frac{1}{2}}{\frac{2}{\sqrt{7}}}\text{V/m} = \frac{\sqrt{7}}{2}\text{V/m} = 1.32\text{V/m}$$

例题 2

试求从空气中以 30°入射角进入相对介电常数为 3 的电介质的，电力线的折射角。

【例题 2 解】

电力线的折射角为

$$\frac{\tan30°}{\tan\theta} = \frac{\varepsilon_1}{\varepsilon_2} = \frac{\varepsilon_0}{\varepsilon_0\varepsilon_r} = \frac{1}{\varepsilon_r}$$

$$\tan\theta = \varepsilon_r\tan30° = 3 \times \frac{1}{\sqrt{3}} = \sqrt{3}$$

$$\theta = \arctan\sqrt{3} = 60°$$

第 27 课

电介质所储存的能量和作用力

电介质中的电场强度、电通密度

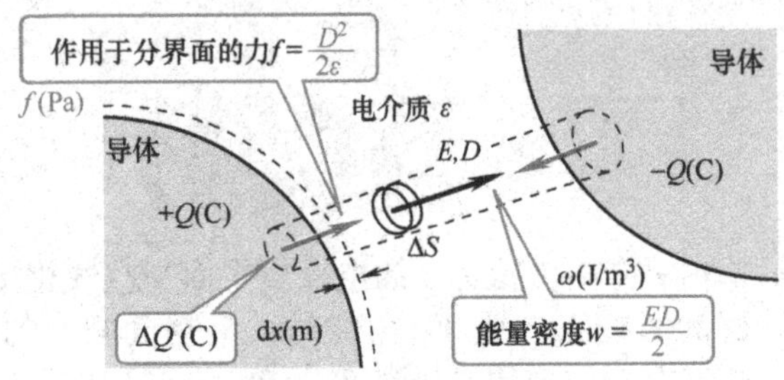

电介质中所储存的能量

● 两种不同的电介质相结合的情况

作用于分界面上的力

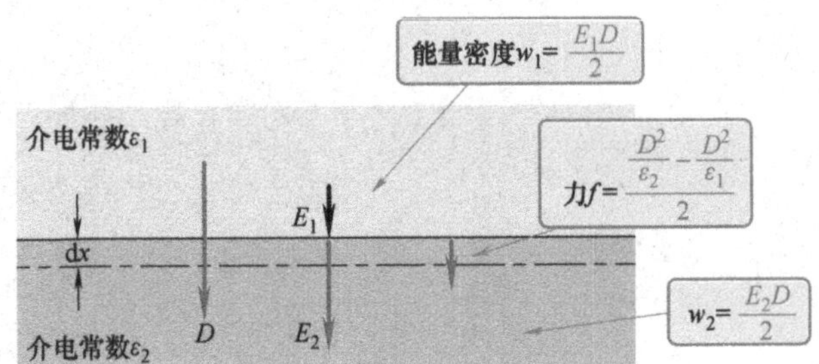

电场强度与分界面垂直的情况

● 电场强度与分界面平行的情况

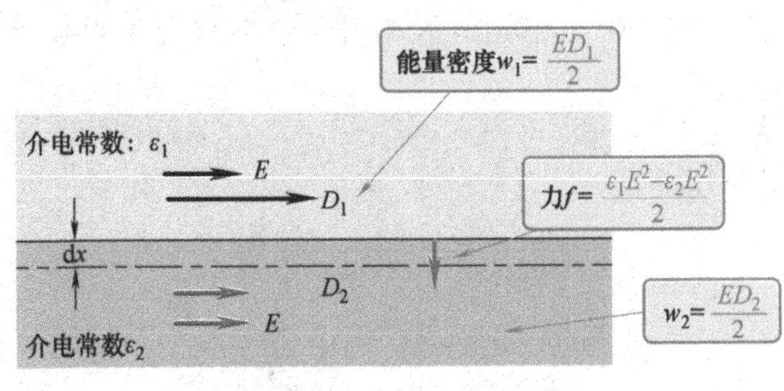

电场强度与分界面平行的情况

注：带电体所储存的能量请参见第 19 课。

[1] 电介质中的能量

电介质中储存的能量为

$$w = \frac{ED}{2}$$

w 为能量密度（J/m^3）

E 为电介质中的电场强度（V/m）

D 为电介质中的电通密度（C/m^2）

[2] 电介质中导体表面的作用力

电介质的表面作用力为

$$f = \frac{ED}{2} = \frac{D^2}{2\varepsilon}$$

f 为电介质表面单位面积所受的作用力（Pa）

E 为电介质表面的电场强度。

D 为电介质表面的电通密度。

ε 为电介质的介电常数。

[3] 两种不同的电介质分界面的作用力

电场强度与分界面垂直时，两种不同电介质分界面的作用力为

$$f = \frac{\frac{D^2}{\varepsilon_2} - \frac{D^2}{\varepsilon_1}}{2} = \frac{E_1 D - E_2 D}{2}$$

f 为分界面的作用力（Pa）

D 为电通密度（C/m^2）

E_1、E_2 为各电介质的电场强度（V/m）

ε_1、ε_2 为各电介质的介电常数（F/m）

电场强度与分界面平行时：

$$f = \frac{\varepsilon_1 E^2 - \varepsilon_1 E^2}{2} = \frac{ED_1 - ED_2}{2}$$

E 为电场强度（V/m）

D_1、D_2 为各电介质的电通密度（C/m^2）

电介质中储存的静电电能

在电介质中，从导体表面上的净电荷 ΔQ（C）发出 ΔQ 条电力线，用该电力线包围得到的管称为电力线管。截面积 ΔS（m^2）与微小电力线管的微小长度 Δl（m）构成的微小体积部分，若设电力线管长度 Δl（m）部分的电位差 ΔV（V），则该微小体积部分所储存能量 ΔW/(J) 为

$$\Delta W = \frac{\Delta Q \Delta V}{2}$$

单位体积能量密度 w（J/m^3）为

$$w = \frac{\Delta W}{\Delta S \Delta l} = \frac{1}{2} \cdot \frac{\Delta V}{\Delta l} \cdot \frac{\Delta Q}{\Delta S} = \frac{ED}{2}$$

电介质中导体表面的作用力

电介质中的导体表面外侧的虚拟位移为 dx（m）时，所引起的能量的变化量为单位面积的虚拟位移为克服电场力所需要做的功 dW（J/m^2）为

$$\mathrm{d}W = -\frac{ED\mathrm{d}x}{2}$$

因此，电介质表面单位面积所受到的力 f（Pa）为

$$f = -\frac{\mathrm{d}W}{\mathrm{d}x} = \frac{ED}{2} = \frac{D^2}{2\varepsilon}\text{(方向向外)}$$

两种不同的电介质的分界面的作用力

在介电常数为 ε_1、ε_2 的两种不同的电介质分界面上，当电场强度与该分界面垂直时，如果介电常数为 ε_2 的电介质相对于分界面的虚拟位移为 dx（m），则所引起的能量的变化量为单位面积的虚拟位移为克服电场力所需要做的功 dW（J/m^2）。当 $D = D_1 = D_2$ 时：

$$\mathrm{d}W = \left(\frac{D^2}{2\varepsilon_1} - \frac{D^2}{2\varepsilon_2}\right)\mathrm{d}x$$

因此，分界面单位面积所受的作用力 f（Pa）为

$$f = -\frac{\mathrm{d}W}{\mathrm{d}x} = \frac{D^2}{2\varepsilon_2} - \frac{D^2}{2\varepsilon_1} = \frac{E_2 D}{2} - \frac{E_1 D}{2}$$

当电场强度与分界面平行时，$E = E_1 = E_2$，同样大小的虚拟位移，所引起的能量的变化量 dW（J/m^2）为

$$\mathrm{d}W = \left(\frac{\varepsilon_1 E^2}{2} - \frac{\varepsilon_2 E^2}{2}\right)\mathrm{d}x$$

分界面上单位面积所受到的作用力，可以看作是由于该 dx 的位移使得电通密度由 D_2 变化到 D_1 时，为克服电场力所需要做的功 f（Pa）为

$$f = \frac{\mathrm{d}W}{\mathrm{d}x} = \frac{\varepsilon_1 E^2}{2} - \frac{\varepsilon_2 E^2}{2} = \frac{ED_1}{2} - \frac{ED_2}{2}$$

综上所述，在电介质的分界面上分别存在着排斥力和吸引力两种力的作用。当 $\varepsilon_1 = \varepsilon_2$ 时，电介质电力线管中排斥力的方向与电场强度的方向相同，吸引力的方向与电场强度的方向垂直。这种作用力也称之为麦克斯韦应力。

例题 1

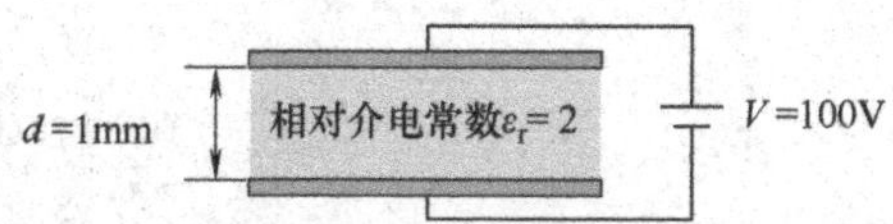

如图所示，间距为 1mm 的平行板电容器中加入相对介电常数为 2 的电介质，导体板之间所加的电压为 100V，求电介质的能量密度。

【例题 1 解】

电介质中电场强度为

$$E=\frac{V}{d}=\frac{100}{1\times10^{-3}}\mathrm{V/m}=10^{5}\mathrm{V/m}$$

（100 为 V，1×10^{-3} 为 d）

电介质的能量密度为

$$w=\frac{ED}{2}=\frac{\varepsilon_0\varepsilon_r E^2}{2}=\frac{8.854\times10^{-12}\times2\times(10^5)^2}{2}\mathrm{J/m}=8.854\times10^{-2}\mathrm{J/m}$$

（2 为 ε_r，10^5 为 E）

例题 2

在例题 1 的条件下，计算极板单位面积所受作用力。

【例题 2 解】

当极板向电介质侧作 dx（m）的虚拟位移时，所引起的能量变化量与单位面积的虚拟位移所做的功 dW（J/m^2）相同：

$$\mathrm{d}W=-\frac{\varepsilon_0\varepsilon_r E^2}{2}\mathrm{d}x$$

（$\frac{\varepsilon_0\varepsilon_r E^2}{2}$ 为 w）

电介质表面单位面积所受到的作用力为

$$f=-\frac{\mathrm{d}W}{\mathrm{d}x}=\frac{\varepsilon_0\varepsilon_r E^2}{2}=w=8.854\times10^{-2}\mathrm{Pa}$$

第 28 课
直流电流与电流的类型

电子的有序移动

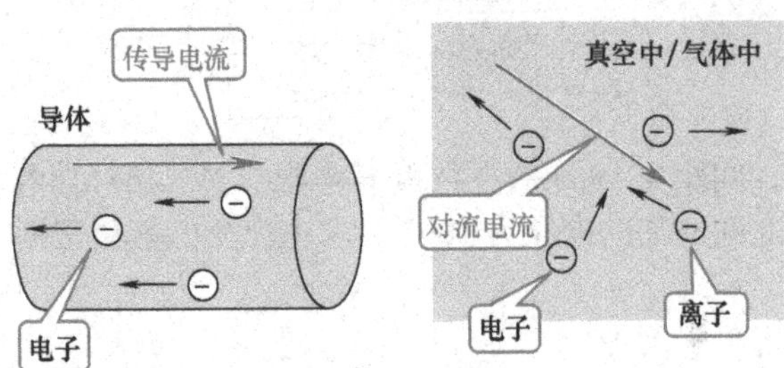

传导电流、对流电流

● 载体密度分布的变化

半导体和超导体的情况

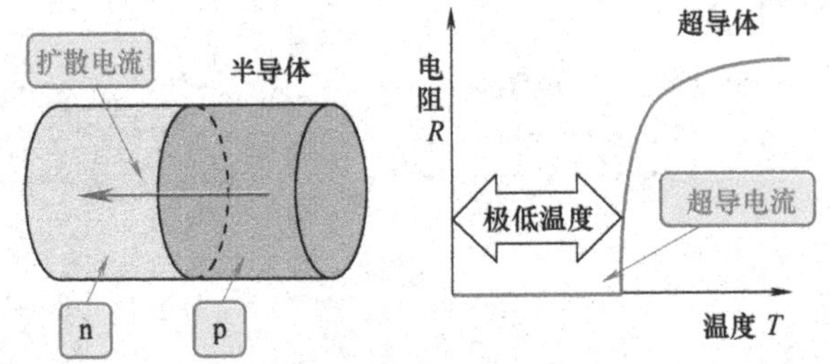

扩散电流、超导电流

● 导体中流过的电流分布

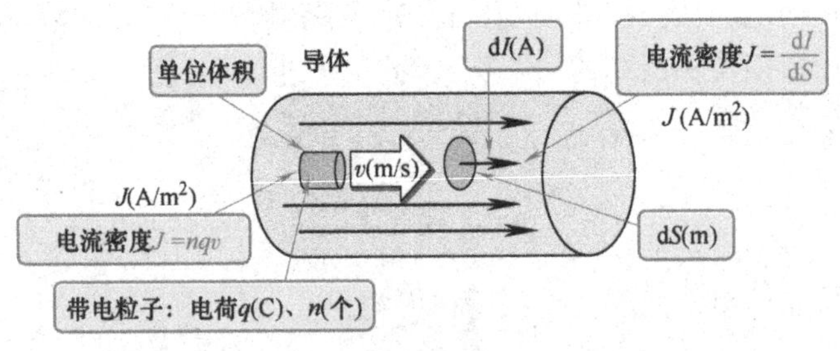

电流密度

注：关于电流的定义，复习第 6 课的内容。

[1] 电流密度 (1)

电流在导体中流过时，电流密度为

$$J = \frac{dI}{dS}$$

J 为电流密度（A/m^2）

dS 为与电流方向垂直的截面面积（m^2）

dI 为截面面积为 dS（m^2）时，通过导体的电流（A）

[2] 电流密度 (2)

载流子在导体中移动时，电流密度为

$$J = nqv$$

J 为电流密度（A/m^2）

n 为单位体积内含有的载流子个数

q 为载流子所带电荷（C）

v 为载流子移动的速度（m/s）

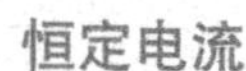

恒定电流

正电荷或负电荷都沿着一定的方向移动，就形成了电荷的移动，通常将这种电荷的移动称之为电流。如果电流的大小和方向不随时间的变化而变化，我们称之为恒定电流或直流电流。

电流的类型

导体中的自由电子沿着一定的方向移动，使得电荷发生了位移，因此所形成的电流被称为传导电流。真空或气体中诸如电子、离子等载流子的定向移动所产生的电流被称为对流电流。

半导体中，由于掺杂物质的密度分布的不同，使得其内部的少数载流子的密度分布具有浓淡之分。这种由于载流子从分布密度大的地方向分布密度小的地方的移动，因此所产生的电流被称为扩散电流。

当超导材料的温度达到极低的临界温度时，其电阻会急剧地下降为 0，这时流过其中的电流称为超导电流。

例题 1

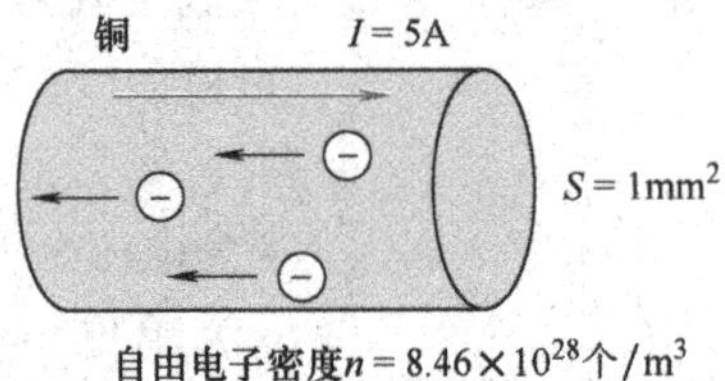

如图所示，截面面积 S 为 1mm^2 的铜线，当有 5A 的电流流过的时候，计算其中自由电子的平均移动速度。铜线中的自有电子的密度为 8.46×10^{28}个/m^3。

【例题 1 解】

铜线中的电流密度为

$$J = \frac{I}{S} = \frac{5}{1 \times 10^{-6}}\text{A/m}^2 = 5 \times 10^6\text{A/m}^2$$

（图中标注：5 — I；1×10^{-6} — S）

自有电子的平均移动速度为

$$v = \frac{J}{ne} = \frac{5 \times 10^6}{8.46 \times 10^{28} \times 1.602 \times 10^{-19}}\text{m/s} = 3.69 \times 10^{-4}\text{m/s}$$

（图中标注：5×10^6 — J；8.46×10^{28} — n；1.602×10^{-19} — 基本电荷 e）

例题 2

截面面积为 1mm^2 的金属丝，通过其的电流为 1A 的时候，计算自有电子的平均移动速度。金属丝中的自有电子密度为 5.8×10^{28} 个/m^3。

【例题 2 解】

金属丝的电流密度为

$$J=\frac{I}{S}=\frac{5}{1\times10^{-6}}\text{A/m}^2=5\times10^{6}\text{A/m}^2$$

（图注：5 — I；1×10^{-6} — S）

自由电子的平均移动速度为

$$v=\frac{J}{ne}=\frac{1\times10^{6}}{5.8\times10^{28}\times1.602\times10^{-19}}\text{m/s}=1.08\times10^{-4}\text{m/s}$$

（图注：1×10^{6} — J；5.8×10^{28} — n；1.602×10^{-19} — 基本电荷量 e）

欧姆定律与电阻

给导体施加电压的情况

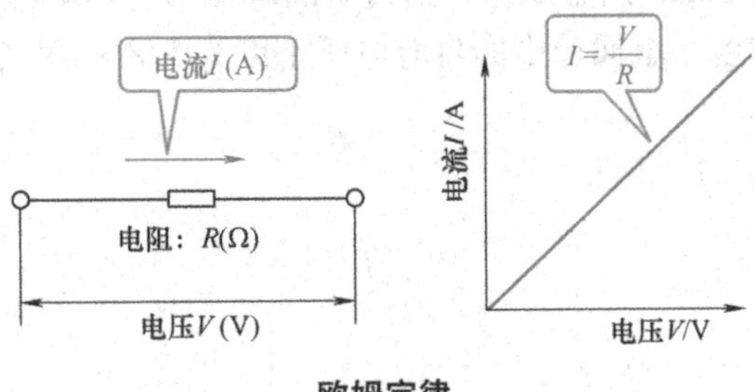

欧姆定律

● 导体的电阻

导线的长度和截面面积一定时

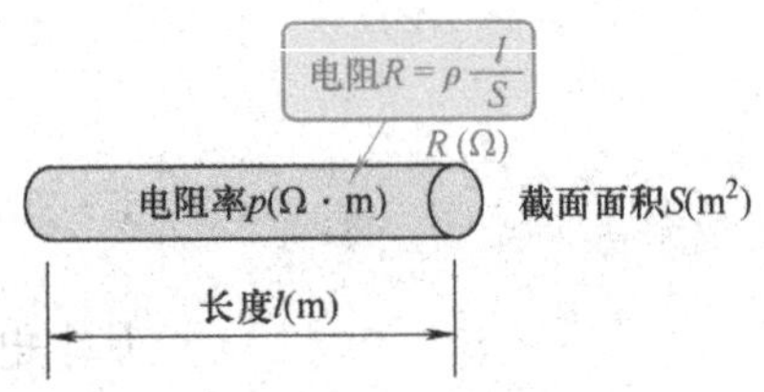

电阻与电阻率

● 两个电阻的连接

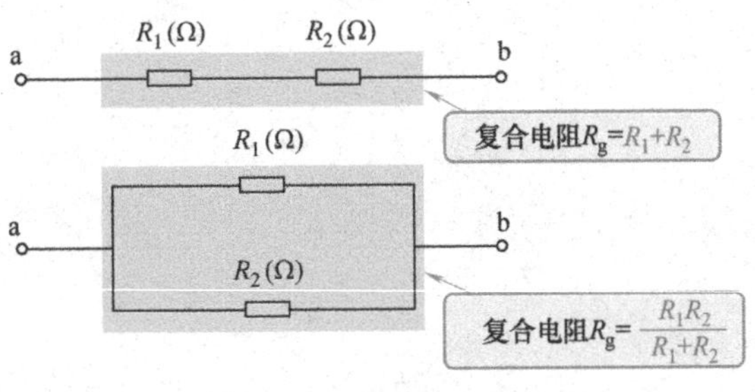

复合的电阻

注：在电路基础中，已经对这些内容做过介绍。

[1] 欧姆定律

给导体两端施加电压时，流过导体的电流为

$$I = \frac{V}{R}, V = RI$$

I 为导体中流过的电流（A）

V 为导体所加的电压（V）

R 为导体的电阻（Ω）

传导电流的分布情况，由欧姆定律得

$$J = \kappa E$$

J 为电流密度（A/m^2）

E 为电场强度（V/m）

κ 为电导率（S/m）

[2] 电阻

截面面积相同的导线的电阻为

$$R = \rho \frac{l}{S}$$

R 为导线的电阻（Ω）

l 为导线的长度（m）

S 为导线的截面面积（m^2）

ρ 为电阻率（$1/k$）（Ω·m）

该导线的电导 G（S）为

$$G = \frac{1}{R}$$

温度为 t_1（℃）的时候电阻的温度系数 α_{t1}（1/℃）为

$$\alpha_{t1} = \frac{R_{t2} - R_{t1}}{R_{t1}(t_2 - t_1)}$$

α_{t1} 为电阻的温度系数（1/℃）

R_{t1}，R_{t2} 为温度分别为 t_1、t_2（℃）的电阻（Ω）

[3] 复合电阻

n 个电阻 R_1、$R_2 \sim R_n$ 串联时复合电阻 R_g（Ω）为

$$R_g = R_1 + R_2 + \cdots + R_n$$

n 个电阻并联的复合电阻：

$$R_g = \frac{1}{\frac{1}{R_1} + \frac{1}{R_2} + \cdots + \frac{1}{R_n}}$$

欧姆定律

当给导体两端施加电压时，导体中流过的电流与所施加的电压成正比，这种关系即为欧姆定律。当施加的电压为 V（V），流过导体的电流为

I（A）时，则 V/I 的大小为某一定值，该值即为导体的电阻。

在半导体和绝缘体中，欧姆定律也成立。

电阻与电阻率

导体的电阻是由与导体的种类相对应的电阻率以及导体的尺寸所决定的。一段导线电阻的大小，在导线材料的电阻率一定的情况下，与导线的长度成正比，与导线的横截面面积成反比。电导率和电阻率是互为倒数的关系。

导体的电阻还随着温度的变化而变化，金属导体的电阻一般随着温度的上升而增加。与金属导体不同的，如半导体等，随着温度上升其电阻反而下降。

复合电阻

两个电阻分别为 R_1、R_2（Ω）的导体串联在一起，电流 I（A）流过该导体，由欧姆定律可知，各电阻两端的电压 V_1、V_2（V）分别为

$$V_1 = R_1 I, V_2 = R_2 I$$

串联回路的两端电压 V（V）为

$$V = V_1 + V_2 = R_1 I + R_2 I = (R_1 + R_2) I = R_g I$$

复合电阻 R_g（Ω）为

$$R_g = R_1 + R_2$$

两个电阻并联时，加在各电阻的两端电压均为 V（V），由欧姆定律可知，流过各电阻的电流 I_1、I_2（A）为

$$I_1 = \frac{V}{R_1}, I_2 = \frac{V}{R_2}$$

并联回路的电流 I（A）为

$$I = I_1 + I_2 = \frac{V}{R_1} + \frac{V}{R_2} = V\left(\frac{1}{R_1} + \frac{1}{R_2}\right) = R_g I$$

复合电阻 R_g（Ω）为

$$R_g = \frac{1}{\frac{1}{R_1} + \frac{1}{R_2}} = \frac{R_1 R_2}{R_1 + R_2}$$

例题 1

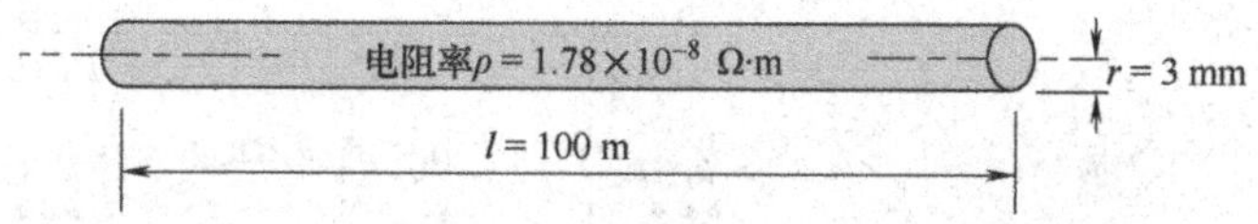

如上图所示，半径为3mm，长为100m、电阻率为$1.78\times10^{-8}\Omega\cdot m$的导体，计算该导体的电阻。

【例题 1 解】

导向的截面面积为

$$S=\pi r^2=3.14\times(3\times10^{-3})^2m^2=2.83\times10^{-5}m^2$$

导线的电阻为

$$R=\rho\frac{l}{S}=\underbrace{1.78\times10^{-8}}_{\rho}\times\frac{\overset{l}{100}}{\underbrace{2.83\times10^{-5}}_{S}}\Omega=6.29\times10^{-2}\Omega$$

例题 2

温度为20℃时，铜线电阻为10Ω。求该导线在50℃时的电阻。20℃时铜线的温度系数为$4.3\times10^{-3}1/℃$。

【例题 2 解】

铜线在50℃时的电阻为

$$\begin{aligned}R&=R_{20}\{1+\alpha(T-20)\}\\&=10\times\{1+4.3\times10^{-3}\times(50-20)\}\Omega\\&=11.3\Omega\end{aligned}$$

直流电路的定理、定律

网状复杂电路（电路网络）

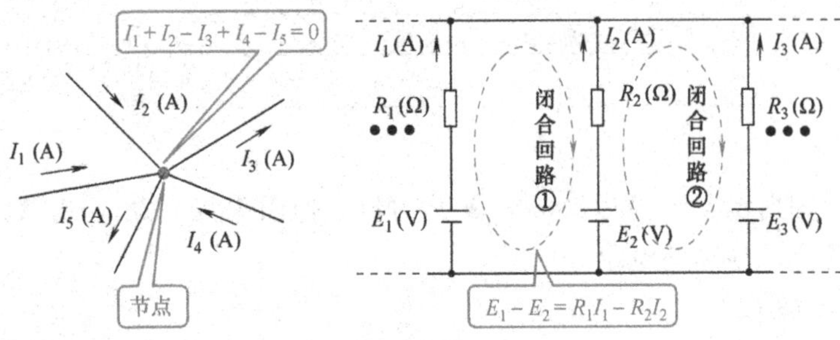

基尔霍夫定律

● 多电源的电路

每个电源都作为一个独立的电动势

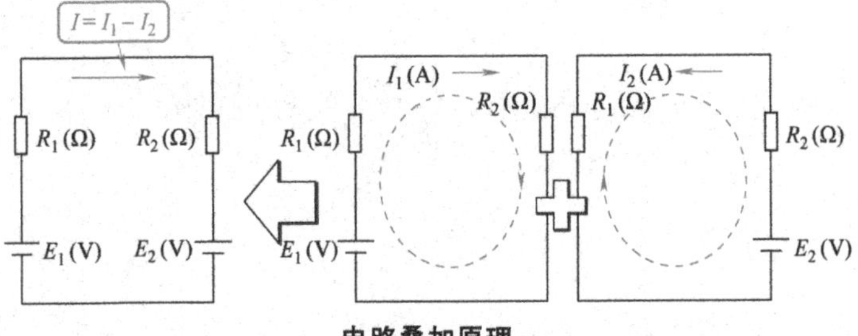

电路叠加原理

● 有源网络中，通过电阻的电流的计算

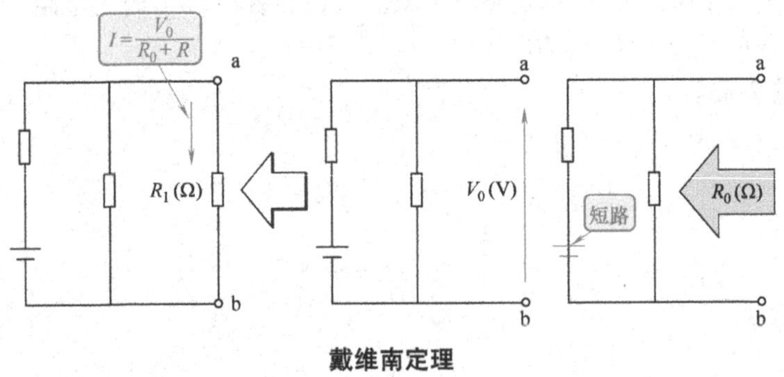

戴维南定理

注：电路计算中所需要的基本定理、定律。

[1] **基尔霍夫定律**

基尔霍夫第一定律（电流定律）为

$$\sum_{i=1}^{n} I_i = 0$$

I_i 为回路中任意一个节点流入及流出的电流（A）

（流入的电流为正）

基尔霍夫第二定律（电压定律）为

$$\sum_{i=1}^{m} E_i = \sum_{j=1}^{n} R_j I_j$$

E_i 为回路网中的任意闭合回路的各电源电动势（V）（与闭合回路中所规定的循环方向相同的为正）

R_j 为任意闭合回路中的各电阻值（Ω）

I_j 为任意闭合回路中流过电阻的电流（A）（与闭合回路中所规定的循环方向相同的为正）

[2] **叠加原理**

电路叠加原理为

$$V_i = \sum_{k=1}^{n} V_{ik} \qquad I_i = \sum_{k=1}^{n} I_{ik}$$

V_i、I_i 为多电源存在的回路中的任意电阻的电压（V）与电流（A）

V_{ik}、I_{ik} 为各电源单独作用的时候，任意电阻两端的电压（V）和电流（A）（其他电压源短路，电流源开路）

[3] **戴维南定理**

电路中特定电阻流过的电流为

$$I = \frac{V_0}{R_0 + R}$$

I 为电路中的电阻流过的电流（A）

R 为电路中的电阻值（Ω）

V_0 为特定电阻开路时的电压（V）

R_0 为电路中所有电压源短路，所有电流源开路时，从电阻 R_t 两端所看到的电路的等效电阻（Ω）

基尔霍夫定律

结构简单的电路中的电阻两端的电压以及通过电阻的电流可以采用欧姆定律来加以计算。但是，在网状的复杂电路（称为电路网络）中，仅简单地采用欧姆定律是无法计算电路的电流和电压的，在这种情况下，需要采用基尔霍夫定理来进行相应的电路计算。

对于电路中的某节点，如果流入节点的电流为 I_1、I_2、I_4（A），流出的电流为 I_3、I_5（A），则：

$$I_1 + I_2 + I_4 = I_3 + I_5$$

一般，对于电路中的任意一个节点，流入该节点的电流的和，与流出该节点的电流的和相等，这就是基尔霍夫第一定律，也称之为电流定律。在此，把流入节点电流的方向记为正。

$$I_1 + I_2 + I_4 + (-I_3) + (-I_5) = 0$$

换言之，基尔霍夫第一定律为，在电路中的任意一个节点上，电流的代数和为0。

在电路中的任一闭合回路中，与回路所规定的循环方向相同的所有电动势和电压降为正，与回路所规定的循环方向相反的所有电动势和电压降为负，则所有正的电动势、电压降之和与所有负的电动势、电压降之和相等，这就是基尔霍夫第二定理，也称之为电压定律。

叠加原理

在电路中含有两个以上的电动势的情况下，各个支路流过的电流可以由每个电动势单独作用，其他的电动势都作短路处理时，所求的所有单独电动势作用时的支路电流的和，这种方法称为电路的叠加原理。

戴维南定理

在由直流电源和电阻所组成复杂电路网络中，如果要计算某一个电阻所流过的电流时，可采用戴维南定理来计算。对于复杂电路网络中的电阻 R（Ω）所通过流过的电流 I（A）的计算，首先计算该电阻 R 开路时其两端的电压开路电压 V_0（V），然后将电路中的所有电压源断路、电流源开路，计算此时从电阻 R 两端所看到的电路的总电阻 R_0（Ω）。电阻 R 所通过的电流 I（A）可以由下式来计算：

$$I = \frac{V_0}{R_0 + R}$$

例题 1

如图所示，电阻 R_0、R_1、R_2分别为 6Ω、5Ω、10Ω，电动势 E_1、E_2 分别为 21V，14V 时，求 6Ω 电阻两端的电压。

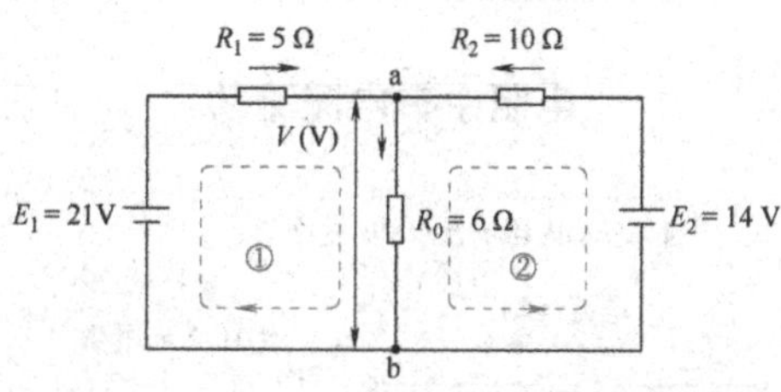

【例题 1 解】

如图所示，设电阻 R_1、R_2、R_0 中流过的电流分别为 I_1、I_2、I_0（A）时，并规定顺时针的方向为正，则节点 a 上的基尔霍夫第 1 定律为

$$I_1 + I_2 = I_0$$

另外，如图所示闭合回路①、②中的基尔霍夫第 2 定律为

$$E_1 = R_1 I_1 + R_0 I_0 \rightarrow 21 = 5I_1 + 6I_0$$

$$E_2 = R_2 I_2 + R_0 I_0 \rightarrow 14 = 10I_2 + 6I_0$$

将上面三个方程中的 I_1、I_2 用 I_0 来替代，求出 $I_0 = 2\mathrm{A}$ 时，a、b 之间的电压 V（V）为

$$V = R_0 I_0 = 6 \times 2\mathrm{V} = 12\mathrm{V}$$

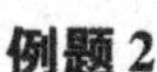

例题 2

在例题 1 的条件下，利用叠加原理求解上题。

【例题 2 解】

E_1 单独作用的时候，电阻 R_0 中流过的电流为 I_{01}。同理，当 E_2 单独作用的时候，电流为 I_{02}。则有

$$I_{01} = \frac{E_1}{R_1 + \dfrac{R_0 R_2}{R_0 + R_2}} \cdot \frac{R_2}{R_0 + R_2}$$

$$I_{02} = \frac{E_2}{R_2 + \dfrac{R_0 R_1}{R_0 + R_1}} \cdot \frac{R_1}{R_0 + R_1}$$

$$I_0 = I_{01} + I_{02} = \frac{E_1 R_2 + E_2 R_1}{R_1 R_2 + R_0 R_1 + R_0 R_2} = \frac{280}{140}\mathrm{A} = 2\mathrm{A}$$

a、b 间的电压 V（V）为

$$V = R_0 I_0 = 6 \times 2\mathrm{V} = 12\mathrm{V}$$

第31课
焦耳定律与最小焦耳热的原理

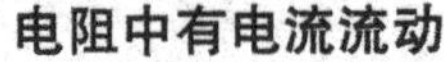

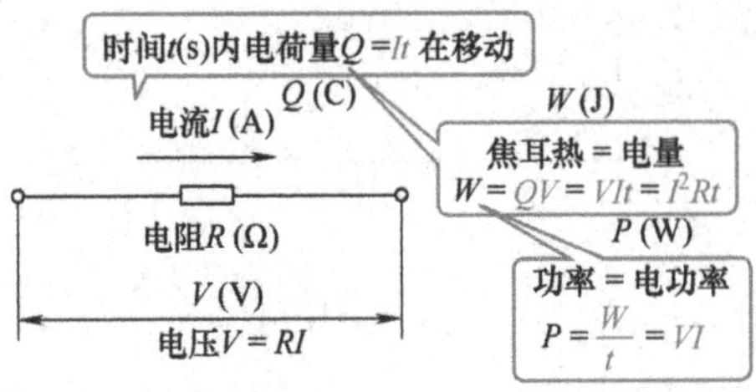

焦耳定律

● 电路网中的电流

电路中的最小焦耳热

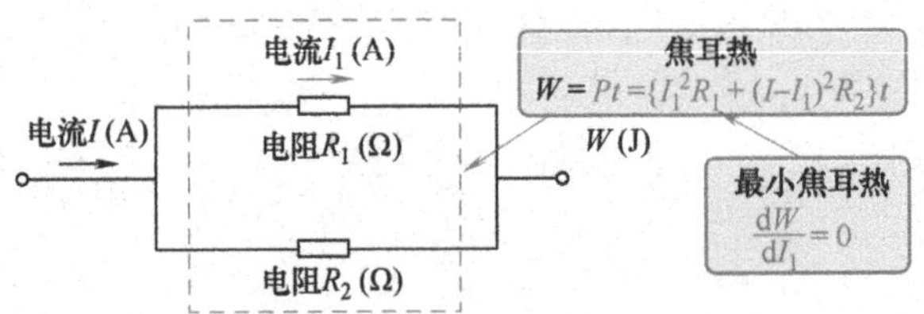

最小焦耳热的原理

● 电池与外部电阻相连接的情况

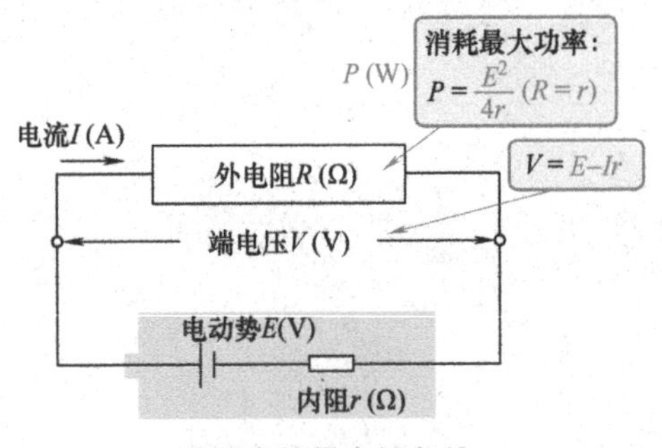

消耗电能最大的条件

注：在此学习和了解电能转换为热能的基础知识。

[1] **焦耳定律**

电阻产生的焦耳热为

$$W = Pt = VIt = I^2Rt$$

W 为焦耳热（J）

t 为时间（s）

P 为功率（电功率）（W）

V 为电阻两端的电位差（电阻的电压降）（V）

I 为电阻流过的电流（A）

功率 P（W）为

$$W = \frac{W}{t} = VI = I^2R = \frac{V^2}{R}$$

电能为

$$1\mathrm{W \cdot h} = 1\mathrm{W} \times 1\mathrm{h} = 1\mathrm{W} \times 3600\mathrm{s} = 3600\mathrm{J}$$

[2] **最小焦耳热的原理**

不包含电动势的电路中最小焦耳热的原理为

$$\frac{\mathrm{d}W(I_i)}{\mathrm{d}I_i} = 0$$

W 为电路中产生的焦耳热（W）

I_i 为第 i 条回路的电流（A）

[3] **消耗电能最大的条件**

电池与外部电阻连接时，外部电阻消耗的电能最大的条件为

$$R = r_1$$

R 为外部电阻［Ω］

r_1 为电池内部的电阻

最大消耗功率为

$$P_{\max} = \frac{E^2}{4r}$$

$P_{\max}$ 为最大消耗功率（W）

E 为电池的电动势（V）

焦耳定律

电阻 R（Ω）流过的电流为 I（A）时，在电阻两端所产生的电位差为 $V=RI$。I（A）电流在 t（s）时间内的持续流动，使得 $Q=It$ 的电荷从高电位移动到低电位，电荷在电场中的能量被消耗，这些被消耗的电势能被转换为热能。电能的消耗和热能的产生总是同时发生，电路产生的热能与其所消耗的电能 W（J）相等。可用下式表示为

$$W = VQ = VIt = I^2Rt$$

这就是焦耳定律，电路中产生的热能被称为焦耳热。

电能在单位时间所做的功的大小即为电能的功率。在 1s 的时间内所做的功为 1J 时，电能的功率即为 1W，亦即 1W = 1J/s。

一定的时间内，电所做的功被称为电能或电量，电能的标准单位用 1J = 1W · s 来表示，但在电费的计算中通常使用（kW · h）的单位，1kW · h为以 1kW 的功率使用 1h 所消耗的总电能。

最小焦耳热的原理

在不包含电动势的电路网中的流过的电流，当电路中各支路流过的电流在某一确定的值的时候，电路网所产生的焦耳热最小，这就是最小焦耳热的原理。例如，在两个电阻并联所构成的电路中，并联电阻的阻值分别为 R_1、R_2（Ω），电路的总电流为 I（A），流过电阻 R_1 的电流为 I_1（A）时，电路所产生的总焦耳热 W（J）为

$$W = Pt = \{I_1^{\ 2}R_1 + (I - I_1)^2 R_2\} t$$

电路产生最小焦耳热时的电流 I_1（A）为

$$\frac{\mathrm{d}W}{\mathrm{d}t} = \{2(R_1 + R_2)I_1 - 2IR_2\} t = 0, I_1 = I \cdot \frac{R_2}{R_1 + R_2}$$

这里的并联电路的电流关系式符合基尔霍夫定理。

电功率消耗最大的条件

电动势为 E（V）、内部电阻为 r（Ω）的电池，当其与外部电阻 R（Ω）相连接时，外部电阻所消耗的电功率 P（W）为

$$P = I^2 R = \left(\frac{E}{R + \mathrm{r}}\right)^2 R = \frac{E^2 R}{(R + r)^2}$$

外部电阻消耗电功率最大时：

$$\frac{\mathrm{d}P}{\mathrm{d}R} = \frac{E^2(r - R)}{(R + r)^3} = 0, R = r$$

消耗的最大电功率 $P_{\max}$（W）为

$$P_{\max} = \frac{E^2 R}{(R + \mathrm{r})^2} = \frac{E^2 r}{(r + r)^2} = \frac{E^2}{4r}$$

例题1

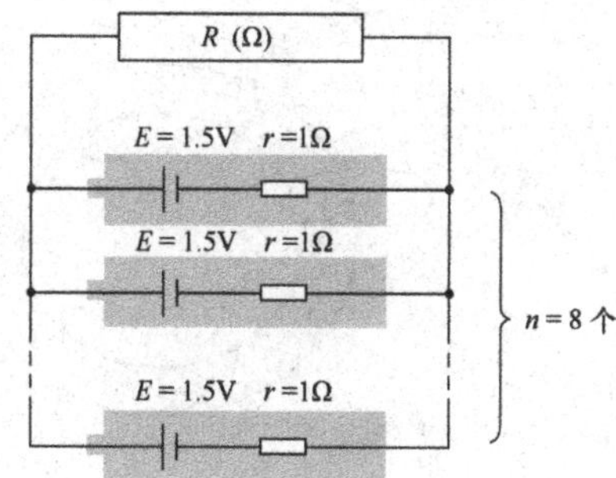

如图所示，电动势为1.5V、内部电阻为1Ω的8个电池，将其并联在一起，计算负载消耗功率最大时的电阻值。

【例题1解】

并联连接的电池的电动势 $E = 1.5\text{V}$，等效内阻为 $r/n = 1/8\Omega = 0.125\Omega$，当负载电阻的阻值为 $R = r/n = 1/8\Omega = 0.125\Omega$ 时，其所消耗的电功率最大。此时负载所消耗的功率最大值为

$$P = \frac{E^2}{4\dfrac{r}{n}} = \frac{1.5^2}{4\dfrac{1}{8}}\text{W} = 1.5^2 \times 2\text{W} = 4.2\text{W}$$

（注：1.5 为 E，$\dfrac{1}{8}$ 为 $\dfrac{r}{n}$）

例题2

一般的成年人，通常一天摄取的热量为1800～2200kcal，试将该热量转换为电功率。1cal = 4.185J。

【例题2解】

一天摄取的热量为1800、2200kcal时，成年人的电功率为

$$P_{18} = \frac{W}{t} = \frac{4.185 \times 1800 \times 10^3}{24 \times 60 \times 60}\text{W} = 87.19\text{W}$$

$$P_{22} = \frac{W}{t} = \frac{4.185 \times 2200 \times 10^3}{24 \times 60 \times 60}\text{W} = 106.7\text{W}$$

热电效应

两种不同的金属两端相接处

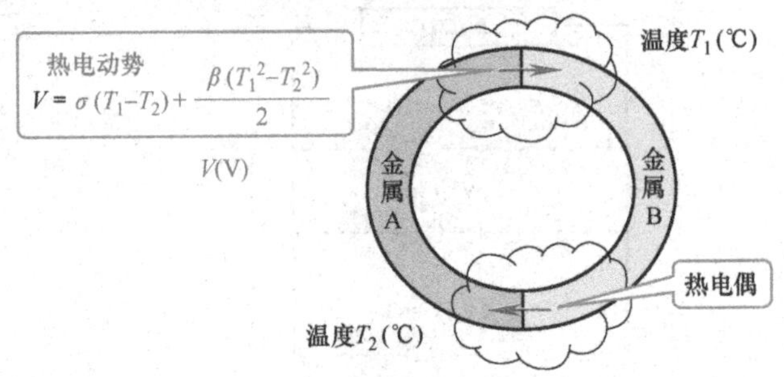

塞贝克效应

● 两种不同的金属的相接

有电流流过的情况

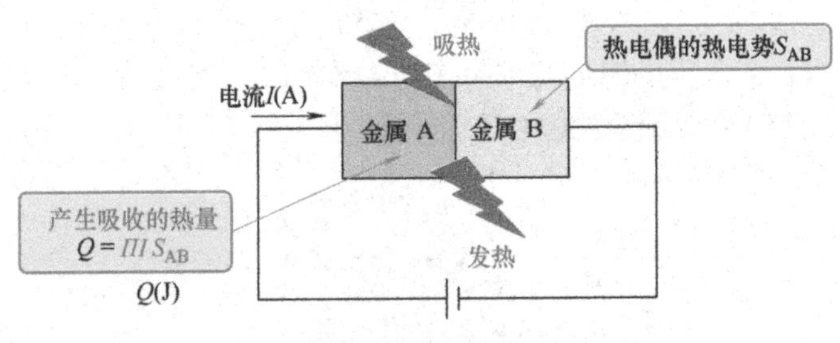

珀耳帖效应

● 具有温差的同种金属流过电流的情况

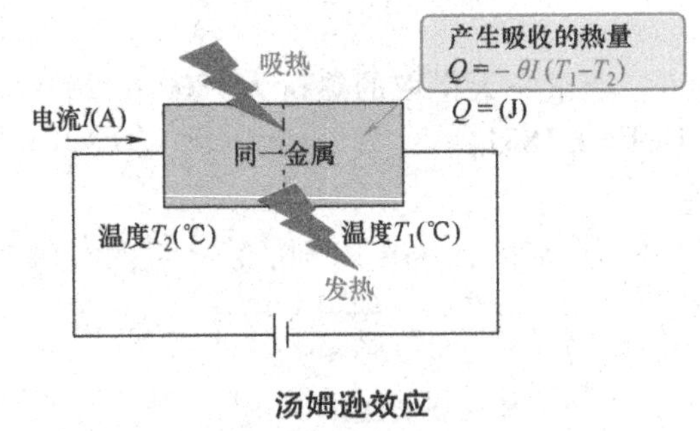

汤姆逊效应

注：在此可了解和学习关于电能与热能的逆变换。

[1] 塞贝克效应

发生时的热电动势为

$$V_{AB} = \int_{T_1}^{T_2} S_{AB} dT$$

V_{AB}为热电动势（V）

T_1、T_2 为两个结合点的温度（℃）

S_{AB}为热电偶的热电势（V/℃）

热电势为

$$S_{AB} = \alpha + \beta T$$

α、β 为热电动势系数。

[2] 珀耳帖效应

产生及吸收的热量为

$$Q = \Pi I S_{AB}$$

Q 为热量（J）

Π 为珀耳帖系数

I 为热电偶流过的电流（A）

S_{AB}为热电偶的热电势（V/℃）

[3] 汤姆逊效应

产生或吸收的热量为

$$Q = -\theta I(T_1 - T_2)$$

Q 为热量（J）

θ 为汤姆逊系数

I 为热电偶流过的电流（A）

T_1、T_2 为同种金属的不同温度（℃）

热电效应

电能与热能在一定的条件下可以发生逆转换的现象称为热电效应，常见的热电效应有塞贝克效应、珀耳帖效应和汤姆逊效应。

塞贝克效应

两种不同的金属的两端结合在一起，构成一个闭环回路。在两个结合端分别保持一个不同的温度，这时闭环回路中就会产生热电动势，回路中同时也会有热电流通过，这种现象称为塞贝克效应。这个现象是在 1821 年由 Seebeck 发现的。当对两个结合端的温度进行调换时，相应的热电动势的方向也随着发生转换。

应用塞贝克效应制作成了各种不同温度范围、不同精度的热电偶，用于温度的测量。该效应也被用于高频电流表中。

珀耳帖效应

两种不同的金属相接在一起组成一个热电偶。当该热电偶有电流通过时，在其结合点处就会产生发热和吸收的热传导作用，这种现象称为珀耳帖效应，是在1834年由Peltier发现的。当热电偶的电流流动的方向发生改变时，发热和吸收的热传导方向随之改变。

个人电脑CPU的冷却，特殊的制冷过程或保温装置都是利用这个原理的。

汤姆逊效应

同种金属相连接，一侧的温度为T_1，另一侧的温度为T_2。在保持这种状态不变的条件下，当金属中有电流通过时，在结合点处就会产生发热与吸热的热传导现象，并且所传导的热量与温度差$\Delta T = T_1 - T_2$以及通过的电流强度的乘积成正比。这种现象称为汤姆逊效应，是在1854年由Thomson预言，1956年通过实验观测到的。当电流流动的方向发生改变时，发热和吸收的热传导方向随之改变。

电子放射现象

除热电现象以外，在真空中金属物体表面会有电子飞出的现象，被称为电子放射现象。通常有如下几种情况：

- 热电子放射

金属处于高温状态下，金属表面会出现电子飞出的现象。

- 二次电子放射

金属被高速的电子撞击后，会得到能量，这时金属表面会出现电子飞出的现象。

- 电场中的电子放射

金属表面受到电场强度很强的电场作用时，常温情况下，金属表面也会有电子飞出的现象。

- 光电效应

由于光照而产生的电子放射现象，并把由这种情况放射的电子称为光电子。

例题 1

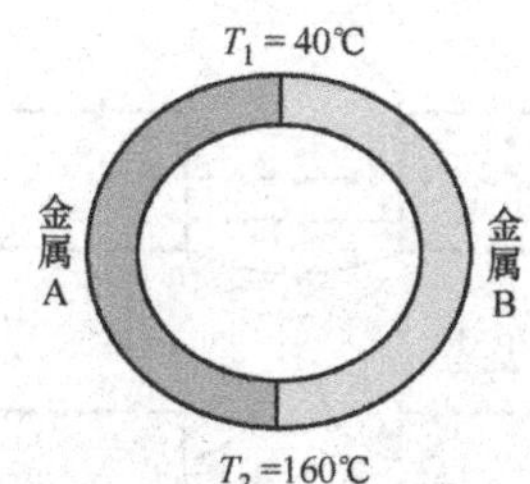

如图所示热电偶的热电势为，0℃时为 12μV/℃；100℃时为 10μV/℃。计算当该热电偶的结合点温度分别为 40℃和 160℃时热电偶的热电动势。

【例题 1 解】

由热电偶的热电动势 $S_{AB}=\alpha+\beta T$ 可得

$$12\times10^{-6}=\alpha+\beta\times0.\quad 10\times10^{-6}=\alpha+\beta\times100$$

S_{AB} T S_{AB} T

当 $\alpha=12\times10^{-6}$V/℃，$\beta=-2\times10^{-8}$V/℃时，

热电动势为

$$V_{AB}=\int_{T_1}^{T_2}S_{AB}\mathrm{d}T=\alpha(T_2-T_1)+\beta\frac{(T_2^2-T_1^2)}{2}$$

$$=\left(12\times10^{-6}\times(160-40)-2\times10^{-8}\times\frac{160^2-40^2}{2}\right)\mathrm{V}=1.2\times10^{-3}\mathrm{V}$$

例题 2

试在下面文章中的空白处填入正确的语句。

两种不同的金属 A、B 组成一个闭合回路，当两个结合点的温度不同时，闭合回路中就会(1)。这种现象称为(2)效应。

【例题 2 解】

(1)（产生热电动势）

(2)（塞贝克）

第 *33* 课

电流与磁场、电流产生的磁场、安培右螺旋定则

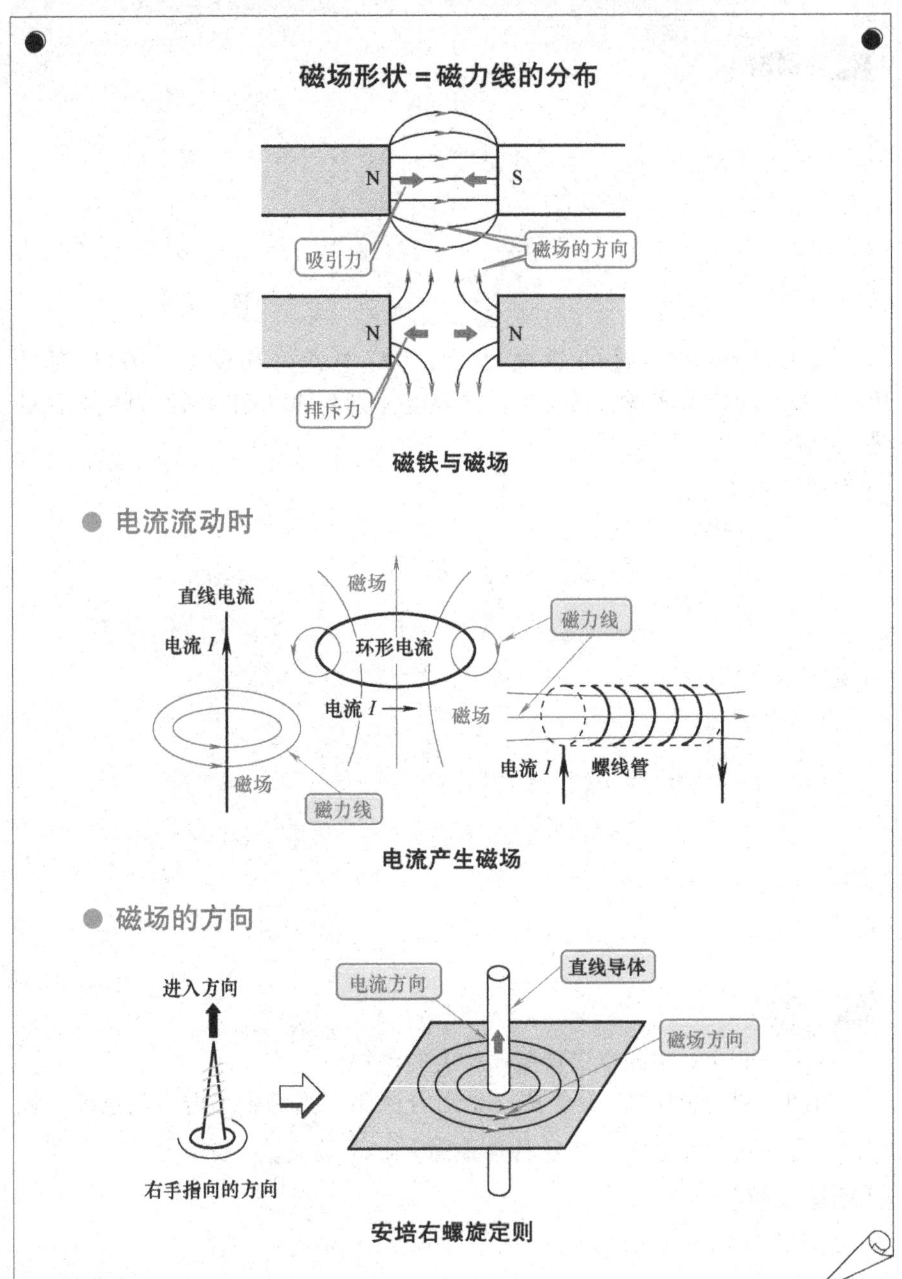

注：从本课开始学习与磁场相关的内容。

[1] 关于磁场的库伦定理

磁极间的作用力 F（N）为

$$F=k\frac{m_1m_2}{r^2}$$

m_1、m_2 为磁极的强度（Wb）

r 为磁极间的距离（m）

k 为比例系数，表示磁极之间的空间放置物质导磁性能的差异，真空中（与空气的情况相同），

$$k=\frac{1}{4\pi\mu_0}\approx 6.33\times10^4$$

μ_0 为真空中的磁导率

（$4\pi\times10^{-7}$H/m）

[2] 磁通密度

磁极发出的假想的磁力线即为磁通。磁场强度为 m（Wb）的磁极所发出的磁通的总量为

$$\boldsymbol{\Phi}=\boldsymbol{m}$$

面积为 ΔS（m^2）的平面，垂直通过该平面的磁通为 $\Delta\Phi$（Wb），则其磁通密度 B（T）为

$$B=\frac{\Delta\Phi}{\Delta S}$$

磁通密度的高斯定理为

$$\oint_S \boldsymbol{B}\cdot\boldsymbol{n}_0\,\mathrm{d}S=0$$

$\boldsymbol{B}$ 为磁通密度（T）

$\boldsymbol{n}_0$ 为闭合曲面 S 上的任一点法线方向的单位矢量

标量表示形式：

$$\oint_S B_n\,\mathrm{d}S=0$$

B_n 为面积 dS 上的磁通密度在法线方向的分量

N、S 两极的位置相当于存在 m_1、m_2（Wb）的磁荷

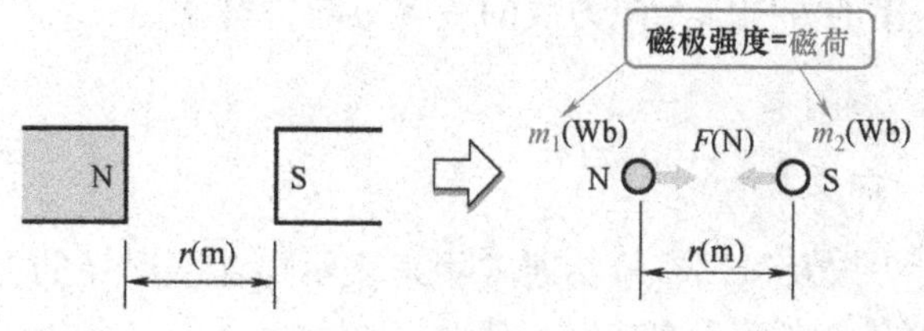

磁场

两个相异的磁极N极与S极之间存在吸引力，N极与N极之间以及S极与S极之间存在着同种磁极之间的排斥力，这两种作用力的产生，意味着在磁极周围的空间中有磁场存在。

对于磁极的磁场强度，通常规定N极的磁场为正，S极的磁场为负。对于磁极之间的作用力，通常规定相同磁极间的排斥力为正，相异的磁极之间的吸引力为负。

1820年奥斯特发现在电流周围也会产生磁场。

磁力线

磁场分布的情况通常采用假想的线来描述，这种线被称为磁力线。磁力线具有以下一些性质：

① 磁力线都是由N极发出，最终进入S极，在中间不会消失；

② 磁力线分布密集的位置磁场强度大；

③ 磁力线上各点的切线方向与该位置的磁场强度方向相同；

④ 磁力线不会发生相交，也不会出现分支的情况。

安培右螺旋定则

直线导体中流过电流时，电流所产生的磁场的磁力线构成了以导体为中心的同心圆，这些同心圆的磁力线描述了导体周围的磁场分布。此时，利用右手可以判定电流流过的方向。将拇指与电流的方向保持一致，右手的其他手指所指的方向即为磁力线的旋转方向，这就是安培右螺旋定则。

符号⊙和⊕的意义

箭头符号⊙以及箭尾符号⊕通常用来表示电流或磁场的方向。箭头符号⊙表示的是电流或磁场的方向是离开纸面的方向，箭尾符号⊕表示的是电流或磁场的方向是进入纸面。这就像我们通常所看到的箭头以及箭尾那样，是很容易理解的。

例题 1

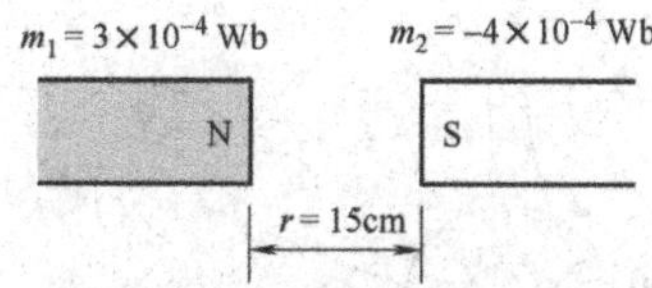

如图所示，真空中，磁极强度分别为 $m_1 = 3\times10^{-4}$ Wb、$m_2 = -4\times10^{-3}$ Wb，两极之间的距离为 $r = 15$cm，试计算两极之间的作用力的大小。

【例题 1 解】

两极之间的作用力 F 为

$$F = k\frac{m_1 m_2}{r^2}$$

$$= 6.33\times10^4\times\frac{3\times10^{-4}\times(-4\times10^{-3})}{0.15^2}\text{N}$$

（3×10^{-4}：m_1；-4×10^{-3}：m_2；0.15：r）

$= -3.38$N…3.38N 的吸引力

例题 2

真空中，磁极强度为 $m_1 = 2.5\times10^{-3}$ Wb，求距离磁极的距离 $r = 50$cm 的位置的磁通密度。

【例题 2 解】

磁通密度 B 为

$$B = \frac{\Phi}{S} = \frac{m}{4\pi r^2}$$

（$\Phi = m$；$S = 4\pi r^2$：以 r 为半径的球的表面积）

$$= \frac{2.5\times10^{-3}}{4\times3.14\times0.5^2}\text{T}$$

（2.5×10^{-3}：m；0.5：r）

$= 7.96\times10^{-4}$T

毕奥-萨伐尔定律与环形回路电流的磁场

导体中流过电流的情况

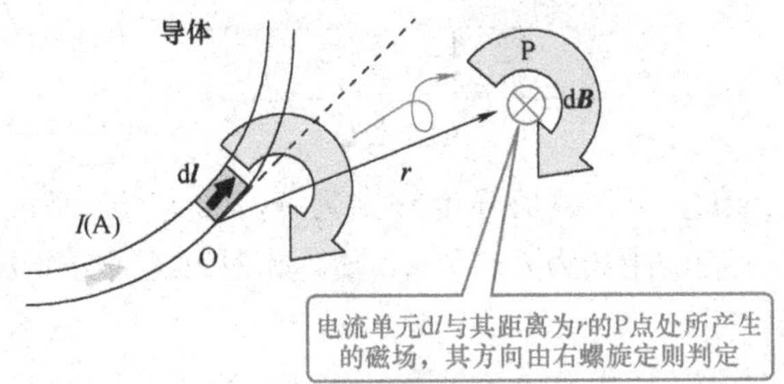

导体流过的电流产生磁场的方向

● 导体中微小单元流过电流产生磁场的大小

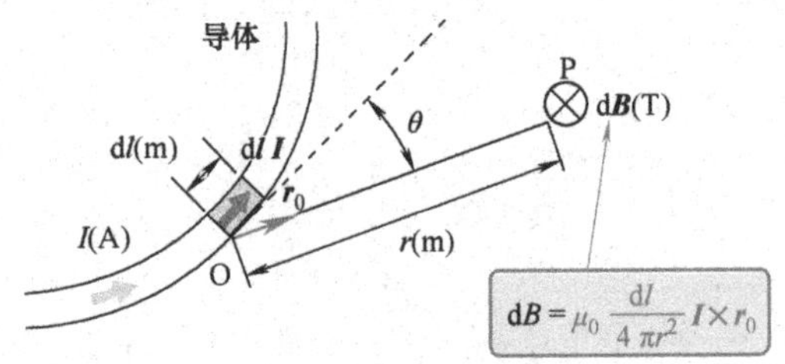

毕奥-萨伐尔定律

● 环形回路电流在其轴线上产生的磁场

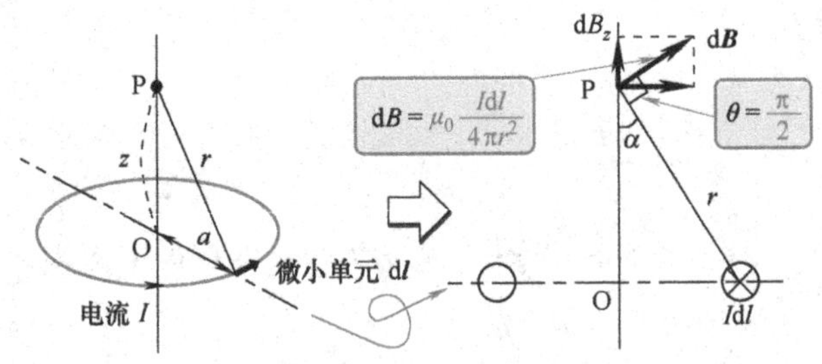

环形回路电流产生的磁场

注：当磁场用矢量来表示时，电流产生的磁场为电流矢量的外积。

[1] **毕奥-萨伐尔定律**

微小导体流过电流时周围P点的磁通密度 dB (T) 为

$$\mathbf{d}\boldsymbol{B}=\frac{\mu_0 \mathrm{d}l}{4\pi r^2}I\times r_0$$

$\boldsymbol{I}$ 为导体中流过的电流 (A)

dl 为导体的微小单元长度 (m)

r 为 dl 附近 P 点到导体线的距离 (m)

$\boldsymbol{r}_0$ 为距离 r 的单位位置矢量

标量表示形式：

$$\mathbf{d}\boldsymbol{B}=\frac{\mu_0 \mathrm{d}l\sin\theta}{4\pi r^2}$$

θ 为 dl 的电流的方向与 P 点的方向的夹角 (rad)

[2] **环形回路电流中心轴上的磁场强度**

环形回路的导体中流过电流时，在中心轴的 P 点处产生的磁通密度 B (T) 为

$$B=\frac{\mu_0 I a^2}{2(z^2+a^2)^{3/2}}$$

I 为导体中流过的电流 (A)

a 为环形回路的半径 (m)

z 为环形回路的圆心与 P 点的距离 (m)

环形回路的圆心流出的磁通密度 B (T) 为

$$B=\frac{\mu_0 I}{2a}$$

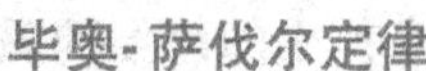

毕奥-萨伐尔定律

在导体中流过的电流为 I (A) 时，根据安培右螺旋定则可知，电流所产生的磁场在 P 点处的方向是垂直于导体并向着纸面的方向的。因此，在导体上任意一 O 点处，微小长度为 dl (m) 的导体单元中流过的电流为 I (A) 时，在与 O 点的距离为 r (m) 的 P 点处，所产生的磁场的磁通密度 dB (T)，与电流 I (A)、微小长度 dl (m) 以及电流的方向与 OP 之间的夹角 θ (rad) 的正弦成正比，与 OP 的长度 r (m) 的平方正反比，这种关系，称为毕奥-萨伐尔定律。

环形回路电流中心轴上的磁场

环形回路导体的微小单元 dl 中流过的电流，在中心轴上的 P 点处产生磁场的磁通密度 dB。此时 dl 的电流方向与 P 点的位置矢量是垂直的，根据毕奥-萨伐尔定律的表达式可得夹角 $\theta=\pi/2$。因此，P 点处的磁通密度 dB（T）为

$$\mathrm{d}B=\frac{\mu_0 I\mathrm{d}l}{4\pi r^2}$$

这里，dl 的方向与位置矢量 r 的方向垂直。该磁通密度在环形回路中心轴方向上的分量 dB_z（T）为

$$\mathrm{d}B_z=\mathrm{d}B\sin\alpha$$

式中，$\sin\alpha=a/r$，$r=\sqrt{z^2+a^2}$代入得

$$\mathrm{d}B_z=\mathrm{d}B\,\frac{a}{r}=\frac{\mu_0 aI}{4\pi r^3}=\frac{\mu_0 aI}{4\pi(z^2+a^2)^{3/2}}$$

因此，整个环形回路电流所产生的磁场的磁通密度在中心轴上的分量 B_z（T）为

$$B_z=\oint_C\frac{\mu_0 aI}{4\pi(z^2+a^2)^{3/2}}\mathrm{d}l=\frac{\mu_0 aI}{4\pi(z^2+a^2)^{3/2}}\int_0^{2\pi a}\mathrm{d}l=\frac{\mu_0 Ia^2}{2(z^2+a^2)^{3/2}}$$

在与环形回路平行的平面上，所有电流单元 dl 产生的磁场的磁通密度平行分量，在沿着环形回路上的线积分时相互抵消。因此，整个环形回路电流产生的磁场的磁通密度 B（T）即为其在中心轴上的分量 B_z（T）。亦即

$$B=B_z$$

当 $z=0$ 时，环形回路的中心的磁通密度 B（T）为

$$B=\frac{\mu_0 I}{2a}$$

例题 1

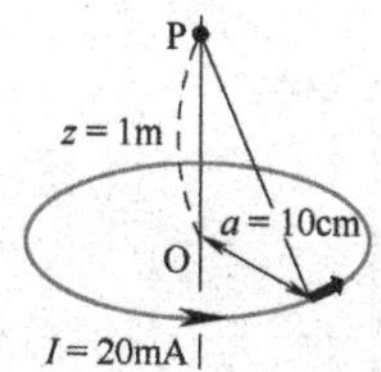

如图所示，真空中放置半径为 $a=10\text{cm}$ 的环形导体，当导体中的电流 $I=20\text{mA}$ 时，计算环形导体中心轴上、与导体中心距离为 $z=1\text{m}$ 的 P 点处所产生磁场的磁通密度。

【例题 1 解】

在 P 点处所产生磁场的磁通密度 B（T）为

$$B=\frac{\mu_0 I a^2}{2(z^2+a^2)^{3/2}}$$

$$=\frac{\underbrace{4\times3.14\times10^{-7}}_{\mu_0}\times\underbrace{20\times10^{-3}}_{I}\underbrace{(10\times10^{-2})^2}_{a}}{2\times\{\underbrace{1^2}_{z}+\underbrace{(10\times10^{-2})^2}_{a}\}^{3/2}}\text{T}$$

$$=1.24\times10^{-10}\text{T}$$

例题 2

在真空中，当半径为 a（m）的环形导体中流过的电流为 I（A）时，试求环形导体的中心 O 点处所产生的磁通密度。

【例题 2 解】

环形导体的微小单元 $\mathrm{d}l$ 流过的电流在中心 O 点处产生的磁通密度 $\mathrm{d}B$（T）为

$$\mathrm{d}B=\frac{\mu_0 I\mathrm{d}l}{4\pi \underbrace{a^2}_{r=a}}$$

整个环形电流在中心 O 点处产生的磁通密度 B（T）为

$$B=\oint_C \mathrm{d}B=\frac{\mu_0 I}{4\pi a^2}\int_0^{2\pi a}\mathrm{d}l=\frac{\mu_0 I}{4\pi a^2}\cdot 2\pi a=\frac{\mu_0 I}{2a}$$

第35课
由直线电流产生的磁场

直线导体中流过电流的情况

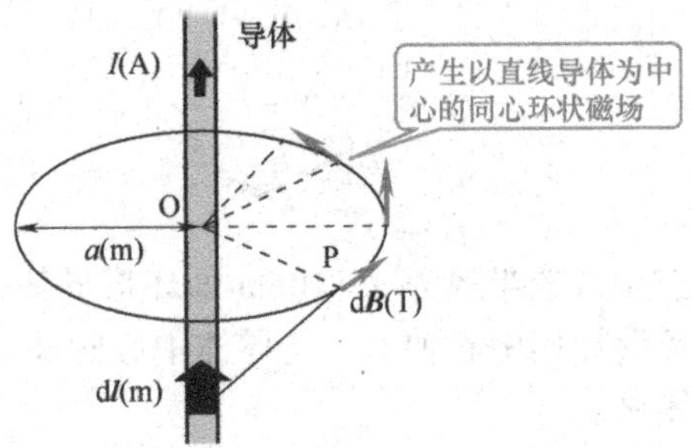

直线导体流过电流产生的磁场

● 微小单元中流过电流所产生的磁通密度

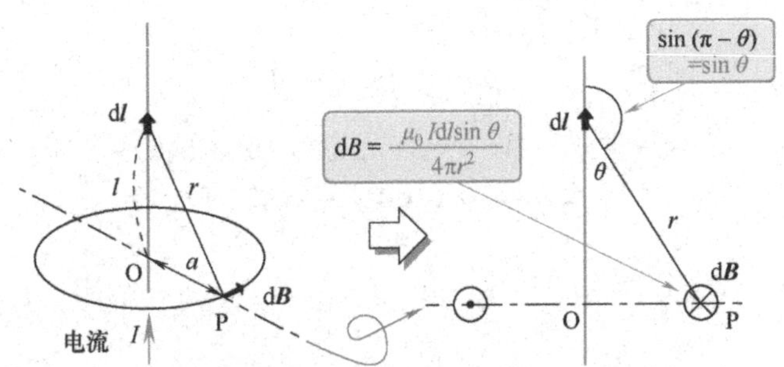

直线电流产生的磁通密度

● 有限长的直线电流产生的磁场

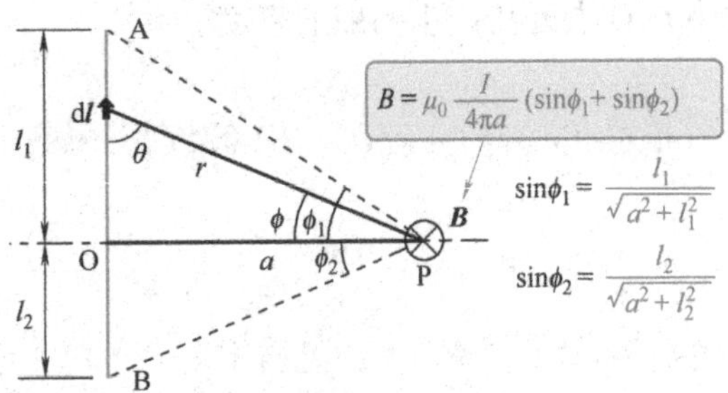

有限长的直线电流的磁场

注：通过毕奥-萨伐尔定律分量表示的形式来学习本课。

[1] 有限长的直线电流产生的磁场

有限长的直线导体 AB 中流过的电流产生的磁场在 P 点处的磁通密度 B（T）为

$$B = \frac{\mu_0 I}{4\pi a} \cdot (\sin\phi_1 + \sin\phi_2)$$

I 为导体流过的电流（A）

a 为 P 点到直线导体的垂直距离（OP 的长度）（m）

ϕ_1 为导体的 A 端与 P 点的连线与垂线的夹角（rad）

ϕ_2 为导体的 B 端与 P 点的连线与垂线的夹角（rad）

[2] 无限长的直线电流产生的磁场

无限长的直线导体中流过的电流在 P 点处产生的磁通量密度 B（T）为

$$B = \frac{\mu_0 I}{2\pi a}$$

I 为导体流过的电流（A）

a 为 P 点与直线导体之间的垂直距离（OP 的长度）（m）

注意：

$$\frac{l}{\phi} = \frac{2\pi a}{2\pi}, \ l = a\phi$$

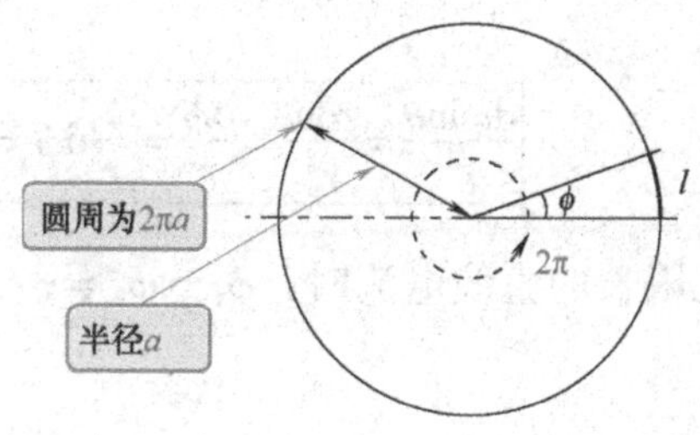

直线电流产生的磁场

直线导体中流过的电流为 I（A）时，直线导体产生的磁场是以导体为圆心的同心圆形磁力线来描述。产生的磁场的方向，可根据安培右螺旋定则来判定。

有限长的直线电流产生的磁场

在有限长直线导体中的微小单元 dl 流过电流时，其 P 点处产生的磁场的磁通密度 dB（T）可根据毕奥-萨伐尔定律的表达式求得

$$\mathrm{d}B=\frac{\mu_0 I\,\mathrm{d}l\sin\theta}{4\pi r^2}$$

根据安培右螺旋定则，此时的磁场方向为右旋方向。因为所有的 dl 均在纸面的垂直方向，因此，它们所产生的磁场的方向都是朝向纸的背面的。因此，整个直线电流所产生的磁场的磁通密度 B（T）为

$$B=\int_{l=-l_2}^{l=l_1}\mathrm{d}B=\frac{\mu_0 I}{4\pi}\int_{l=-l_2}^{l=l_1}\frac{\mathrm{d}l\sin\theta}{r^2}$$

另外，$\mathrm{d}l\sin\theta=r\mathrm{d}\phi$，$\cos\phi=a/r$ 代入得

$$B=\frac{\mu_0 I}{4\pi}\int_{l=-l_2}^{l=l_1}\frac{\mathrm{d}l\sin\theta}{r^2}=\frac{\mu_0 I}{4\pi a}\int_{-\phi_2}^{\phi_1}\cos\phi\,\mathrm{d}\phi$$

$$=\frac{\mu_0 I}{4\pi a}\cdot(\sin\phi_1+\sin\phi_2)$$

$$\frac{\mathrm{d}l\sin\theta}{r^2}=\frac{r\mathrm{d}\phi}{r^2}=\frac{\mathrm{d}\phi}{r}=\frac{1}{r}\mathrm{d}\phi=\frac{\cos\phi}{a}\mathrm{d}\phi$$

当直线电流为无限长的直线电流时，$\phi_1=\phi_2=\pi/2$，因此，磁通密度 B（T）为

$$B=\frac{\mu_0 I}{2\pi a}$$

例题 1

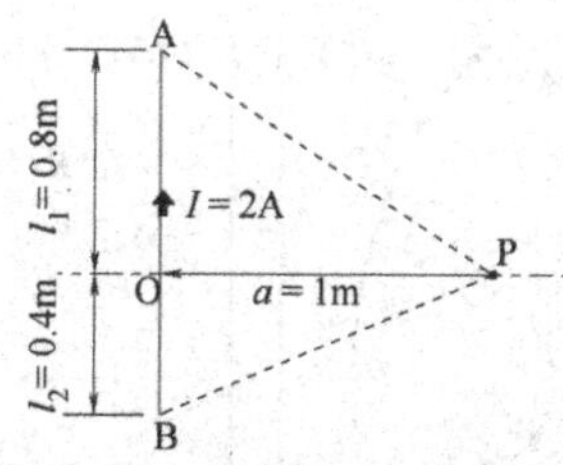

如图所示，真空中放置一根有限长的直线导体 AB 时，该导体中流过的电流为 I（A），试求 P 点处的磁通密度。

【例题 1 解】

设 PO 与 PA 的夹角为 ϕ_1，PO 与 PB 的夹角为 ϕ_2，则

$$\sin\phi_1=\frac{l_1}{\sqrt{a^2+l_1^2}}=\frac{0.8}{\sqrt{1^2+0.8^2}}=0.625$$

$$\sin\phi_2=\frac{l_2}{\sqrt{a^2+l_2^2}}=\frac{0.4}{\sqrt{1^2+0.4^2}}=0.371$$

P 点处产生的磁通密度 B 为

$$B=\frac{\mu_0 I}{4\pi a}(\sin\phi_1+\sin\phi_2)$$

$$=\frac{4\times3.14\times10^{-7}\times2}{4\times3.14\times1}\times(0.625+0.371)\text{T}=1.99\times10^{-7}\text{T}$$

（标注：μ_0　I　a）

例题 2

真空中，非常长的直线导体流过的电流 $I=10\text{A}$ 时，试求距离导体的距离 $r=10\text{cm}$ 的点的磁通密度。

【例题 2 解】

导线流过的电流可以被看作无限长直线电流，因此，该点的磁通密度 B 为

$$B=\frac{\mu_0 I}{2\pi r}=\frac{4\pi\times10^{-7}\times10}{2\pi\times10\times10^{-2}}\text{T}=2\times10^{-5}\text{T}$$

第 36 课

安培环路积分定理

电流产生的磁场

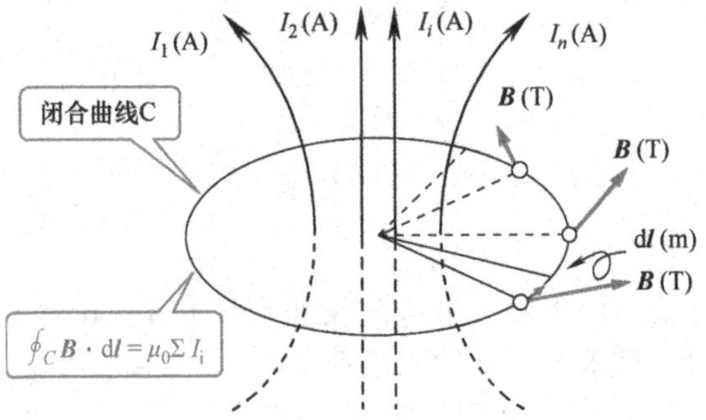

I_1 (A)
I_2 (A)
I_i (A)
I_n (A)
闭合曲线C
B (T)
B (T)
dl (m)
B (T)
$\oint_C \boldsymbol{B} \cdot \mathrm{d}\boldsymbol{l} = \mu_0 \Sigma I_i$

安培环路积分定理

● 无限长的直线导体中流过电流的情况

安培定理

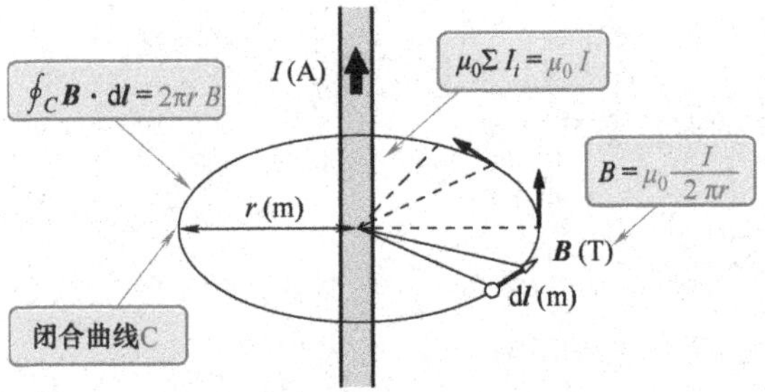

I (A)
$\mu_0 \Sigma I_i = \mu_0 I$
$\oint_C \boldsymbol{B} \cdot \mathrm{d}\boldsymbol{l} = 2\pi r B$
$B = \mu_0 \dfrac{I}{2\pi r}$
r (m)
B (T)
dl (m)
闭合曲线C

直线电流产生的磁场

● 电流的代数和

闭合曲线C
$\mu_0 \Sigma I_i = \mu_0 I$
磁链相交
电流I
$\mu_0 \Sigma I_i = 0$
磁链不相交
$\mu_0 \Sigma I_i = 0$

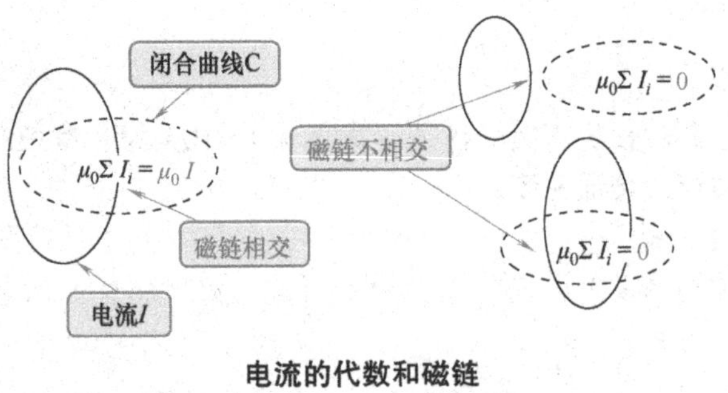

电流的代数和磁链

注：关于线积分，请复习第 4 课的内容。

[1] 安培环路积分定理

安培环路积分定理为

$$\oint_C \boldsymbol{B} \cdot \mathbf{d}\boldsymbol{l} = \mu_0 \sum_{i=1}^{n} I_i$$

$\boldsymbol{B}$ 为闭合曲线 C 上的任意一点的磁通密度（T）

$\mathbf{d}\boldsymbol{l}$ 为闭合曲线 C 上的任意一点的微小单元的切线矢量（m）

I_1 为闭合曲线 C 中通过的电流（A）

沿闭合曲线 C 积分方向的右螺旋前进方向为正。

由标量表示为

$$\oint_C B_s \mathrm{d}l = \mu_0 \sum_{i=1}^{n} I_i$$

B_s 为闭合曲线 C 上的任意一点的磁通密度的切线分量（T）

[2] 直线电流产生的磁场

无限长直导线电流 I（A），距离该导线为 r（m）的点的磁通密度 B（T），以直线电流为圆心，作半径为 r 的环形闭合曲线 C 时

$$\oint_C \boldsymbol{B} \cdot \mathbf{d}\boldsymbol{l} = 2\pi r B$$

通过闭合曲线 C 的电流的代数和为

$$\mu_0 \sum_{i=1}^{n} I_i = \mu_0 I$$

根据安培环路积分定理得

$$B = \frac{\mu_0 I}{2\pi r}$$

任意闭合曲线中，当有多个电流通过的情况

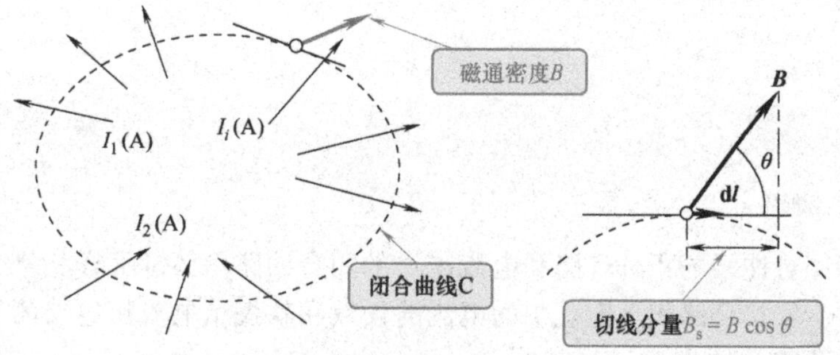

安培环路积分定理

闭合曲线 C 包围着有电流流过的导体，此闭合曲线的微小单元处的磁通密度 B（T）与微小单元的切线分量 dl（m）的内积沿着闭合曲线 C 的线积分为

$$\oint_C \boldsymbol{B} \cdot \mathbf{d}\boldsymbol{l} = \mu_0 \sum_{i=1}^{n} I_i$$

上式被称为安培环路积分定理。电流的正方向为沿闭合曲线 C 的线积分方向的右螺旋前进方向。

直线电流产生的磁场

无限长直导线中流过的电流为 I（A），距离该导线的距离为 r（m）的点的磁通密度 B（T），可以根据安培环路积分定理简单的求得。

直线导线流过电流时产生的磁场是以该导体为中心的同心环形磁场。在以导体为圆心、半径为 r（m）的圆周上，磁通密度大小都是相等的，方向为圆周边缘的切线方向。因此，当闭合曲线 C 为以直线导体为中心且半径为 r（m）的圆周时

$$\oint_C \boldsymbol{B} \cdot \mathbf{d}\boldsymbol{l} = \oint_C B_s \mathrm{d}l = B\oint_C \mathrm{d}l = B(2\pi r) = \mu_0 I$$

磁通密度 B（T）为

$$B = \frac{\mu_0 I}{2\pi r}$$

磁链

当闭合曲线的积分环路和电流流过的闭合回路像锁链那样相耦合，称为磁链。安培环路积分定理中的电流的代数和就表示电流流过的闭合回路与积分环路的磁链。

例题 1

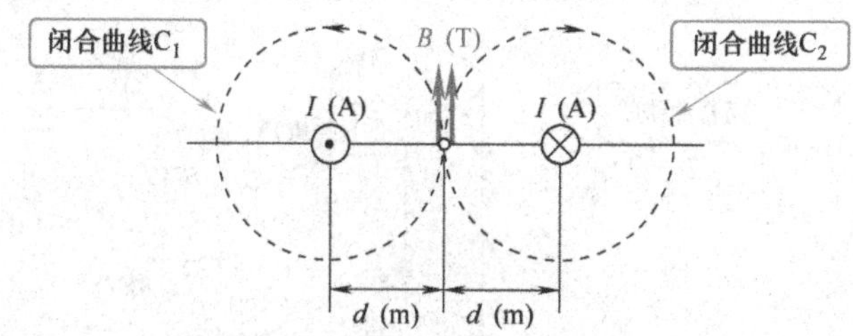

如图所示，两个无限长平行导体之间的间隔距离为 $2d$（m），导线中通过的电流为 I（A），电流方向相反。试求平行导体中间点位置上的磁通密度。

【例题 1 解】

中点距离一条直线导体的距离为 d（m），该导体中电流为 I（A），根据安培环路积分定理，以直流导体为中心且半径为 d（m）的闭合曲线记为 C_1，沿逆时针方向（与电流产生的磁场方向相同）的积分环路为

$$B_1 = \frac{\mu_0 I}{2\pi d}$$

另一条直线导体的电流也为 I（A），以该直线导体为中心且半径为 d（m）的闭合曲线记为 C_2，沿其顺时针方向（与电流产生的磁场方向相同）的积分环路为

$$B_2 = \frac{\mu_0 I}{2\pi d}$$

平行导线中间点位置上的磁通密度 B_g（T）为

$$B_g = B_1 + B_2 = \frac{\mu_0 I}{\pi d}$$

例题 2

无限长直线导体中，流过的电流为 1.2A，试求距离导体的距离为 30cm 的点的磁通密度。

【例题 2 解】

距离导体的距离为 r（m）的点的磁通密度为

$$B = \frac{\mu_0 I}{2\pi r} = \frac{4\pi \times 10^{-7} \times 1.2}{2\pi \times 0.3}\text{T} = 8 \times 10^{-7}\text{T}$$

第37课

流过无限长圆柱形导体的电流产生的磁场

无限长圆柱形导体中流过电流的情况

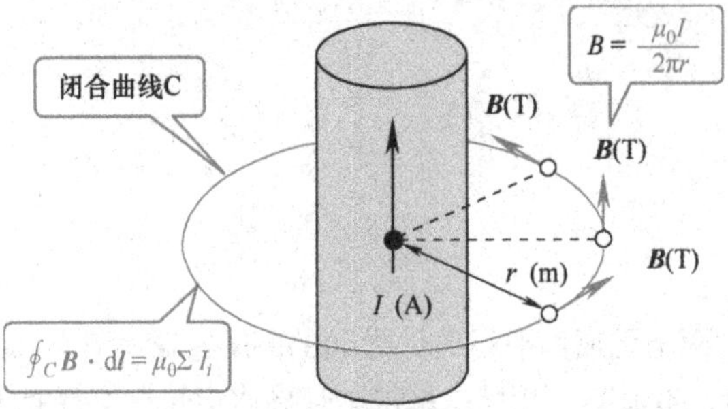

闭合曲线C
$B=\frac{\mu_0 I}{2\pi r}$
B(T)
B(T)
B(T)
r (m)
I (A)
$\oint_C \boldsymbol{B}\cdot \mathrm{d}\boldsymbol{l}=\mu_0\Sigma I_i$

导体外部的磁场

● 导体内部电流分布相同时

积分环路的磁链电流

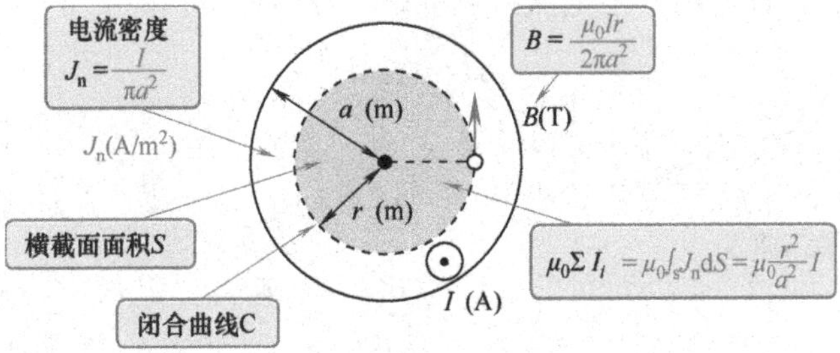

电流密度
$J_n=\frac{I}{\pi a^2}$
$B=\frac{\mu_0 I r}{2\pi a^2}$
B(T)
a (m)
J_n(A/m^2)
r (m)
横截面面积S
$\mu_0\Sigma I_i=\mu_0\int_S J_n \mathrm{d}S=\mu_0\frac{r^2}{a^2}I$
闭合曲线C
I (A)

导体内部的磁场

● 空心圆导体

a(m)
b(m)
B(T)
r(m)
I(A)
$B=\frac{\mu_0 I}{2\pi r}\left(\frac{r^2-b^2}{a^2-b^2}\right)$
B/T
$B=\frac{\mu_0 I}{2\pi r}$
$\frac{\mu_0 I}{2\pi a}$
0
b
a
r/m

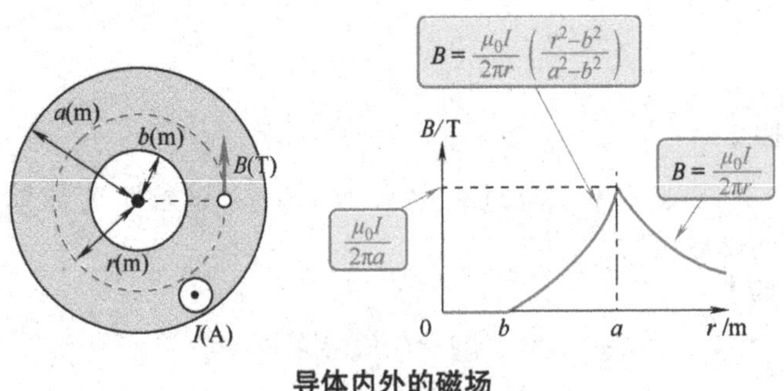

导体内外的磁场

注：学习安培环路积分定理应用。

[1] 无限长圆柱形导体电流产生的磁场

无限长圆柱形导体中电流分布相同时，导体外部产生的磁场的磁通密度为

$$B=\frac{\mu_0 I}{2\pi r}$$

B 为距离圆柱形导体的中心轴的距离 r 的点的磁通密度（T）

I 为圆柱形导体中流过的电流（A）

导体内部（$r \leqslant a$）产生的磁场的磁通密度为

$$B=\frac{\mu_0 I r}{2\pi a^2}$$

a 为圆柱形导体的半径（m）

r 为圆柱形导体中心轴与导体外部的点的垂直距离（m）（$r>a$）

[2] 无限长空心圆导体电流产生的磁场

导体外部产生的磁场的磁通密度为

$$B=\frac{\mu_0 I}{2\pi r}$$

B 为与空心圆导体的中心轴距离 r 的点上的磁通密度（T）

I 为空心圆导体中的电流（A）

导体中（$a \geqslant r > b$）处产生的磁场的磁通密度为

$$B=\frac{\mu_0 I}{2\pi r}\cdot\frac{r^2-b^2}{a^2-b^2}$$

a 为圆柱导体的半径（m）

b 为空心部分的半径（m）

r 为空心圆导体的中心轴与导体外部的点的垂直距离（m）（$r>a$）

空心部分（$r \leqslant b$）产生的磁场的磁通密度为

$$B=0$$

无限长的圆柱形导体中流过电流的情况

无限长圆柱形导体的半径为 a（m），其中通过的电流 I（A）均匀分布，导体内外产生磁场的磁通密度，可以通过安培环路积分定理求得。

导体中的电流均匀分布时，距离导体中心轴的距离为 r（m）的点的磁通密度为 B（T），以中心轴位置为圆心作半径为 r（m）的闭合曲线 C，在此圆周上一定有

$$\oint_C \boldsymbol{B} \cdot \mathbf{d}\boldsymbol{l} = B\oint_C \mathrm{d}l = B(2\pi r)$$

根据安培环路积分定理，导体外部（$r>a$）时，磁通密度与闭合曲线C的电流I（A）的关系为

$$B(2\pi r) = \mu_0 I, B = \frac{\mu_0 I}{2\pi r}$$

导体内部$r \leqslant a$时，闭合曲线C的磁链电流为此闭合曲线所构成的平面S内的分布电流。将导体内部的电流密度记为J_n（A/m^2）时，则有

$$\int_S J_n \mathrm{d}S = \frac{I}{\pi a^2}\int_S \mathrm{d}S = \frac{r^2}{a^2}I$$

此时，导体内部的磁通密度为

$$B(2\pi r) = \mu_0 \frac{r^2}{a^2}I, B = \frac{\mu_0 I r}{2\pi a^2}$$

无限长的空心圆导体流过电流的情况

外半径为a（m）、内半径为b（m）的无限长的空心圆导体，其中流过的电流I（A）在导体中均匀分布。导体外部（$r>a$）时，产生的磁场的磁通密度，与求解无限长圆柱形导体的情况相同。

对于空心部分（$r<b$）的磁通密度，由于以中心轴为中心，半径为r（m）的闭合曲线C的磁链电流为0，所以其磁通密度也为0；

对于导体中（$a \geqslant r \geqslant b$）时的磁通密度，闭合曲线C的磁链电流为均匀分布在此闭合曲线构成的平面S中的电流。将导体中的电流密度记为J_n（A/m^2）时，则有

$$\int_S J_n \mathrm{d}S = \frac{I}{\pi(a^2 - b^2)}\int_S \mathrm{d}S = \frac{r^2 - b^2}{a^2 - b^2}I$$

导体中的磁通密度为

$$B(2\pi r) = \mu_0 \frac{r^2 - b_2}{a^2 - b^2}I, B = \mu_0 \frac{I}{2\pi r} \cdot \frac{r^2 - b^2}{a^2 - b^2}$$

例题 1

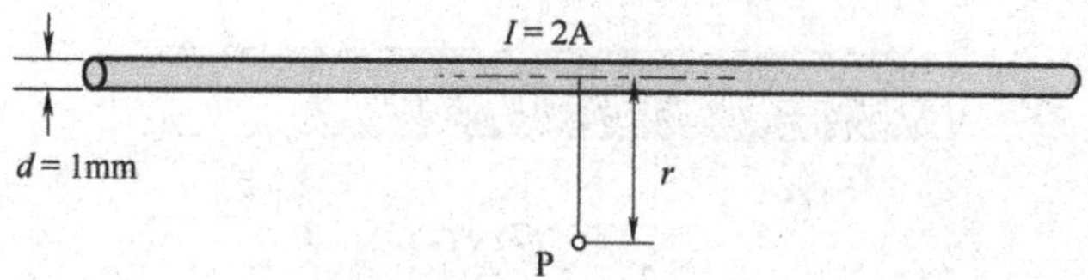

如图所示，充分长直导线的直径为 1mm 中均匀流过 2A 的电流，试求距离导线的中心轴的距离为 0.4mm 的 P 点的磁通密度。

【例题 1 解】

由于 P 点与导体中心轴的距离 $r = 0.4 \leqslant 0.5\text{mm}$，因此 P 点处于导体内部，其磁通密度为

$$B = \frac{\mu_0 I r}{2\pi\left(\frac{d}{2}\right)^2} = \frac{4\pi \times 10^{-7} \times 2 \times \underbrace{0.4 \times 10^{-3}}_{r}}{2\pi \times \underbrace{\left(\frac{10^{-3}}{2}\right)^2}_{d/2}}$$

$$= 6.4 \times 10^{-4}\text{T}$$

例题 2

例题 1 的条件下，试求距离导体中心轴的距离为 1cm 的 P 点的磁通密度。

【例题 2 解】

P 点处的磁通密度为

$$B = \frac{\mu_0 I}{2\pi r} = \frac{4\pi \times 10^{-7} \times 2}{2\pi \times 10^{-2}}\text{T} = 4 \times 10^{-5}\text{T}$$

第 *38* 课

流过无限长螺线管的电流产生的磁场

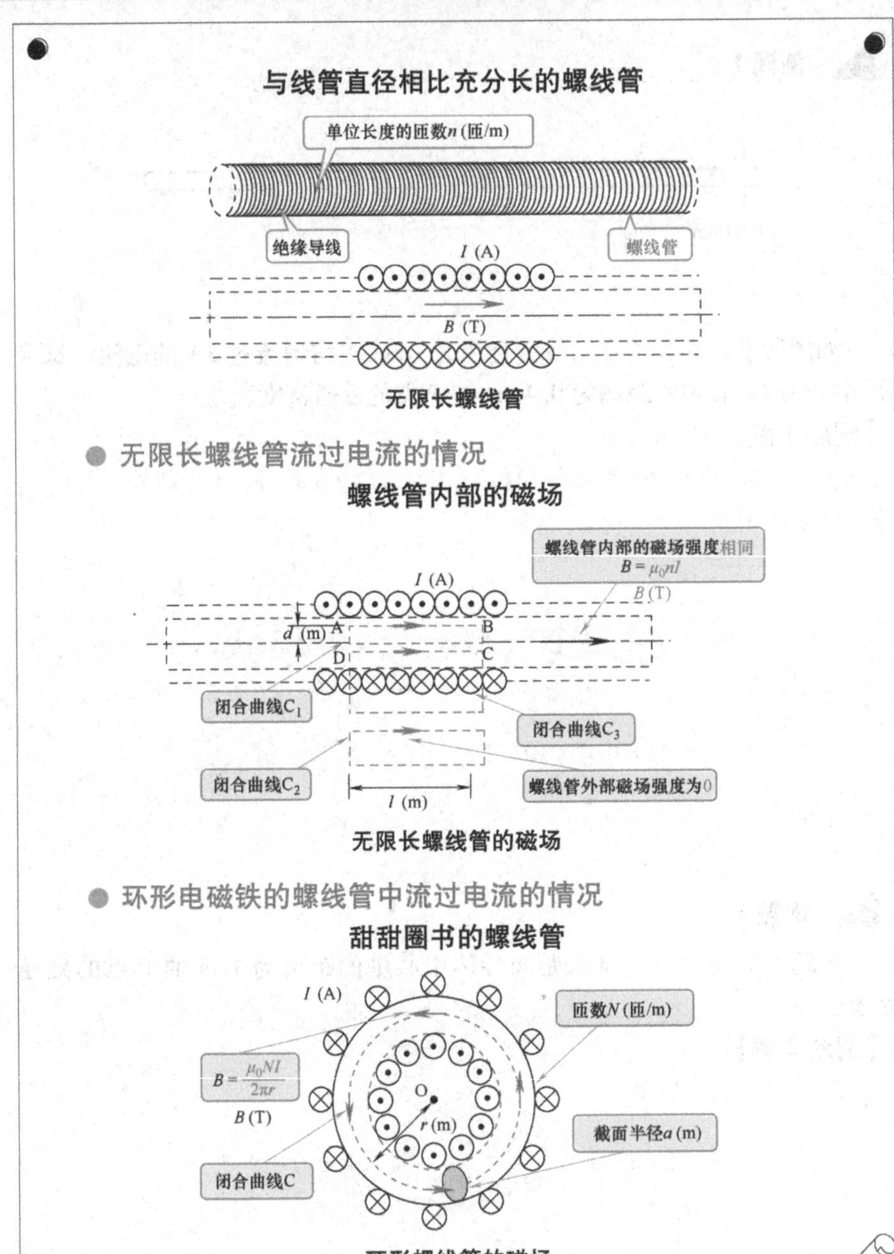

注：无限长螺线管内产生磁场的磁通密度是相同的。

[1] 无限长螺线管的磁场

无限长螺线管内部产生的磁场都相同，磁场的磁通密度为

$$B = \mu_0 nI$$

B 为无限长螺线管内部的磁场的磁通量密度（T），方向沿螺旋线圈中心轴方向

I 为线圈中流过的电流（A）

n 为单位长度的线圈包含的匝数（匝/m）

无限长螺线管外部：

$$B = 0$$

[2] 环形螺线管的磁场

环形螺线管内部产生磁场的磁通密度为

$$B = \frac{\mu_0 NI}{2\pi r}$$

B 半径为 *r*（m）的圆周上，环形螺线管的内部的磁场的磁通密度（T），其方向与螺线管环形轴线方向相同

I 为线圈流过的电流（A）

N 为线圈的匝数（匝）

r 为环形螺线管内部任意一点到中心轴的距离（m）

环形螺线管的外部：

$$B = 0$$

无限长螺线管

绝缘导线紧密排列在圆筒表面上称螺线管，当圆筒轴线方向的长度充分长时，将其称为无限长螺线管。

单位长度的无限长螺线管包含的线圈匝数为 *n*（匝/m），线圈中流过的电流为 *I*（A），圆筒的中心轴上的磁通密度是由所有流过螺线管的电流产生的磁通密度叠加合成的，其方向与圆筒的轴线方向平行。不在螺线管中心轴上的螺线管内部的其他各点，由于线圈是无限长的，所以它们的磁通密度的方向也与轴线方向平行。

在螺线管内部构建长方形的闭合曲线 ABCD，并记为 C_1，应用安培环路积分定理，由于在闭合曲线 C_1 上不存在磁链电流，因此

$$\oint_C \boldsymbol{B} \cdot \mathbf{d}\boldsymbol{l} = B_{AB}l + B_{BC}d + B_{CD}l + B_{DA}d = 0$$

由于垂直于中心轴方向的磁通密度 $B_{BC}=B_{DA}=0$，由此得

$$B_{AB}l+B_{BC}d+B_{CD}l+B_{DA}d=B_{AB}l+B_{CD}l=(B_{AB}+B_{CD})l=0$$

$$\boldsymbol{B}_{AB}=-B_{CD}=B_{DC}=B$$

因此，螺线管内部的磁通密度 B（T）的大小是相同的。

螺线管外部的长方形闭合曲线 ABCD 记为 C_2，应用安培环路积分定理，与闭合曲线 C_1 的情况相同，$\boldsymbol{B}_{AB}=-B_{CD}=B_{DC}=B$ 成立时，$d\to\infty$ 则 $B_{CD}\to 0$，此时螺线管外部的磁通密度 B（T）即为 0。

无限长螺线管内部的磁通密度为 B（T），所以安培环路积分定理适用于 ABCD 闭合曲线 C_3，即

$$\oint_C \boldsymbol{B}\cdot \mathrm{d}\boldsymbol{l}=Bl=\mu_0 nlI$$

$$\boldsymbol{B}=\mu_0 nI$$

环形螺线管

环形电磁铁的线圈匝数为 N（匝）的称环形螺线管，该线圈中流过的电流为 I（A）时，环形电流产生的磁通密度的方向与电磁铁铁心的圆柱轴线方向相同，在环形螺线管内部的磁场也为圆柱形。

环形电磁铁圆环的中心半径为 r（m）时，沿着电磁铁圆环的轴心所构成的半径的圆周为一闭合曲线 C，对此曲线应用安培环路积分定理，则环形螺线管内部的磁通密度 B（T）为

$$\oint_C \boldsymbol{B}\cdot \mathrm{d}\boldsymbol{l}=B\oint_C \mathrm{d}l=B(2\pi r)=NI$$

$$\boldsymbol{B}=\frac{\mu_0 NI}{2\pi r}$$

从环形构建螺线管外环到中心半径 r（m），在同心圆的闭合曲线 C 中不存在磁链电流，因此，环形螺线管外部的磁通密度 B（T）为 0。

例题 1

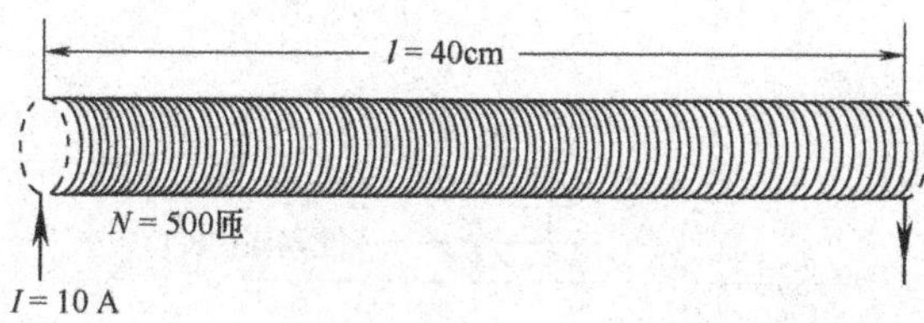

如图所示，细长的圆筒线圈长为 40cm、匝数为 500 匝，圆筒线圈中流过的电流为 10A，试求线圈内部的磁通密度。

【例题 1 解】

细长的圆筒线圈可以被看作无限长螺线管，此线圈内部的磁通密度为

$$B=\mu_0 nI=4\pi\times10^{7}\times\frac{500}{0.4}\times10\text{T}=1.57\times10^{-2}\text{T}$$

$$n=\frac{N}{l}$$

例题 2

环形的闭合铁心中心线的半径为 20cm，缠绕在其上的线圈匝数为 500 匝，线圈中流过的电流为 300mA，计算环形铁心中心线上的磁通密度。

【例题 2 解】

环形铁心中心铁心上的磁通密度为

$$B=\frac{\mu_0 NI}{2\pi r}=\frac{4\pi\times10^{-7}\times500\times0.3}{2\pi\times0.2}\text{T}=1.5\times10^{-4}\text{T}$$

第 39 课

电磁力、洛伦兹力及弗莱明左手定则

磁场中的导体流过电流时

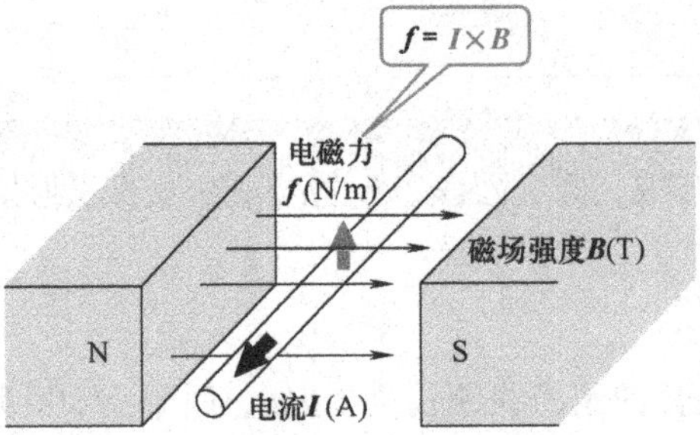

f = I×B
电磁力
f (N/m)
磁场强度B(T)
N
S
电流I (A)

电流受到的作用力

● 作用力的方向

力的方向与电流及磁场的关系

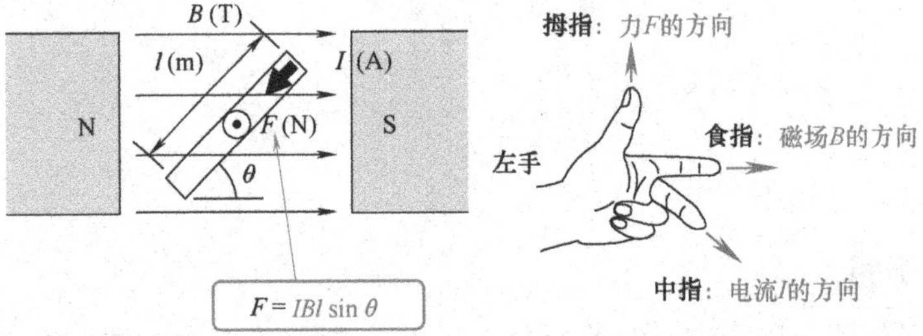

B (T)
l (m)
I (A)
N
S
F (N)
θ
F = IBl sin θ
拇指：力F的方向
食指：磁场B的方向
左手
中指：电流I的方向

弗莱明左手定则

● 磁场中的带电粒子运动的情况

力F (N)
F = qv×B
带电粒子
磁场强度B (T)
θ
电荷q (C)
粒子的速度v (m/s)

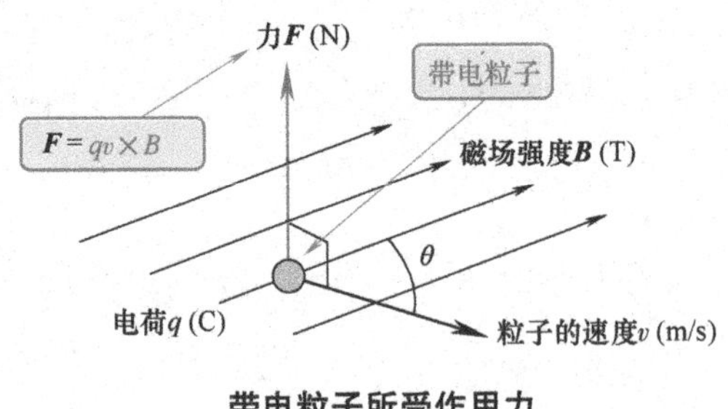

带电粒子所受作用力

注：磁场中的电流受到的作用力，用外积来表示。

[1] 电磁力

磁场中导体流过电流时，导体所受的电磁力为

$$f = I \times B$$

f 为导体所受的电磁力（N/m）

I 为导体中流过的电流（A）

B 为磁场的磁通密度（T）

导体所受的作用力 F（N）标量为

$$F = IBl\sin\theta$$

θ 为电流与磁通密度 B 的夹角（°）

l 为导体的长度（m）

[2] 带电粒子所受作用力

磁场中运动的带电粒子所受的作用力

$$F = qv \times B$$

F 为带电粒子所受作用力（洛伦兹力）（N）

q 为带电粒子的电荷（C）

v 为带电粒子的速度（m/s）

B 为磁场的磁通密度（T）

带电粒子的作用力 F（N）标量为

$$F = qvB\sin\theta$$

θ 为点电荷的移动速度与磁通密度 B 的夹角（°）

电磁力

当磁场中的导体有电流通过时，导体就会受到力的作用。这是因为，导体中的电流受到了磁场作用力，我们将这个作用力称为电磁力。

弗莱明左手定则

导体所受作用力的方向，由导体流过电流的方向和磁场的方向决定。力与电流和电磁场的方向有关，可根据弗莱明左手定则加以判定。左手的拇指、食指和中指相互垂直打开，将食指方向磁场的方向，中指指向电流的方向，则拇指所的方向即为导体所受的作用力的方向。

带电粒子所受作用力

当带电粒子在磁场中运动时，带电粒子也会受到磁场的作用力，该作用力被称为洛伦兹力。

磁场中均匀分布的磁通密度为 B（T），导体与磁场的方向垂直，并放置于磁场中。导体中自由电子的平均运动速度为 v（m/s）且与磁通密度方向垂直，当自由电子的电荷量为 $-e$（C）时，一个自由电子所受到磁场作用力 f_e（N）大小为

$$f_e = evB$$

当导体的横截面面积为 S（m^2），导体中的自由电子的体密度为 n（个/m^3）时，导体的单位长度所包含的自由电子总数为 $N = nS$（个），单位长度的导体中自由电子在磁场中所受到的力 f（N/m）的总和为

$$f = Nf_e = nSevB$$

当导体中流过的电流为 I（A）时，1s 内通过导体横截面的电量为

$$I = S\,v\,n\,e$$

因此有下式成立：

$$f = n\,S\,e\,v\,B = (S\,v\,n\,e)B = I\,B$$

电流在磁场中所受到的电磁力，实际是形成电流的自由电子的移动所受到的洛伦兹力。

带电粒子的能量

使用电压 V（V），给质量为 m（kg），电荷量为 e（C）的带电粒子加速。遵循能量守恒定律，带电粒子的速度为 v（m/s）时，有下式成立：

$$\frac{1}{2}mv^2 = eV$$

带电粒子的速度为

$$v = \sqrt{\frac{2eV}{m}}$$

1 个电子在 1V 的加速电压下的能量为 1eV。在能量的表示中，能量的单位 eV 称为电子伏特。

$$1\text{eV} = 1.60218 \times 10^{-19}\text{J}$$

例题 1

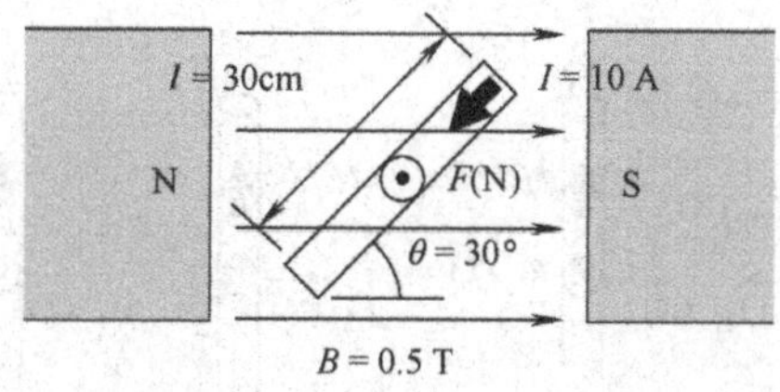

如图所示，在磁通密度为0.5T的均匀磁场中，放置一长度为30cm的直线导体并与磁场强度方向的夹角为30°，其中流过的电流为10A，试求导体所受的作用力。

【例题 1 解】

导体所受的作用力为

$$F = IBl\sin\theta = 10 \times 0.5 \times 30 \times 10^{-2} \times \frac{1}{2}\,\text{N} = 0.75\text{N}$$

sin 30°

例题 2

磁通密度为 B（T）的匀强磁场中，垂直于磁场方向射入一速度为 v（m/s）的带电粒子，试求粒子所受的作用力。如果，粒子在磁场中的运动轨迹为圆形，试求该圆周的半径。

【例题 2 解】

当粒子电量为 e（C），粒子质量为 m（kg）时，粒子所受的作用力 F（N）为

$$F = evB$$

粒子所受的洛伦兹力与粒子的运动方向是垂直的，因此粒子作圆周运动，其运动方程为

$$F = m\frac{v^2}{r} = evB$$

圆周运动半径 r（m）为

$$r\frac{mv}{eB}$$

带电粒子的这种运动是圆周运动，运动轨迹的半径被称为拉莫尔半径，质谱仪和回旋加速器都是应用了带电粒子的这种运动特性。

平行导线间的作用力

平行导线流过电流的情况

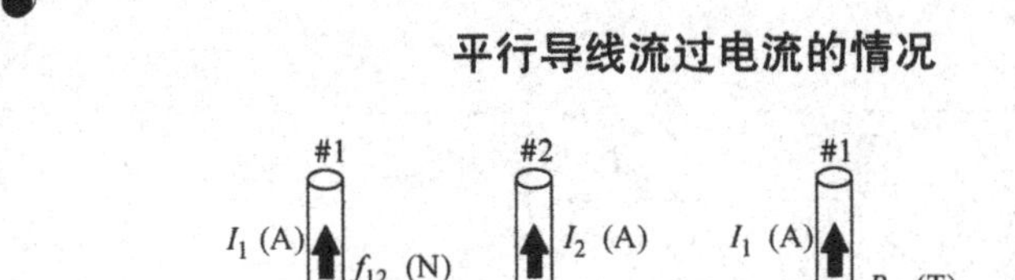

作用力的方向

● 平行导线间作用力的大小

一根导线产生的磁场

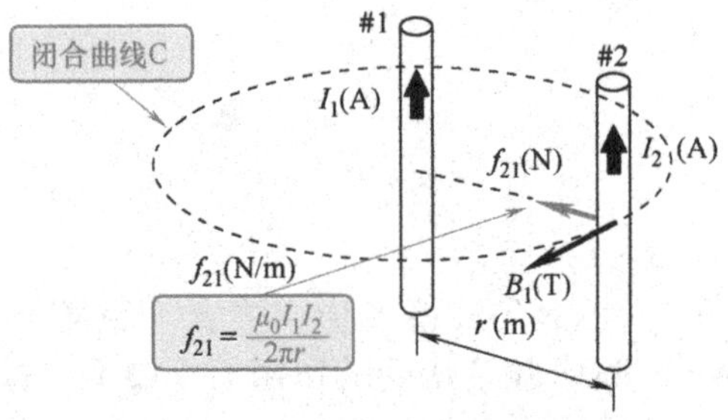

作用力的大小

● 根据力学中的基本单位定义电流的单位

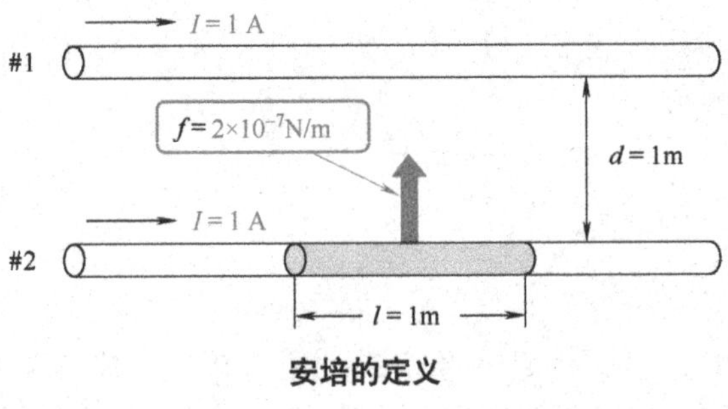

安培的定义

注：有关直线电流产生的磁场，请复习第34课的内容。

[1] **平行导线之间的作用力**

平行放置的两根直线导线中流过电流，导线之间的作用力为

$$f=\frac{\mu_0 I_1 I_2}{2\pi r}$$

f 为平行导线间的作用力（N/m），两根导线中流过的电流的方向相同时为吸引力，不同方向时为排斥力

I_1、I_2 为两根导线中流过的电流（A）

r 为平行导线间的距离（m）

可用矢量表示作用力 $\boldsymbol{f}$（N/m）为

$$\boldsymbol{f}=\frac{\mu_0}{2\pi r}\boldsymbol{I}_2\times(\boldsymbol{I}_1\times\boldsymbol{r}_0)$$

$\boldsymbol{r}_0$ 为距离 r 的单位矢量，方向为#2导线到#1 导线的方向

[2] **安培力的定义**

充分长的导线间距离 $d=1\text{m}$，平行放置，两根导线上的电流同为 I（A），导线间单位长度所受的力为

$$f=\left(\frac{4\pi\times10^{-7}}{2\pi}\right)I^2=2\times10^{-7}\text{N/m}$$

其中，电流大小为

$$I=1\text{A}$$

平行导线间的作用力

平行的两根直线导线中有电流通过时，导线之间存在着相互作用力。导线之间的作用力的方向与导线中的电流方向有关，当两根导线之间的电流方向相同时，作用力为吸引力；若电流方向相反，作用力为排斥力。

两根平行导线之间的距离为 r（m），各导线流过的电流分别为 I_1、I_2（A），#1 导线流过的 I_1（A）电流在#2 导线上的点处所产生磁场的磁通密度 B_1（T）可由安培环路积分定理得

$$B_1=\frac{\mu_0 I_1}{2\pi r}$$

磁场的方向可根据安培右手定则判定，如图中箭头所示的方向。

电流 I_2（A）流过#2 导线，其单位长度所受的作用力 f_{21}（N/m）为

$$f_{21}=I_2B_1=\frac{\mu_0I_1I_2}{2\pi r}$$

该力的方向由弗莱明左手定则判定，如图所示为朝向#1 导线的方向。

同理，#2 导线中的电流 I_2（A）产生的磁场，在流过电流为 I_1（A）#1 导线上的磁通密度为 B_2（T），由此产生的电磁力 f_{12}（N/m）的大小与上面的力大小相同，方向朝向#2 导线，两根导线之间的作用力为吸引力。

两根导线流过的电流的方向相反时，导线之间的作用力为排斥力，可以根据弗莱明左手定则加以判定。

安培的定义

作为电流的单位安培，是依据平行导线之间的作用力的大小加以定义的，此定义为，“真空中，在两根无限长平行直导线，以及较小的圆形截面面积可以忽略不计，相互之间的距离为 1m。在这两根导线中通以相同大小、方向相同的恒定电流，若 1m 导线上所受到的吸引力为 2×10^{-7}N 时，则导线中的电流大小为 1A”。其表达式为

$$f=\frac{\mu_0I_1I_2}{2\pi r}=\frac{4\pi\times10^{-7}\times1\times1}{2\times\pi\times1}\text{N}=2\times10^{-7}\text{N}$$

此定义是在电流为直流电流的基础定义的计量单位标准。根据“交流电流的大小为其一个周期内的瞬时电流值的方均根”，则关于交流电流的计量单位标准也同时被定义。

电流的安培值可采用电流表准确的测量。

例题1

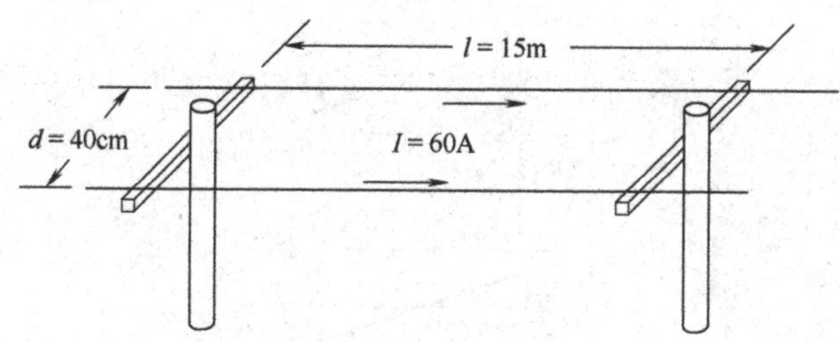

如图所示，空气中有间隔为40cm、长度为15m的平行分开的两根导线。导线放置在支架上，导线中通过的电流均为60A，试求导线间的作用力的大小。

【例题1解】

线间的作用力为

$$F = fl = \frac{\mu_0 I_1 I_2}{2\pi d} \times l = \frac{4\pi \times 10^{-7} \times 60^2}{2\pi \times 0.4} \times 15\ \text{N} = 2.7 \times 10^{-2}\text{N}$$

（60^2 对应 I，0.4 对应 d，15 对应 l）

例题2

间隔10cm充分长的两根平行导线，导线流过的电流分别为10A和20A，且电流的方向相反，试求导线之间的作用力。

【例题2解】

单位长度的导线之间的作用力为

$$f = \frac{\mu_0 I_1 I_2}{2\pi r} = \frac{4\pi \times 10^{-7} \times 10 \times 20}{2\pi \times 0.1}\text{N/m} = 4 \times 10^{-4}\text{N/m}\ (\text{排斥力})$$

第41课

矩形电流回路的作用力

矩形线圈流过电流的情况

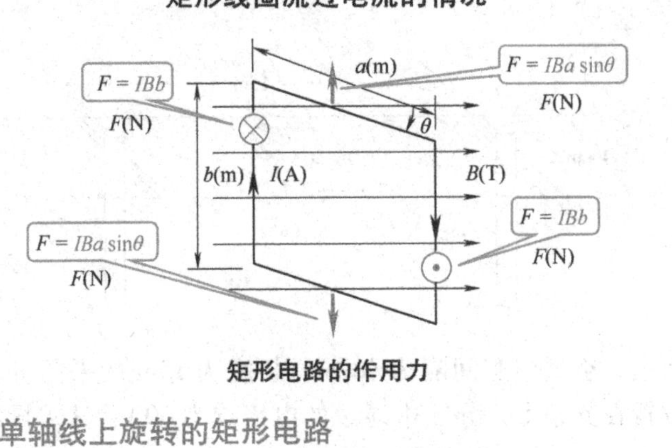

矩形电路的作用力

● 在单轴线上旋转的矩形电路

矩形电路受到的旋转力

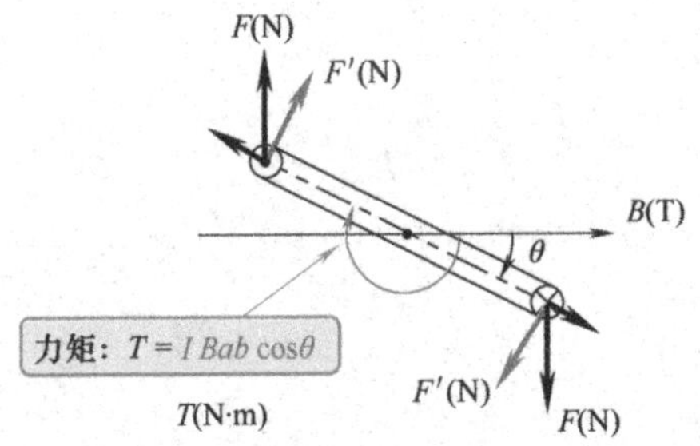

矩形电路所受的力矩

● 持续旋转的矩形电路

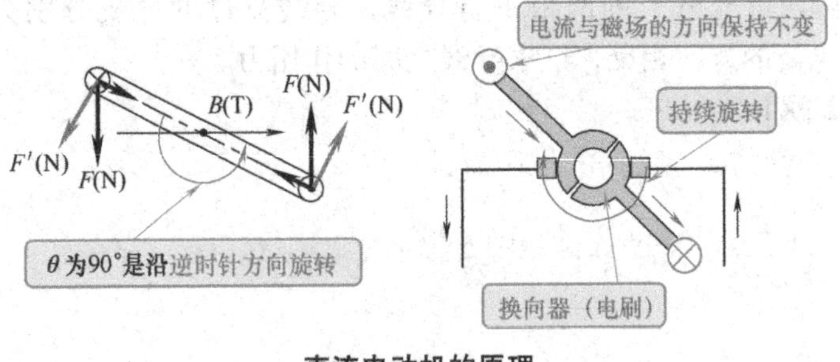

直流电动机的原理

注：通过电磁作用力将电能转化为机械能，这就是电动机的原理。

[1] 矩形电流回路的作用力

磁场中放置矩形电流回路时，矩形电流回路所受到的作用力为

$$F_b = IBb$$

F_b 为与轴线平行的作用力（N）。
I 为矩形线圈流过的电流（A）
B 为磁场的磁通密度（T）
b 为与矩形线圈轴线平行的边长度（m）

$$F_a = IBa\sin\theta$$

F_a 为与轴线垂直的作用力（N）
a 为与矩形线圈的轴线垂直的边长（m）
θ 为线圈平面与磁通密度方向的夹角（°）

[2] 矩形电流回路所受到的力矩

中心距离为 a 的对边绕轴旋转矩形回路所受的力为

$$T = IBab\cos\theta = IBS\cos\theta = mB\cos\theta$$

T 为矩形回路受到的力矩（N·m）
I 为矩形线圈流过的电流（A）
B 为磁场的磁通密度（T）
a 为与矩形线圈轴线垂直的边长（m）
b 为与矩形线圈轴线平行的边长（m）
θ 为线圈平面与磁通密度方向的夹角（°）
S 为线圈平面面积（m^2）（$S=ab$）
m 为电磁转动惯量（A·m）（$m=IS$）

线圈平面与磁通密度方向平行放置的情况（$\theta=0$）

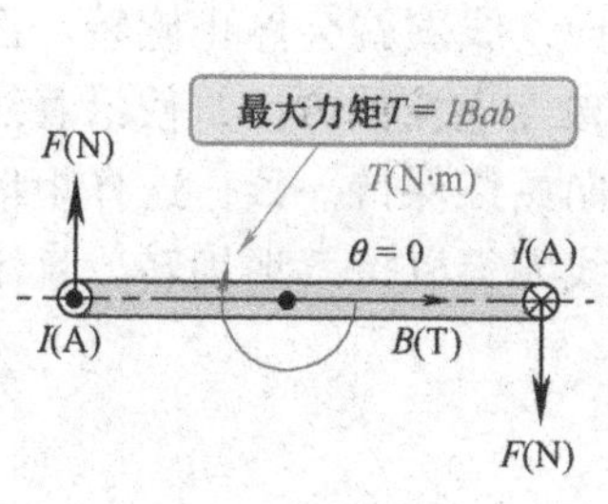

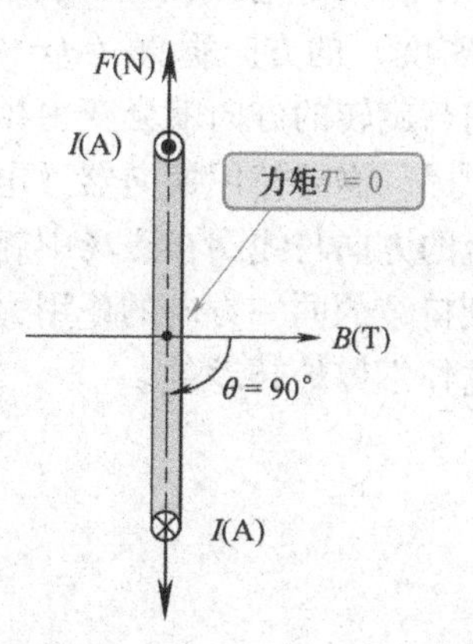

矩形电流回路的作用力

磁场中放置的长方形线圈（矩形线圈），矩形线圈流过的电流为 I（A），矩形线圈与磁场垂直方向的两个边受到的电磁作用力为 F（N），磁场的磁通密度为 B（T），与磁场垂直方向的边的长度为 b（m）时：

$$F = IBb$$

线圈的两个相对的边所受作用力的方向是不同的，两个力的方向相反。相对边上的这两个作用力，会使得矩形线圈围绕着线圈的中心轴旋转，通常将这个作用力采用转矩来描述。

磁场的方向与线圈平面的夹角为 θ 时，线圈转动时所受到的力为 F'（N）。此时，$F' = F\cos\theta$，线圈的转矩 T（N · m）为

$$T = F'\left(\frac{a}{2}\right) \times 2 = (F\cos\theta)\,a = IBab\cos\theta$$

线圈的匝数为 N（匝）时的转矩 T（N · m）为

$$T = IBabN\cos\theta$$

直流电动机的原理

矩形线圈中电流沿一个方向流过的情况下，线圈平面旋转到与磁场（磁通密度）的方向垂直（$\theta = 90°$或为 $270°$）的时候，矩形线圈受到的力的方向与旋转的方向就会变为相反的方向，线圈就会停止旋转。正是由于这个原因，需要使用换向器（电刷）来改变电流的方向，使沿着线圈流动的电流的方向与线圈在磁场中旋转的方向始终保持一致，这样矩形线圈才能受到持续的同一方向的作用力，使得线圈得以持续地旋转，直流电动机就是这样不停地转动的。

例题 1

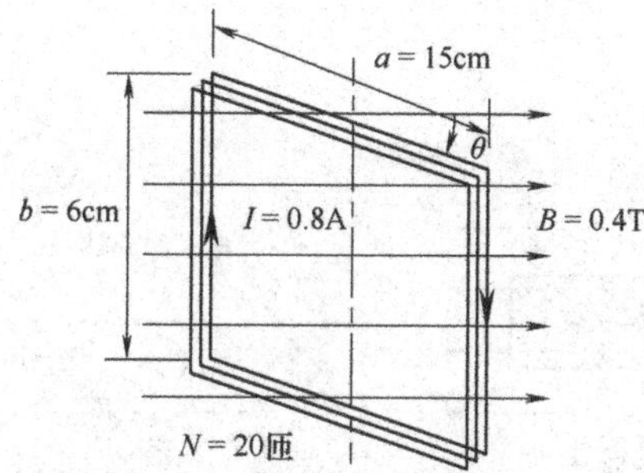

如上图所示，磁通密度为 0.4T 的匀强磁场中，有长 15cm、宽 6cm、20 匝的长方形线圈，线圈中流过的直流电流为 0.8A，试求线圈上产生的转矩的最大值。

【例题 1 解】

线圈产生的转矩 T（N·m）为

$$T = IBabN\cos\theta = 0.8 \times 0.4 \times 0.15 \times 0.06 \times 20\cos\theta = 0.0576\cos\theta$$

当线圈处在与磁场磁力线平行的位置（$\theta = 0$）时，转矩的最大值为

$$T_{\max} = 5.76 \times 10^{-2}\cos 0 = 5.76 \times 10^{-2}\text{N} \cdot \text{m}$$

$\theta = 0$

例题 2

半径为 10cm，匝数为 15 匝的圆形线圈，在磁通密度为 0.2T 的磁场中，线圈围绕其中心轴线可以自由旋转，试求该线圈中流过电流为 1A 时的最大转矩。

【例题 2 解】

线圈的截面面积 $S = \pi r^3 = 3.14 \times 10^{-2}\text{m}^2$，线圈的电磁转动惯量可表示为

$$m = IS = 1 \times 3.14 \times 10^{-2}\text{A} \cdot \text{m}^2 = 3.14 \times 10^{-2}\text{A} \cdot \text{m}^2$$

线圈所受到的转矩最大值为

$$T_{\max} = mBN = 3.14 \times 10^{-2} \times 0.2 \times 15\text{N} \cdot \text{m} = 9.42 \times 10^{-2}\text{N} \cdot \text{m}$$

第 *42* 课
磁性体与磁感应

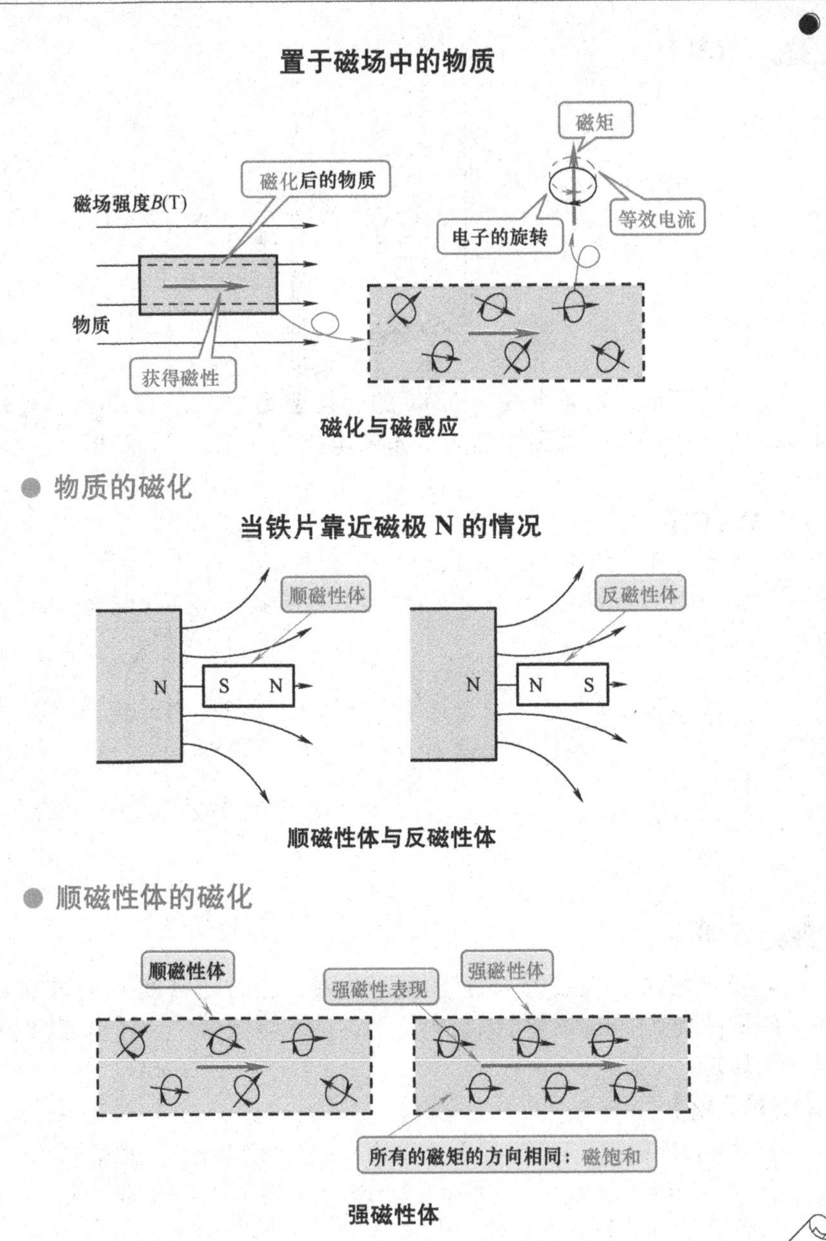

注：通过铁片挨近磁铁时所产生的现象，理解物质的磁化。

[1] 磁性体

磁场中放置此物体（磁性体）会发生磁感应，即磁化

顺磁性体：物质中磁化的磁感应方向与磁场方向相同，大小与磁场强度成正比。通常金属呈弱顺磁性，磁化强度与温度无关。

反磁性体：物质中磁化的磁感应方向与磁场的方向相反。绝缘体和有机体通常表现为弱的反磁性，超导体内部磁通密度为0所以为完全反磁体。

强磁性体：顺磁性体中，磁化性能强的物质，如铁、镍、钴，以及这些金属的化合物（合金）。

[2] 相对磁导率

相对磁导率μ_r为，物质的磁导率除以真空的磁导率（$4\pi\times10^{-7}$）得到的值为

$\mu_r>1$：顺磁性体

$\mu_r<1$：反磁性体

$\mu_r\gg1$：强磁性体

物质的相对磁导率

物质		相对磁导率
反磁性体	铋	0.999834
反磁性体	水银（汞）	0.99997
反磁性体	银	0.9999736
反磁性体	铅	0.999983
反磁性体	铜	0.9999906
反磁性体	水	0.9999912
反磁性体	氢	0.9999999979

物质			相对磁导率
（真空）			1
顺磁性体		空气	1.000000365
顺磁性体		铝	1.000214
顺磁性体	强磁性体	钴	250
顺磁性体	强磁性体	镍	600
顺磁性体	强磁性体	钢	1000
顺磁性体	强磁性体	铁	180000

磁感应

磁场中放置的物体呈现磁性的现象称为磁感应，能够发生磁感应现象的物体称为磁性体。

当磁铁的磁极与铁片接近的时候，铁片会被磁铁吸引。由于磁化作用，铁片也获得了磁性，铁片靠近磁铁 N 极的一端为 S 极极性，距离磁铁较远的一端为 N 极极性。由于磁感应而出现在铁片一端的 S 极与磁铁的 N 极之间具有吸引力，铁片因此被吸引。

磁化作用

物质由原子核和电子组成，电子在原子核周围的轨道上运动的同时还进行自转运动。这两种电子的旋转运动就可等价地看作环形电流，由该环形电流产生磁矩。由磁化作用产生的物质磁性根据其磁矩之间的相互作用和对于外部磁场的取向来确定。

在顺磁性体中，磁矩之间的相互作用很弱，由于热的扰乱，磁矩有各个方向而不呈现磁性。若从外部加磁场，则磁矩朝向磁场方向，作为整体，朝向外部磁场方向进行磁化。

在抗磁性体中，各个分子的电子自转会形成两个极性相反的磁矩，磁矩相互抵消，整体分子的磁矩为 0，因而对外不呈现磁性。若加上外部磁场，则电子上所加洛伦兹力会改变电子的轨道运动，刚好产生与磁场相反方向的磁矩，从而呈现与外部磁场相反方向的磁性。

在强磁性体中，磁矩之间的相互作用比较强，相互平行排列。物体产生强的磁矩，从而呈现强的磁性。若磁矩都朝向一个方向，则成为磁矩不能再增加的状态，称该状态为磁饱和状态。

例题 1

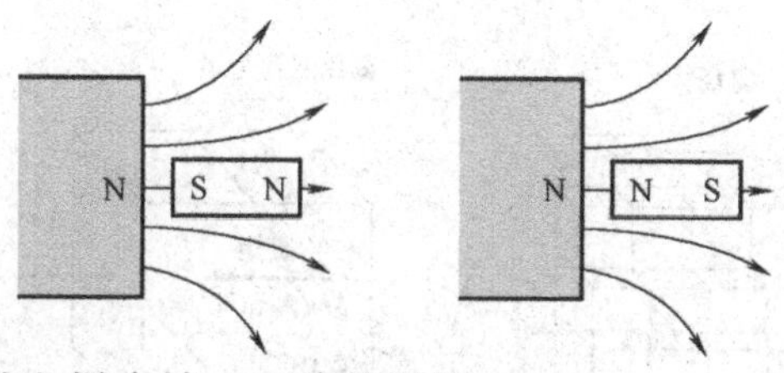

在下面文字的空栏中填入正确的词语。

如图所示，当物质放置于磁场中时，物质一般会被磁化。如果物质磁化的方向与磁场的方向相同，则此物质为 (A) 。如果物质磁化的方向与磁场的方向相反，则此物质为 (B) 。表示物质磁化性质的物理量为 (C) μ_r。$\mu_r>1$ 的物质为 (A) ，$\mu_r<1$ 的物质为 (B) 。另外，在 (A) 中，$\mu_r\gg1$ 的特别容易磁化的物质为 (D) 。

【例题 1 解】

（A）（顺磁性体）　　（B）（反磁性体）

（C）（相对磁导率）　　（D）（强磁性体）

例题 2

在以下关于磁性和磁性体的叙述中，试找出有错误的部分。

（1）在空气或水中的相对磁导率均接近于 1，它们均为顺磁体。

（2）处于磁场中的物质由于磁化而获得了磁性，这种现象被称为磁感应。

（3）物质在磁场中所产生的磁化的情况是有差异的。如果，物质磁化后所呈现的磁场的方向与外部磁场的方向相同，则其相对磁导率大于 0，与外部磁场方向相反的物质的磁导率小于 0。

（4）能够被强磁化的物质称为铁磁性体，如铁、铝等物质。

【例题 2 解】

（1）水为反磁性体　（3）顺磁性体 $\mu_r>1$，反磁性体 $\mu_r<1$

（4）铝为顺磁性体

第 43 课

磁化强度、磁场强度与磁导率

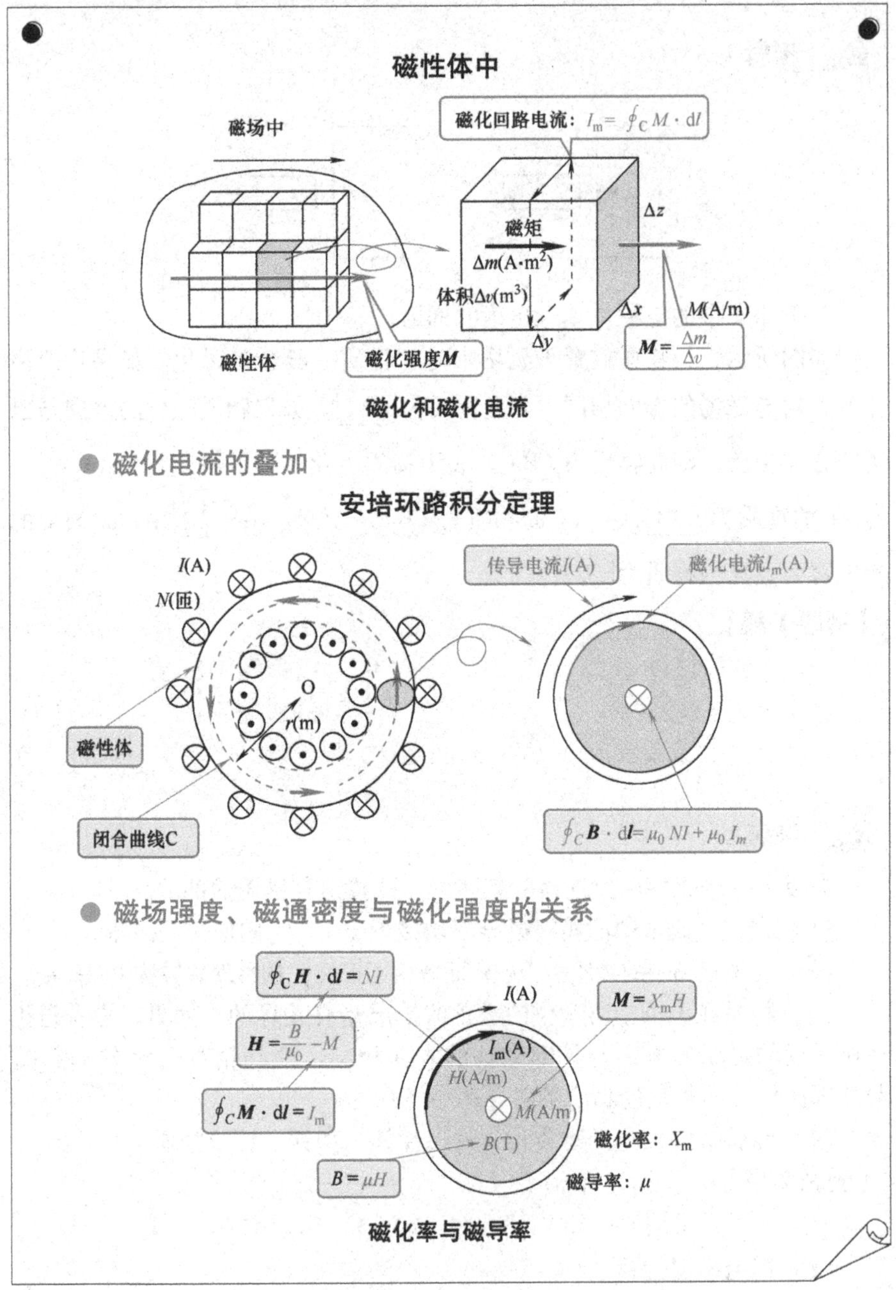

注：关于安培环路积分定理，请参照第 36 课的内容。

[1] 磁化强度定义

物质被磁化时的磁化强度为

$$\boldsymbol{M} = \frac{\Delta \boldsymbol{m}}{\Delta v}$$

$\boldsymbol{M}$ 为磁化强度（A/m）

Δv 为磁化物质中微小单元的体积（m^3）

$\Delta \boldsymbol{m}$ 为微小部分中磁化电流的磁矩（A/m^2）

磁化电流 I_m（A）为

$$I_\text{m} = \oint_C M \text{d}l$$

$\boldsymbol{M}$ 为闭合曲线 C 上任意一点的磁化强度（A/m）

$\text{d}\boldsymbol{l}$ 为闭合曲线 C 上的任意一点的微小单元的切线向量。

[2] 磁性体中的安培定理

磁性体中的安培环路积分定理为

$$\oint_C \boldsymbol{B} \cdot \text{d}\boldsymbol{l} = \mu_0 \sum_{i=1}^{n} I_i + \mu_0 I_\text{m}$$

$$= \mu_0 \sum I_i + \mu_0 \oint_C M \cdot \text{d}l$$

$\boldsymbol{B}$ 为磁性体中的磁通量密度

I_i 为穿过闭合曲线的传导电流

与磁场相关的安培环路积分定理为

$$\oint_C H \cdot \text{d}l = \sum_{i=1}^{n} I_i$$

$\boldsymbol{H}$ 为闭合曲线 C 上的任意一点的磁场强度（A/m）

$$\left(= \frac{B}{\mu_0} - M \right)$$

其切线积分表示为

$$\oint_C H_\text{s} \text{d}l = \sum_{i=1}^{n} I_i$$

H_s 为闭合曲线 C 上的任意一点的磁场强度的切线分量（A/m）

[3] 磁场的磁通密度与磁化的关系

磁化强度 M（A/m）为

$$\boldsymbol{M} = \chi_\text{m} H$$

χ_m 为磁化率

磁性体中的磁通密度 B（T）为

$$\boldsymbol{B} = \mu_0 (1 + \chi_\text{m}) H = \mu_0 \mu_\text{r} H = \mu H$$

μ 为磁导率（$= \mu_0 \mu_\text{r}$）

μ_r 为相对磁导率（$= 1 + \chi_\text{m}$）

磁化强度

物质磁化过程中的磁化强度，由单位体积内的磁矩表示，方向与磁矩相同。

从磁性体的微小部分的集合来考虑，磁性体中同时被磁化的微小部分中的磁化回路电流彼此可能相互抵销，磁性体表面流过的电流只有磁化回路电流，与闭合曲线 C 环形相交链的磁性体表面的磁化回路电流 I_m（A）与磁化强度 M（A/m）之间有以下关系成立。

$$\boldsymbol{I}_{\mathrm{m}} = \oint_C \boldsymbol{M} \cdot \mathrm{d}\boldsymbol{l}$$

磁性体中的安培环路积分定理

对于磁性体中的安培环路积分定理，传导电流与磁化电流是相互叠加得

$$\oint_C \boldsymbol{B} \cdot \mathrm{d}\boldsymbol{l} = \mu_0 \sum_{i=1}^{n} I_i + \mu_0 I_{0t} = \mu_0 \sum I_i + \mu_0 \oint_C \boldsymbol{M} \cdot \mathrm{d}\boldsymbol{l}$$

由磁场强度 $H = \dfrac{B}{\mu_0} - M$ 可得

$$\oint_C \boldsymbol{H} \cdot \mathrm{d}\boldsymbol{l} = \oint\left(\frac{B}{\mu_0} - M\right) \cdot \mathrm{d}l = \mu_0 \sum_{i=1}^{n} I_i$$

以上即为磁场中的安培环路积分定理。

磁场和磁通密度与磁化的关系

磁化强度 M（A/m）与磁性体所处的磁场的磁场强度 H（A/m）成正比，该比例系数被称为磁化率 χ_m。其关系式如下：

$$\boldsymbol{M} = \chi_m H$$

磁场强度、磁通密度与磁化强度的关系可由下式表示为

$$\boldsymbol{B} = \mu_0 (H + M) = \mu_0 (1 + \chi_m) H = \mu_0 \mu_r H = \mu H$$

例题 1

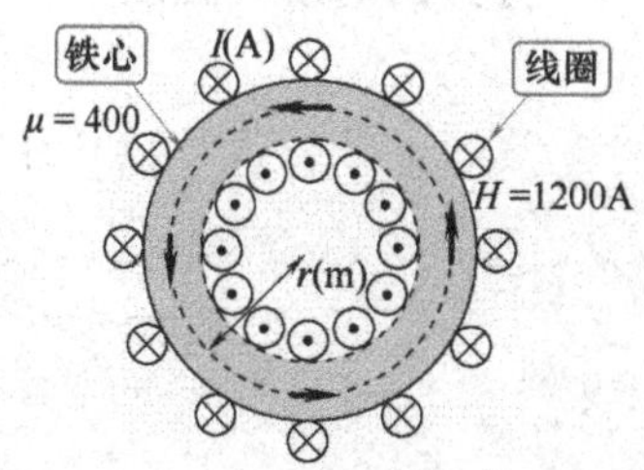

如图所示，相对磁导率 $\mu = 400$ 的铁心被线圈缠绕组成环形螺线管，铁心中的磁场强度为 1200A/m 时，试求铁心中的磁通密度、磁化强度以及磁化率。假设线圈的半径与铁心的中心线半径相比非常小。

【例题 1 解】

铁心横截面中通过的磁场均匀分布，磁通密度为

$$B = \mu_0 \mu_r H = 4\pi \times 10^{-7} \times \underbrace{400}_{\mu_r} \times \underbrace{1200}_{H} = 0.603\text{T}$$

磁化强度为

$$M = \frac{B}{\mu_0} - H = \frac{\overbrace{0.603}^{B}}{4\pi \times 10^{-7}} - 1200 = 4.79 \times 10^5 \text{A/m}$$

磁化率为：

$$\chi_m = \frac{M}{H} = \frac{\overbrace{4.79 \times 10^5}^{M}}{1200} = 399 (= \mu_r - 1)$$

例题 2

铁心上缠绕 1200 匝线圈组成环形螺线管，线圈中的电流为 40mA，螺线管的半径为 5cm 时，试求环形螺线管中心线上的磁场强度。

【例题 2 解】

以环形螺线管的中心轴线为闭合曲线 C，使用磁场中安培环路积分定理，中心线上的磁场强度为

$$H = \frac{NI}{2\pi r} = \frac{1200 \times 40 \times 10^{-3}}{2 \times 3.14 \times 5 \times 10^{-2}} \text{A/m} = 1.53 \times 10^2 (\text{A/m})$$

第 44 课
磁性体分界面的边界条件

分界面的磁场强度

关于磁场强度的边界条件

● 关于磁通密度的高斯定理

分界面的磁通密度

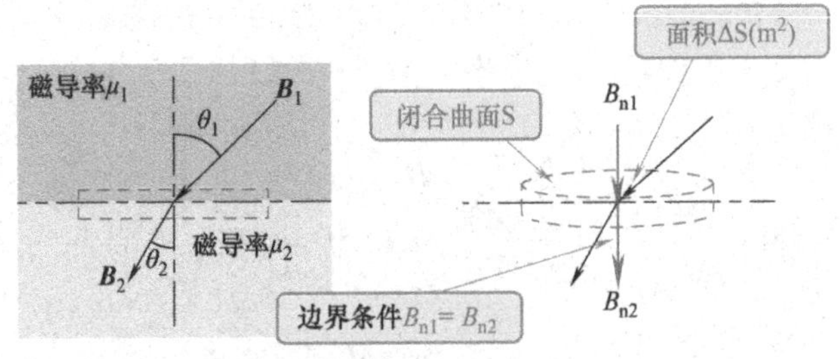

关于磁通密度的边界条件

● 磁性体施加均匀磁场的情况

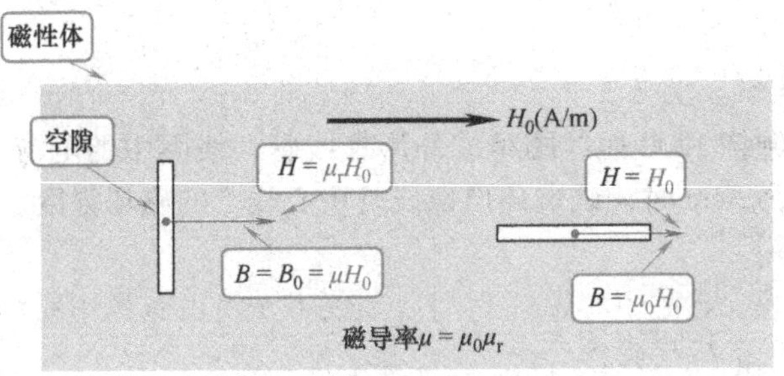

磁性体中存在空隙的情况

注：参见第 33 课，学习有关于磁通密度的高斯定理。

[1] 关于磁场的边界条件

两种不同的磁性体的边界面处磁场的边界条件为

$$H_{t1}=H_{t2}$$

H_{t1}、H_{t2}为两种磁性体各自的磁场强度的切线分量（A/m）

[2] 关于磁通密度的边界条件

两种不同的磁性体的边界面处磁通密度的边界条件为

$B_{n1}=B_{n2}$为两种磁性体各自的磁感应强度的法线分量（T）

[3] 磁性体边界面的折射定理

两种不同的磁性体的边界面处的磁通密度折射定理为

$$\frac{\tan\theta_1}{\tan\theta_2}=\frac{\mu_1}{\mu_2}$$

θ_1为磁场的磁通密度进入边界面的入射角

θ_2为磁场的磁通密度与边界面的折射角

μ_1、μ_2为两种磁性体各自的磁导率（H/m）

不同磁性体边界面的磁力线与磁通

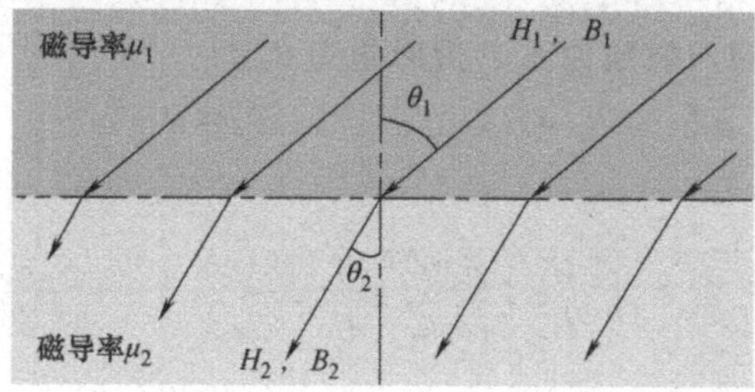

不同磁性体的边界面

两种不同的磁性体的边界面处，磁力线与磁通密度一般均会发生折射。

边界面的磁场强度

假设在两种不同的磁性体的分界面处有非常窄的长方形闭合曲线 C，在此线路上使用安培环路积分定理，由于分界面处没有电流通过，因此：

$$-H_{t1}l + H_{t2}l = 0$$

亦即，$H_{t1} = H_{t2}$（A/m）成立。因此，分界面处磁场的切线分量是连续的。

分界面的磁通密度

将包含两个不同的磁性体的分界面非常薄的圆柱记作闭合曲面 S，关于此圆柱面的磁通密度，应用高斯定理得

$$\oint_C B_n \mathrm{d}S = -B_{n1}\Delta S + B_{n2}\Delta S = 0$$

亦即记 $B_{n1} = B_{n2}$（T）成立。因此，分界面的磁通密度的法线分量是连续的。

磁力线与磁通密度的折射定理

磁导率分别为 μ_1、μ_2（H/m）的两种不同的磁性体的分界面处，磁通密度与磁场强度的入射角为 θ_1、折射角为 θ_2 时：

$$B_1\cos\theta_1 = B_2\cos\theta_2 \quad H_1\sin\theta_1 = H_2\sin\theta_2$$

由上式得到：

$$\frac{H_1}{B_1}\cdot\frac{\sin\theta_1}{\cos\theta_1} = \frac{H_2}{B_2}\cdot\frac{\sin\theta_2}{\cos\theta_2}$$

$$\frac{H_1}{B_1}\tan\theta_1 = \frac{H_2}{B_2}\tan\theta_2$$

由 $B_1 = \mu_1 H_1$，$B_2 = \mu_2 H_2$ 得

$$\frac{\tan\theta_1}{\mu_1} = \frac{\tan\theta_2}{\mu_2}$$

$$\frac{\tan\theta_1}{\tan\theta_2} = \frac{\mu_1}{\mu_2}$$

将以上关系式称为磁力线与磁通的折射法则。

例题 1

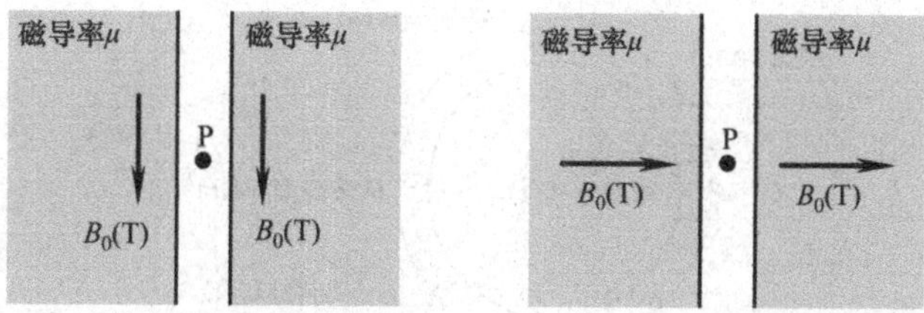

如上图所示，表面充分大、磁导率 μ 的两个磁性体平行放置，中间的间隔部分为空气，磁性体中的磁通密度 B_0（T）与其表面平行，试求空气中的 P 点的磁场强度和磁通密度。

【例题 1 解】

不同的磁性体分界面处的磁场强度的切线分量是连续的，因此 P 点的磁场强度为

$$H = H_0 = \frac{B_0}{\mu}$$

所以磁通密度为

$$B = \mu_0 H = \mu_0 \frac{B_0}{\mu} = \frac{\mu_0}{\mu} \cdot B_0$$

例题 2

例题 1 中，磁性体中的磁通密度为 B_0（T），且与表面垂直，试求空气中 P 点的磁场强度和磁通密度。

【例题 2 解】

不同的磁性体分界面处磁通密度的法线分量是连续的，P 点的磁通密度 B（T）为

$$B = B_0$$

因此磁场强度 H（A/m）为

$$H = \frac{B}{\mu_0} = \frac{B_0}{\mu_0}$$

第 45 课
磁路

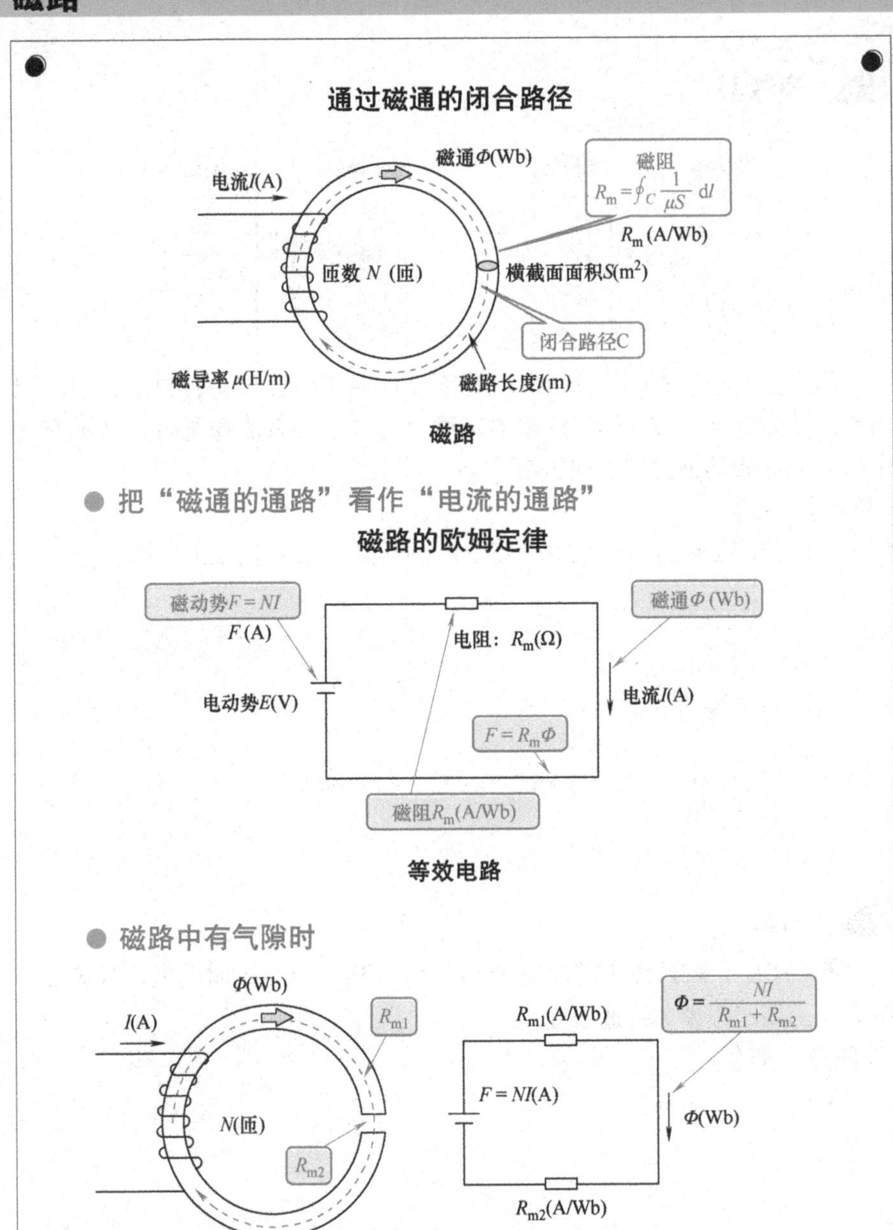

磁路

等效电路

有气隙的磁路

注：作为电流的通路的电路与磁通的通路的磁路的对比。

[1] 磁阻

磁通通过的闭合路径（磁路）C 的磁阻为

$$R_m = \oint_C \frac{1}{\mu S} dl$$

R_m 为磁阻（A/Wb）

S 为磁路任意点的横截面面积（m^2）

dl 为磁路的微小线段（m）

具有环形铁心的无端螺线管的磁阻（A/Wb）

$$R_m = \frac{l}{\mu S}$$

S 为环形铁心的横截面面积（m^2）

l 为环形铁心的磁路的长度（m）

[2] 磁路的欧姆定律

磁路的欧姆定律为

$$F = R_m \Phi$$

F 为磁动势（A）

R_m 为磁路的磁阻（A/Wb）

Φ 为磁路的磁通（Wb）

具有环形铁心的无端螺线管的磁动势（A）

$$F = NI$$

I 为通过线圈的电流（A）

N 为线圈的匝数（匝）

磁路与电路的对比

磁路	电路
磁动势　F（A）	电动势　E（V）
磁通　Φ（Wb）	电流　I（A）
磁阻　R_m（Wb/A）	电阻 R（Ω）
磁导率　μ（H/m）	电导率　κ（S/m）

磁路

若电流 I（A）流过绕在环形铁心上的线圈，则在铁心中会产生磁通 Φ（Wb），该磁通闭合路径称之为磁通回路，通常称之为磁路。

磁路的欧姆定理

设线圈的匝数为 N（匝）、磁路的长度为 l（m）、铁心中的磁场强度为 H（A/m），则根据安培环路积分法，则有

$$\oint_C H \cdot \mathrm{d}l = \oint_C H_{\mathrm{d}} l = NI$$

由于磁通密度等于单位面积上的磁通，若设磁通密度为 B（T）、磁路的横截面面积为 S（m^2），则磁通 Φ（Wb）为

$$\Phi = BS = \mu HS$$

铁心中的磁场强度（A/m）为

$$H = \frac{\Phi}{\mu S}$$

因此有

$$\oint_C H\mathrm{d}l = \oint_C \Phi \frac{1}{\mu S}\mathrm{d}l = NI$$

若设磁路中的磁动势为 $F = NI$ 和磁阻为 $R_{\mathrm{m}} = \oint_C (1/\mu S)\,\mathrm{d}l$ 则有

$$F = R_{\mathrm{m}}\Phi$$

上式称为磁路的欧姆定理。

磁路与电路的对比可用等效电路表示，磁路与电路一样符合欧姆定理和基尔霍夫定律。

磁路与电路的不同点

在实际的磁路与电路中有以下的不同点：

（1）漏磁通：相对于导体与绝缘体的导电率之比为 10^{20} 以上，铁心等强磁性体与空气的磁导率之比为 $10^2 \sim 10^4$，因此实际的磁路均存在磁通泄漏的问题。在带有气隙的磁路中，由于气隙部分的磁通的扩散，使得漏磁通变大。

（2）磁动势和磁通的非线性：相对于只要温度不变，电路中的电导率是恒定的；强磁性体的磁导率不是恒定的，因此无法得到与磁动势成正比的磁通。

（3）损耗：即使磁通通过磁阻，也不会像电路中的电流那样会产生产生焦耳热损耗，磁路中会产生后面要叙述的磁滞损耗。

例题 1

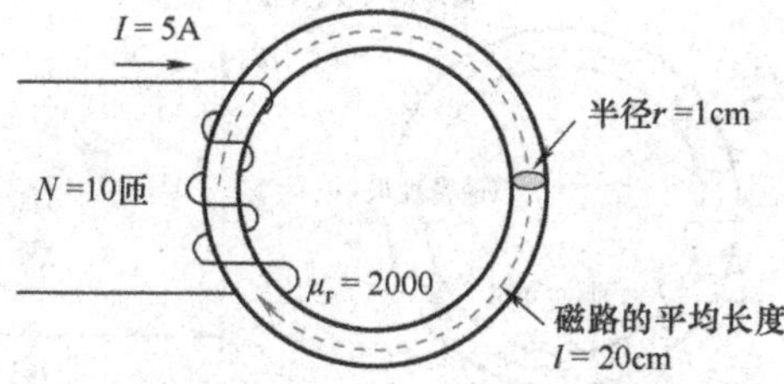

如上图所示，有一相对磁导率为 2000、磁路的平均长度为 20cm、铁心截面的半径为 1cm 的环形铁心，在铁心上缠绕 10 匝的线圈，流过的电流为 5A，假设没有漏磁通，试求这个环形螺线管内的磁通。

【例题 1 解】

环形螺线管内的磁通为

$$\Phi = \frac{F}{R_m} = \frac{NI}{\dfrac{l}{\mu_0\mu_r S}}$$

$F = NI$　　$\mu_0\mu_r$　　S

$$= \frac{10 \times 5 \times 4 \times 3.14 \times 10^{-7} \times 2000 \times 3.14 \times (1 \times 10^{-2})^2}{20 \times 10^{-2}}\text{Wb}$$

l

$$= 1.97 \times 10^{-4}\text{Wb}$$

例题 2

依例题 1 图示，环形铁心有 2mm 气隙，但气隙非常小，铁心和气隙没有漏磁通，试求此时环形螺线管的磁阻。

【例题 2 解】

有气隙的环形螺线管的磁阻为

$$R_m = \frac{l_1}{\mu_0\mu_r S} + \frac{l_2}{\mu_0 S} = \frac{\dfrac{l_1}{\mu_r} + l_2}{\mu_0 S} = \frac{\dfrac{20 \times 10^{-2}}{2000} + 2 \times 10^{-3}}{4 \times 3.14 \times 10^{-7} \times 3.14 \times (1 \times 10^{-2})^2}\text{A/Wb}$$

$$= 5.32 \times 10^6\ \text{A/Wb}$$

第46课

强磁性体的磁化

铁等强磁性体的磁化

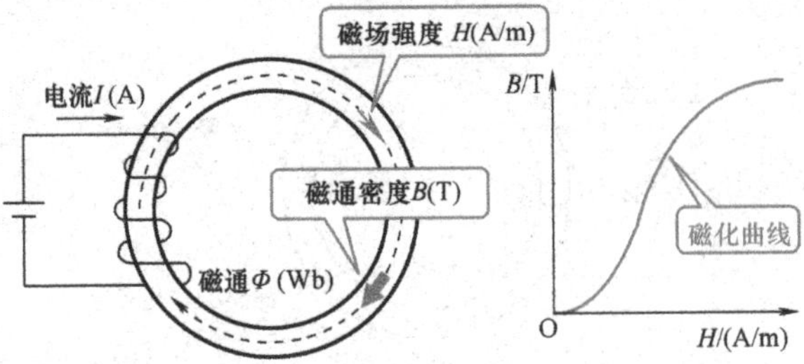

磁场强度 H(A/m)
电流I (A)
磁通密度B(T)
磁通Φ (Wb)
B/T
磁化曲线
O
H/(A/m)

磁化曲线

● 磁化过程的磁通密度变化

磁场与磁通密度的关系

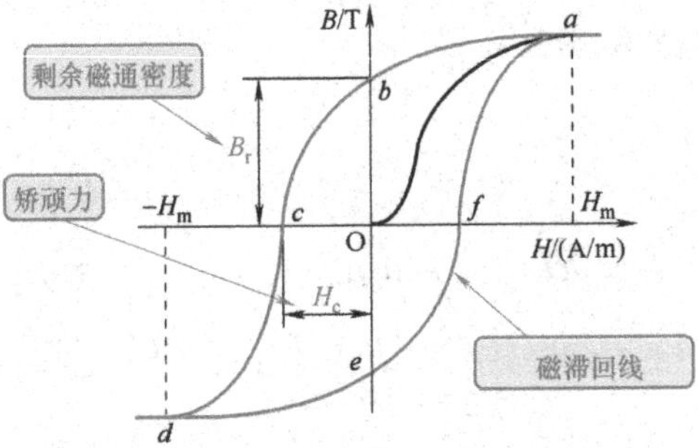

B/T
a
剩余磁通密度
b
Br
矫顽力
−Hm
c
f
Hm
O
H/(A/m)
Hc
e
磁滞回线
d

磁滞回线

● 不同种类强磁性体的磁滞回线

B/T
硬磁性体 (Hc大)为
永磁体
Br
−Hm
O
Hm
H/(A/m)
Hc
软磁性体 (Hc小)为
电磁体

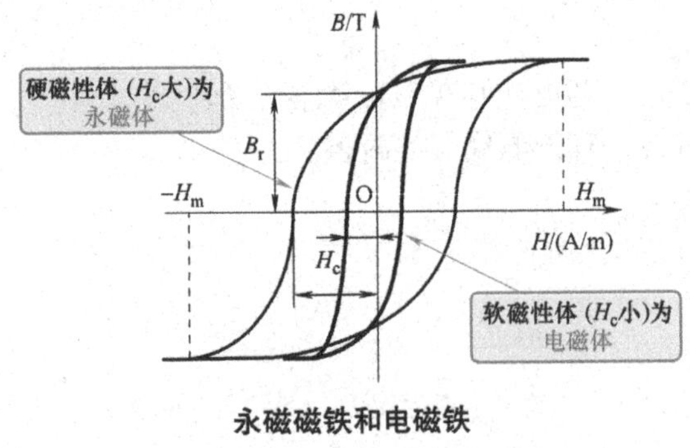

永磁磁铁和电磁铁

注：理解作为磁性材料的强磁性体的性质。

[1] 磁滞损耗

强磁性体每个周期的磁滞损耗为

$$w_{\mathrm{h}} = \oint_{循环} HdB$$

w_{h} 为每个周期的磁滞损耗（J/m^3）

H 为线圈电流产生的磁场强度（A/m）

B 为磁通密度（T）

[2] 施泰因梅茨（$Steinmet_z$）经验公式

用施泰因梅茨经验公式计算磁滞损耗（W/m^3）为

$$P_{\mathrm{h}} = \eta f B_{\mathrm{m}}^{1.6}$$

f 为 1s 内磁滞回线扫描的次数，即交变磁场的频率（Hz）

B_{m} 为磁滞回线上的最大磁通密度（A/Wb）

η 为磁滞损耗系数

磁化曲线

若电流 I（A）流过缠绕在完全没有被磁化的铁心等强磁性材料上的线圈上，则铁心中产生磁通 Φ（Wb）。若用磁场强度 H［$\propto I$（A）］（A/m）和磁通密度 B［$\propto \Phi$（Wb）］（T）的关系代替电流和磁通来表示，磁通密度与磁场强度不是一个正比的关系，而是一个非线性的函数关系。表示该函数的曲线，即为磁化曲线，也称之为 BH 曲线。

磁通密度 B（T）开始随着磁场强度 H（A/m）增大而增加，但是逐渐磁场强度进一步增大时，磁通密度增加很少，最终磁通密度几乎不再增加，这种状态称之为磁饱和状态，这种特性称之为强磁性材料的饱和特性。

磁滞曲线

若磁场强度 H（A/m）从 0 增加到 H_{m}，则磁通密度 B（T）从 0 变化到 a。接着若 H 从 H_m 减少到 0，则 B 从 a 变化到 b，当 $H=0$ 时，$B=B_r$，B_r 称之为剩余磁感应强度，简称为剩磁。

在 b 点，若 H 从 0 向负方向上变化。当 B 从 b 变化到 c 时，$H=-H_{\mathrm{c}}$，

$B=0$，我们把这个 H_c 称为矫顽力。此时，若 H 继续向负方向变化，当变化到 $-H_m$ 后，使之继续向正方向上变化到 H_m，则 B 沿着 $c\to d\to e\to f\to a$ 的方向变化，最终成为一条闭合曲线，把该闭合曲线称之为磁滞回线。

若在绕在像铁心那样的强磁性材料上的线圈中流过大小和方向周期性地变化的电流，则磁场的强度和方向也产生周期性地变化，强磁性材料中就会产生热量。将由于产生该热量而消耗的电能称为磁滞损耗，磁滞损耗与磁滞回线的内部面积成正比。

磁滞回线一周所消耗的电能为 W_h（J/m^3）时，如果 1s 内该滞磁回线绕 f 次时，则每秒所消耗的电能 P_h（W）为

$$P_h=\frac{W_h}{\frac{1}{f}}=fW_h$$

因此，在变压器和电动机等电气设备中，为使其铁心产生尽可能少的磁滞损耗，应尽量使用磁滞回线面积较小的材料。

永久磁铁和电磁铁

对于强磁性材料，每一种材料都有自己固有的磁滞回线。一般来说，将矫顽力大的强磁性材料称为硬磁材料，适合作为永久磁铁使用，而将矫顽力小的强磁性材料称为软磁材料，适合作为电磁铁使用。

例题 1

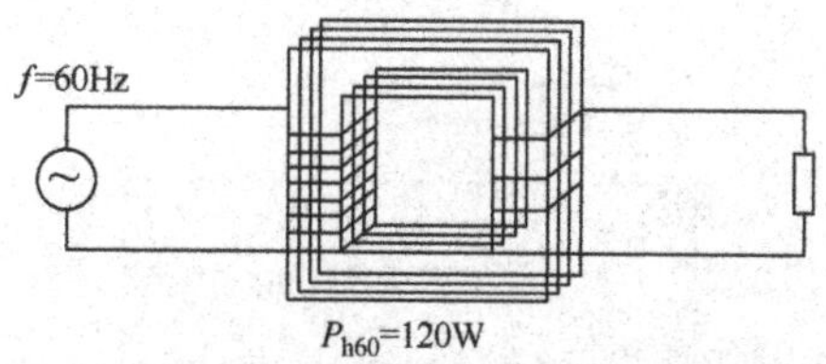

如上图所示，对变压器施加 60Hz 交流电时，磁滞损耗为 120W。试求最大磁通密度不变而施加 50Hz 交流电时的磁滞损耗。

【例题 1 解】

施加 60Hz、50Hz 交流电时，变压器的磁滞损耗分别为

$$P_{h60} = \eta f_{60} B_m^{1.6} = 60\eta B_m^{1.6}, P_{h50} = \eta f_{50} B_m^{1.6} = 50\eta B_m^{1.6}$$

$$\frac{P_{h50}}{P_{h60}} = \frac{50\eta B_m^{1.6}}{60\eta B_m^{1.6}} = \frac{50}{60}$$

$$P_{h50} = \frac{50}{50} P_{h60} = \frac{50}{60} \times 120\ \text{W} = 100\text{W}$$

（120 W 即 P_{h60}）

例题 2

在下述内容的空格中，填入适当的文字。

若将磁场强度 H（A/m）从 H_m 变化到 $-H_m$ 后，再向正方向变化到 H_m，磁通密度 B（T）形成一个闭合曲线，这个曲线称之为 (A) 。当磁化曲线经过一周的变化之后，B（T）、H（A/m）都回到原来的初始值，磁化状态也回到最初的开始状态。在这期间所加的单位体积能量 W_h（J/m^3）与该曲线 (B) 相等。该能量 W_h（J/m^3）被施加到强磁性材料中，最终以热能的形式释放。如果，按照 1s 绕该曲线 f 次的话，那么将有 $P=$ (C) （W/m^3）的电能将转化成热量。将此称之为 (D) 。

【例题 2 解】

（A）磁滞回线　　　　（B）所围成的面积

（C）fW_h　　　　（D）磁滞损耗

磁铁与磁极、磁偶极子的磁矩

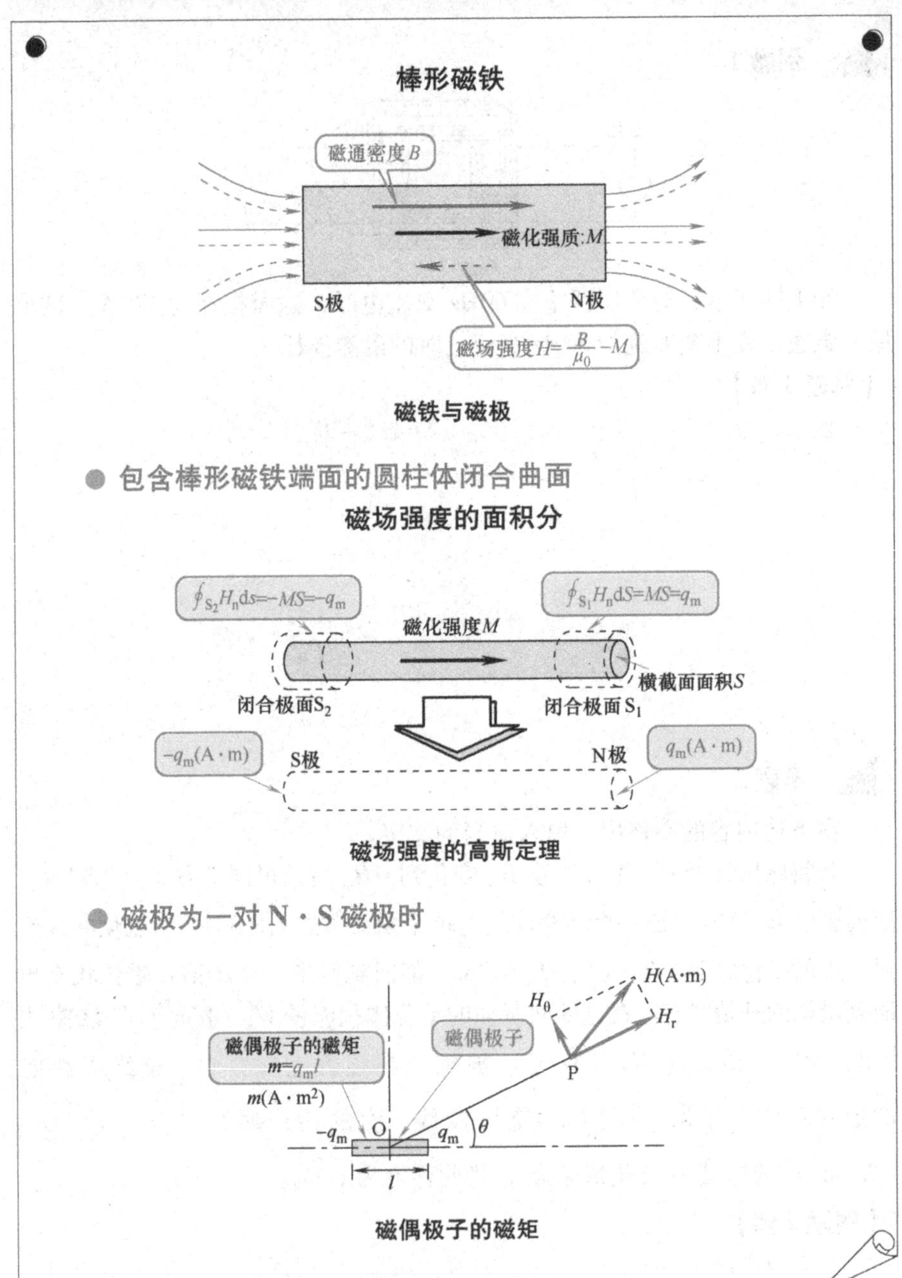

磁偶极子的磁矩

注：在此学习磁铁磁极的量化描述。

[1] 磁场强度的高斯定理

磁场中的高斯定理为

$$\oint_S H_n \mathrm{d}S = q_m$$

H_n 为面积 dS 处磁场强度的外法线方向的分量（A/m）

dS 为包围磁极的闭合曲面 S 的微小部分（m^2）

q_m 为磁极强度（$=MS$）（A·m）

M 为棒形磁铁的磁化强度（A/m）

S 为棒形磁铁的截面面积（m^2）

[2] 磁偶极子的磁矩

棒形磁铁的磁偶极子的磁矩

$$m = q_m l$$

m 为磁偶极子的磁矩（A·m^2）

q_m 为棒形磁铁的磁极强度（A·m）

l 为棒形磁铁的长度（m）

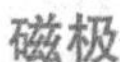

磁极

若棒形磁铁用磁化强度 M（A/m）同样地磁化，磁铁内的磁通密度 B（T）与磁化的方向相同。由于磁铁内的磁场强度（A/m）为

$$H = \frac{B}{\mu_0} - M$$

表示与磁化的方向相反。在磁铁外部，由于磁化强度为 0，磁场强度与磁通密度的方向相同。由此可见，在磁铁的两端分别存在着正、负两个磁极，其中的正磁极被称为 N 极，负磁极被称为 S 极。

磁场强度的高斯定理

以包含用磁化强度 M（A/m），同样地磁化的棒形磁铁的端面的圆筒形闭合曲面 S_1，S_2 对磁场强度 H（A/m）进行面积分，得

$$\oint_{S_1} H_n \mathrm{d}S = \frac{1}{\mu_0}\oint_{S_1} B_n \mathrm{d}S - \oint_{S_1} M_n \mathrm{d}S$$

$$\oint_{S_2} H_n \mathrm{d}S = \frac{1}{\mu_0}\oint_{S_2} B_n \mathrm{d}S - \oint_{S_2} M_n \mathrm{d}S$$

根据磁通密度的高斯定理，上式右边的第一项为 0。又因为磁铁外部的磁化强度为 0，因此，若棒形磁铁的截面面积为 S（m^2），上式可表示为

$$\oint_{S_1} H_n \mathrm{d}S = -(-MS) = MS = q_m$$

$$\oint_{S_2} H_n \mathrm{d}S = -MS = -q_m$$

上式即为磁场强度的高斯定理，其中的 q_m（A·m）被称为磁极强度。

棒形磁铁的磁偶极子磁矩

棒形磁铁中，N 极与 S 极总是成对的，这就构成了磁极强度分别为 q_m（A·m）和 $-q_m$（A·m）的磁偶极子。当棒形磁铁的长度为 l（m）时，该磁偶极子的磁矩 m（A·m^2）为

$$m = q_m l$$

磁屏蔽

有磁铁的地方，就会产生磁场；有电气设备的地方，其内部线圈等也会产生磁场；就连我们日常用电所需要的送电线路中通过的电流也会产生磁场。即使这些磁场都不存在，地球上还有大地磁场的存在。因此，根本不存在磁场的空间在地球上是不可能有的。这样普遍存在的磁场环境下，在进行电子电路微弱信号的测量时，就需要采用磁屏蔽的方法，尽量削减磁场对电气测量的影响。

磁屏蔽的思想就是利用磁性材料与空气间磁导率的不同，来产生外界磁场影响较小的空间。将环形铁心放置在空气中时，由于铁心的磁导率比空气的大 $10^2 \sim 10^4$，大部分的磁通将从铁心中通过，而在铁心内部（由铁心围成的空间），通过的磁通就少了很多，因此，这一部分空间的磁场的影响也减少了很多。我们将此称为磁屏蔽。像使用导体包裹实现静电屏蔽的情况一样，即使进行磁屏蔽，也不可能实现完全的磁屏蔽。

例题 1

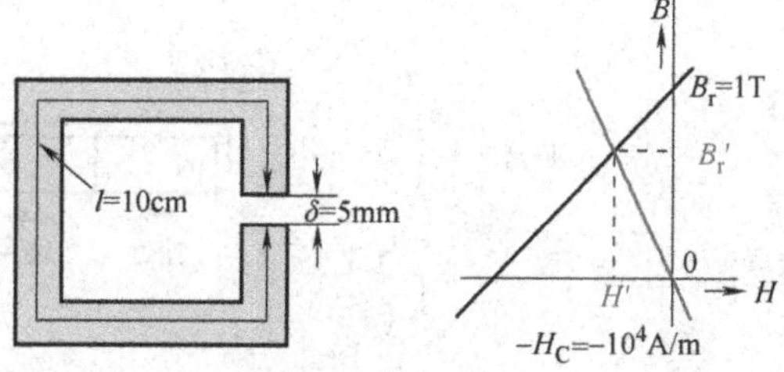

利用具有上图所示的磁化曲线的永久磁铁材料制作磁路长度为 10cm、气隙为 5mm 的永久磁铁，试求该磁铁的磁通密度。

【例题 1 解】

根据磁场的安培环路积分定理，若永久磁铁的磁场强度为 H'（A/m），磁通密度为 B_r'(T)，则有

$$\frac{B_r'}{\mu_0}\delta + H'l = NI = 0$$

由永久磁铁的磁化曲线得

$$\frac{B_r'}{B_r} = \frac{H_c + H'}{H_c}$$

因此，磁铁的磁通密度为

$$B_r' = \frac{1}{\frac{1}{B_r} + \frac{\delta}{\mu_0 l H_c}} = \frac{1}{1 + \frac{5\times 10^{-3}}{4\pi\times 10^{-7}\times 10^{-1}\times 10^{4}}}T$$

（图中标注：1 — $\frac{1}{B_r}$；5×10^{-3} — δ；$4\pi\times10^{-7}$ — μ_0；10^{-1} — l；10^4 — H_c）

$$= 0.201T$$

例题 2

试求磁极强度为 $\pm 2\times 10^2$A · m、长度为 10cm 的棒形磁铁的磁矩。

【例题 2 解】

棒形磁铁的磁矩为

$$m = q_m l = 2\times 10^2 \times 10\times 10^{-2}\text{A}\cdot\text{m}^2 = 20\text{A}\cdot\text{m}^2$$

电磁感应与法拉第定律

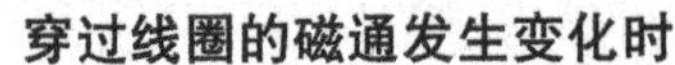

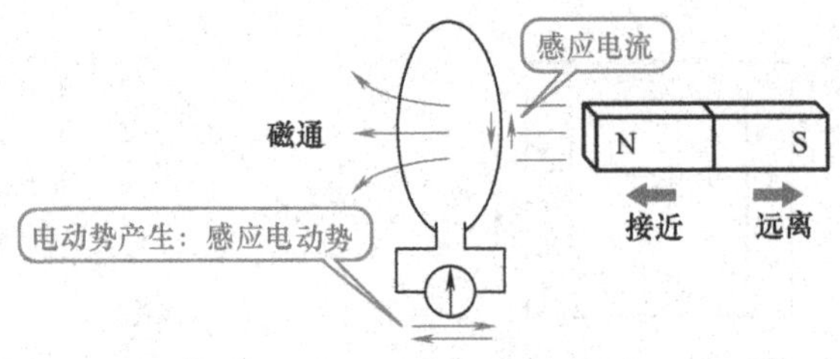

电磁感应

感应电动势的方向

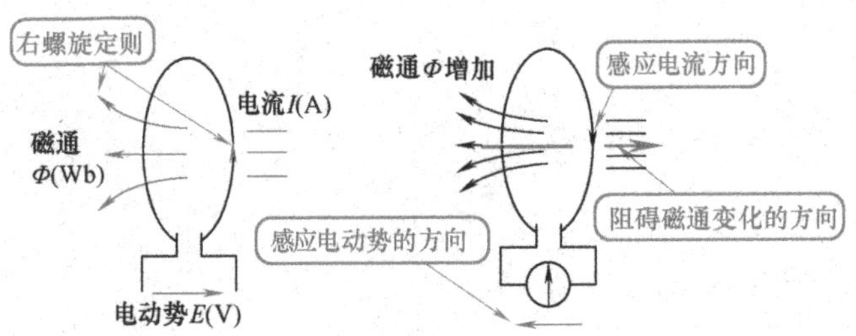

楞次定律

感应电动势的大小

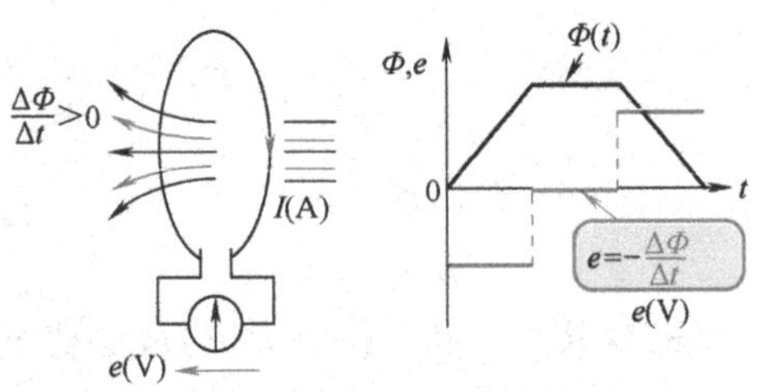

法拉第定律

注：学习关于电产生的基本原理。

[1] 楞次定律

流过回路（线圈）的电流与磁通、电动势的正方向为

按右螺旋定则确定的电流与磁通的方向为正方向

电动势与电流的方向相同的为正方向。

电磁感应产生的电动势的方向为阻碍与回路交链的磁通变化的电流的方向

[2] 法拉第定律

电磁感应产生的电动势为

$$e = -\frac{\mathrm{d}\varphi}{\mathrm{d}t}$$

e 为感应电动势（V）

φ 为回路（线圈）交链的全部磁通，磁链（$=N\Phi$）（Wb）

Φ 为磁通（Wb）

N 为线圈的匝数（匝）

法拉第定律的积分表达式为

$$\oint_c \boldsymbol{E} \cdot \mathrm{d}\boldsymbol{l} = -N\frac{\mathrm{d}}{\mathrm{d}t}\int_S \boldsymbol{B} \cdot \boldsymbol{n}_0 \mathrm{d}S$$

E 为回路 C 上任意一点的电场强度（V/m）

$\mathrm{d}l$ 为回路 C 上任意一点的极小线段的切线矢量（m）

B 为回路面 S 上任意一点的磁通密度（T）

n_0为回路面 S 上的任意一点的单位法线矢量

标量表示形式为

$$\oint_c E_l \mathrm{d}l = -N\frac{\mathrm{d}}{\mathrm{d}t}\int_S B_\mathrm{n} \mathrm{d}S$$

E_l为电场 E 的 $\mathrm{d}l$ 方向的分量（V/m）

B_n为面积 $\mathrm{d}S$ 处磁通密度的外向法线方向的分量（T）

电磁感应

若将磁铁快速接近或远离线圈，穿过交链线圈的磁通发生改变。此时，检流计的指针摆动，说明线圈中有电动势产生。通常将这种现象称为电磁感应，因电磁感应而产生的电动势称为感应电动势，流过的电流称为感电流。

楞次定律

若线圈中有电流 I（A）通过，线圈中产生的磁通 Φ（Wb）的方向为拧紧右螺旋的方向，由该关系确定了电流 I（A）、磁通 Φ（Wb）和电动势 E（V）的正方向。

由电磁感应产生的感应电动势总是产生在阻碍线圈内的磁通变化的电流的方向，这就是楞次定律。磁通 Φ（Wb）增加时，产生的感应电动势 e（V）的方向，总是与阻碍磁通增加的电流的方向相同，也就是上述定则中的电动势的反方向，或为负的方向。

法拉第定律

电磁感应产生的感应电动势与交链于回路 C 的全部磁通 φ（Wb）时间的变化率的积成正比：

$$e = -\frac{\mathrm{d}\varphi}{\mathrm{d}t}$$

这就是称之为电磁感应的法拉第定律。当回路线圈的匝数为 N（匝）时，线圈的磁链为 $\varphi = N\Phi$，则：

$$e = -\frac{\mathrm{d}\varphi}{\mathrm{d}t} = -N\frac{\mathrm{d}\Phi}{\mathrm{d}t}$$

电动势 e（V）与电场强度 E（V/m）的关系为

$$e = \oint_C E_l \mathrm{d}l = \oint_C E_l \mathrm{d}l$$

电动势为 l 方向的电场强度沿着回路 C 的线积分。磁通 Φ（Wb）与磁通密度 B（T）的关系为

$$\Phi = \int_S B \cdot n_0 \mathrm{d}S = \int_S B_n \mathrm{d}S$$

将垂直通过闭合曲面的磁通密度进行面积分的值，即为通过回路闭合曲面的磁通。由此可得法拉第定律的积分表达式为

$$\oint_C E_l \mathrm{d}l = -N\frac{\mathrm{d}}{\mathrm{d}t}\int_S B_n \mathrm{d}S$$

例题 1

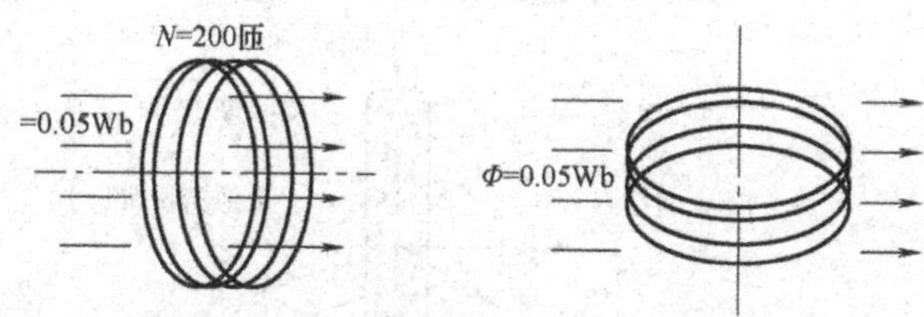

如上图所示，匝数为 200 匝的线圈平面上，垂直贯穿 0.05Wb 的磁通，试求在这样线圈的平面上以每 0.1s 进行 90°转动时，线圈中产生的电动势平均值。

【例题 1 解】

若线圈旋转到 90°的位置时，线圈中通过的磁通为 0。因此，线圈产生的电动势的平均值为

$$e = -N\frac{\Delta\Phi}{\Delta t} = -200 \times \frac{0-0.05}{0.1}\text{V} = 100\text{V}$$

（图注：$\Delta\Phi$；N；Δt）

例题 2

半径为 5cm、匝数为 300 匝的圆形线圈，在磁通密度为 0.1T 的均匀磁场中，围绕与磁场方向垂直的轴以 3000r/min 的转速旋转时，试求此时线圈中产生的感应电动势。

【例题 2 解】

与线圈交链的磁通为

$$\varphi = N\Phi\sin\omega t = NBS\sin(2\pi f)t$$

$$= 300 \times 0.1 \times (\pi \times 0.05^2)\sin\left(2\pi \times \frac{3000}{60}\right)t = 0.075\pi\sin 100\pi t$$

（图注：$S = \pi r^2$；$f = \frac{n}{60} = 50$）

因此，线圈中产生的感应电动势 e（V）为

$$e = -\frac{\mathrm{d}\varphi}{\mathrm{d}t} = -0.075\pi \times 100\pi\cos 100\pi t = -73.9\cos 100\pi t$$

在线圈中会产生幅值为 73.9V、频率为 50Hz 的交流电压。

由物体运动产生的电动势与弗莱明右手定则

直线导体在磁场中的运动

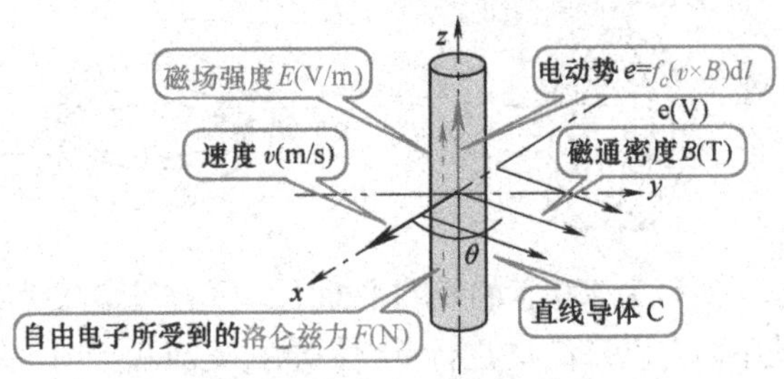

运动导体的电动势

- 电动势的方向

电动势、运动和磁场的方向的关系

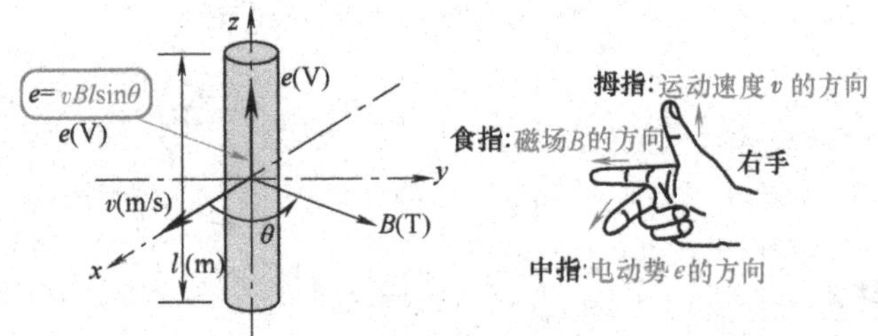

弗莱明右手定则

- 直线导体移动所受的作用力

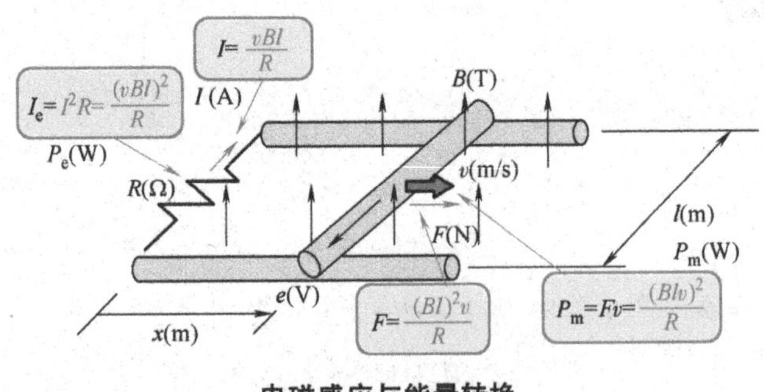

电磁感应与能量转换

注：了解机械能转换为电能的原理。

[1] 导体运动产生电动势

直线导体产生的电动势沿着导体C边沿的线积分为

$$e = \int_C (v \times B)\,\mathrm{d}l$$

e 为直线导体产生的电动势（V）

v 为直线导体的运动速度（m/s）

B 为直线导体所处磁场的磁通密度（T）

如果用标量表示的话：

$$e = \int_C (vB\sin\theta)\,\mathrm{d}l$$

θ 为直线导体的运动方向与磁场方向的夹角（°）

直线导体的长为 l（m）时：

$$e = vBl\sin\theta$$

[2] 电磁感应与能量转换

磁场的垂直方向上运动的直线导体产生的感应电流 I（A）为

$$I = \frac{e}{R} = \frac{vBl}{R}$$

e 为直线导体产生的电动势（V）

R 为直线导体连接的电阻（Ω）

导体运动所需要的外力 F（N）为

$$F = IBl = \frac{v(Bl)^2}{R}$$

外力的功率 P_m（W）为

$$P_m = Fv = \frac{(Blv)^2}{R}$$

电阻消耗的电功率 P_e（W）为

$$P_e = I^2R = \frac{(vBl)^2}{R} = P_m$$

运动导体产生的电动势

磁通密度 $\boldsymbol{B}$（T）的磁场中，直线导体以 v（m/s）的速度运动，并切割磁力线时，导体中的电荷 q（C）的自由电子受到的洛伦茨力 F（N）为

$$\boldsymbol{F} = q\boldsymbol{v} \times \boldsymbol{B}$$

导体内产生的电场的电场强度 E（V/m）为

$$\boldsymbol{E} = \boldsymbol{v} \times \boldsymbol{B}$$

产生的感应电动势 e（V）可由沿着导体C外沿的线积分来表示：

$$e = \int_C (\boldsymbol{v} \times \boldsymbol{B})\,\mathbf{d}\boldsymbol{l}$$

长度为 l（m）的直线导，运动方向与均匀磁场的方向的夹角为 θ（°）时，感应电动势 e（V）可用下式表示为

$$e = vBl\sin\theta$$

弗莱明右手定则

直线导体在磁场中运动时，在导体上（内）会有感应电动势的产生。如果成直角张开右手的拇指、食指和中指，并相互垂直，让拇指所指的方向为导体运动的方向，食指所指的方向为磁场的方向，则中指所指的方向即为感应电动势的方向。这就是弗莱明右手定则。

电磁感应与能量的转换

磁通密度为 B（Wb）的均匀磁场中，间隔距离为 l（m）的平行导体棒上加有一根与其垂直的导体棒，在两根平行导体棒的顶端之间连接一个电阻 R（Ω）。当平行导体棒上的直线导体以 v（m/s）速度移动时，回路中产生的感应电动势 $e=vBl$，该回路中的感应电流 I（A）为

$$I=\frac{e}{R}=\frac{vBl}{R}$$

直线导体受到来自磁场的电磁力 F（N）为，$F=IBl=v(Bl)^2/R$，让直线导体移动需要施加的与之相反的外力的功率 P_{m}（W）为

$$P_{\mathrm{m}}=Fv=\frac{(Blv)^2}{R}$$

另外，电阻消耗的焦耳热 P_{e}（W）为

$$P_{\mathrm{e}}=I^2R=\frac{(vBl)^2}{R}=P_{\mathrm{m}}$$

直线导体运动需要外力做功，为之提供能量。该能量随着导体切割磁力线的运动再转换为电能，电能被电阻消耗，又被转换为热能。因此，由此电磁感应的过程，我们了解到了机械能是怎样转换为电能的。

例题 1

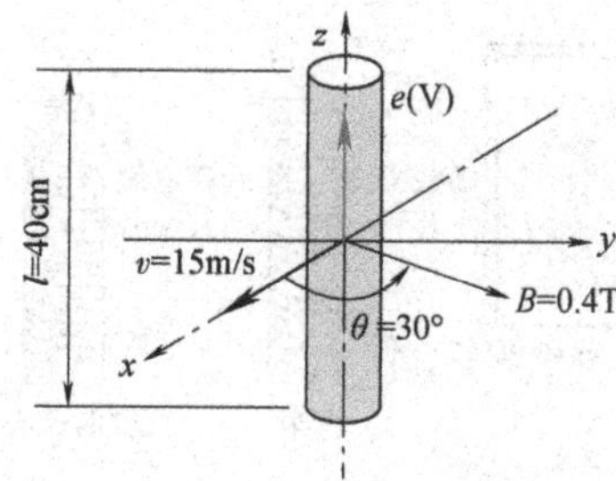

如图所示，磁通密度为 0.4T 的均匀磁场中，长度为 40cm 的直线导体与磁场成直角。当该导体以 15m/s 速度沿与磁场成 30° 角的方向移动时，求导体中产生的感应电动势的大小。

【例题 1 解】

导体中产生的感应电动势 e 为

$$e = vBl\sin\theta = 15 \times 0.4 \times \underbrace{40 \times 10^{-2}}_{l} \times \sin30° = \left(2.4 \times \underbrace{\frac{1}{2}}_{\sin 30°}\right)\text{V} = 1.2\text{V}$$

例题 2

磁通密度为 0.2T 的均匀磁场中，长度为 10cm 的直线导体与磁场方向垂直。当导体沿与磁场和导体轴的垂直方向移动时，导体两端之间产生 7.2mV 的电动势，求导体的移动速度是多少？

【例题 2 解】

由导体中产生的感应电动势 $e = vBl$ 得，导体的移动速度 v 为

$$v = \frac{e}{Bl} = \frac{7.2 \times 10^{-3}}{0.2 \times 10 \times 10^{-2}}\text{m/s} = 0.36\text{m/s}$$

第50课
涡流与趋肤效应

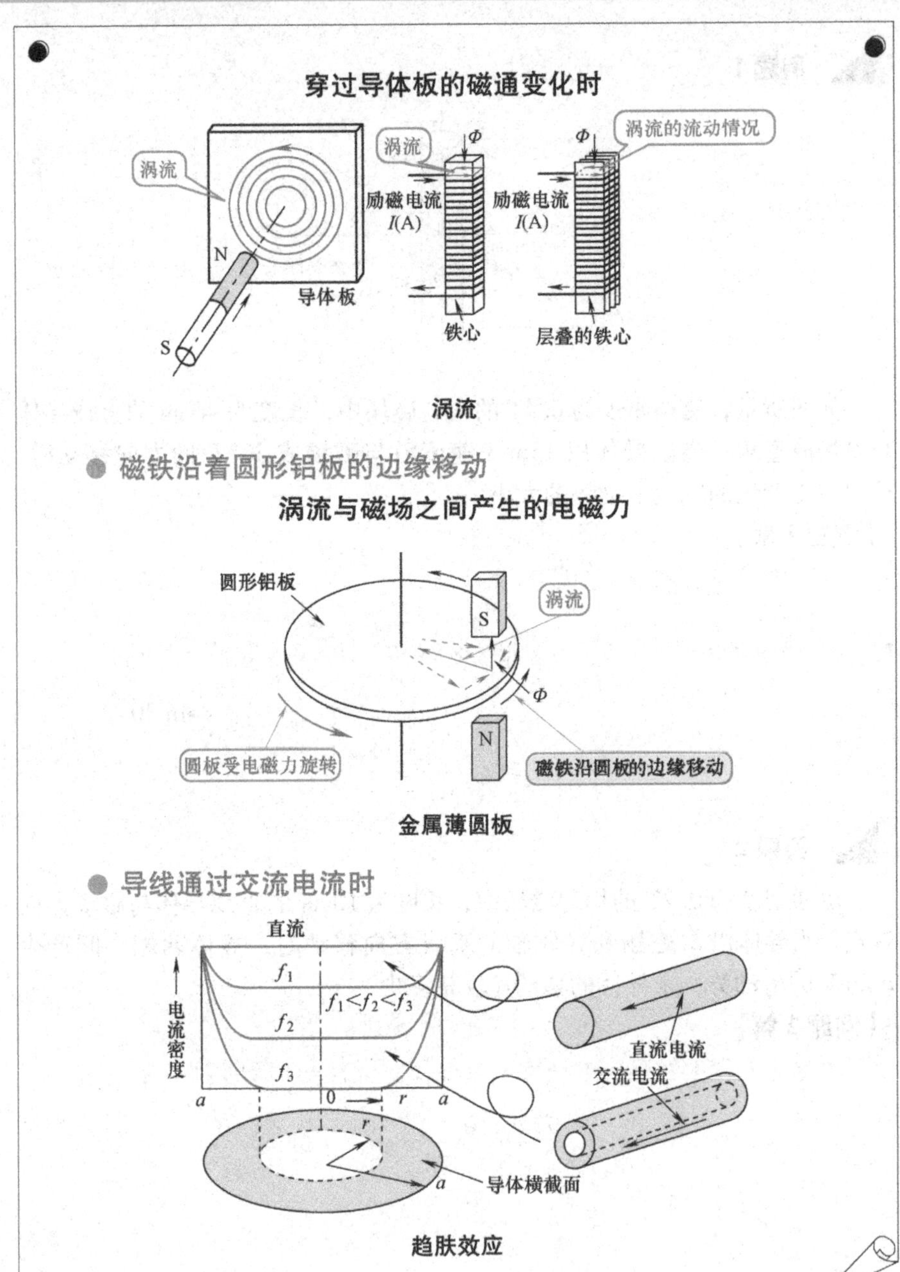

注：通过本课的学习，了解交流电流的电磁感应对电路产生的影响。

[1] 涡流损耗

涡流损耗为

$$P_e \propto \frac{B_m^2 f^2}{\rho}$$

P_e 为在铁心外缠绕的线圈中有励磁电流通过时就会产生涡流损耗（W）

B_m 为线圈的最大磁通密度（T）

f 为励磁电流的频率（Hz）

ρ 为电阻率（$\Omega \cdot m$）

单位体积的涡流损耗P_e（W/m^3）为

$$P_e = kd^2 B_m^2 f^2$$

d 为铁心的厚度（m）

k 为涡流系数，由铁心的电阻率、尺度以及形状等决定

[2] 趋肤效应

交流电流只在导线的表面通过，电流进入导体面的深度δ（m）为

$$\delta = \sqrt{\frac{2}{\omega\mu\kappa}}$$

ω 为角频率（rad/s）

μ 为磁导率（H/m）

κ 为电导率（S/m）

涡流

磁铁靠近导体板时，穿过导体板的磁通随着时间在不断地变化，因而在导体板内产生了感应电动势，导体中磁通通过的同心圆内也就有感应电流的流动，该电流被称为涡流。

在外围有线圈缠绕的铁心上，当给其线圈流过随时间变化的励磁电流时，通过铁心的磁通随时间的变化也会产生涡流。由于铁心均有电阻存在，其内部的涡流流动时就有焦耳热的产生，该热量使得铁心的温度升高，同时也会导致能量的损失。电机中的铁心都是采用强磁性体的铁制成的，在使用过程中，必然会有涡流损耗产生。为了减少这种涡流损耗，采用薄的绝缘钢板沿磁通的方向叠层在一起，制成叠层钢片（硅钢片）的铁心，以减小铁心中涡流，从而减少铁心的涡流损耗。

涡流损耗与励磁电流频率的二次方成正比，商用电流变换器的电流频率大多在 20 ~ 25kHz 的范围内。因此，利用涡流能够产生焦耳热的特性给电磁炉提供励磁高频电流，以提高炉具焦耳热产生的效率。

金属薄圆板

一个可以以中心轴自由转动的圆板，很薄的金属铝圆板。当磁铁沿着圆板的边缘移动时，铝圆板也会随着磁铁的移动而转动。这个现象是由于磁铁的移动，使磁通产生了变化，因而产生了涡流与磁极间的磁场之间产生了电磁力，从而引起了圆板随着磁极移动的方向旋转。

产生的涡流的方向由弗莱明右手定律加以判定，磁铁通过涡流对圆板的作用力的方向由弗莱明左手定律加以判定。

趋肤效应

当导线中有电流流过时，直流电流在导线的横截面中均匀地分布而流过，但交流电流只集中在导线表面附近流动，这种现象称为趋肤效应。这种现象可以认为是将导线中流过的电流作为线电流的集中来考虑，由于线电流与磁通交链的比例，导线中心部分要比导线表面处的多，阻碍电流变化而产生的反向电动势变大，导线中心部分中电流难以流动。

当导线中通过的电流为交流电流时，随着电流频率的增加，导线断面周边区域的电流密度也会增大。导线断面周边区域的电流密度的增加的程度通常采用导线表面电流的深度 δ（m）来表示。对于铜线来说，当电流频率为 60Hz 时的 $\delta = 8.53\text{mm}$；1kHz 时的 $\delta = 2.99\text{mm}$；1MHz 时的 $\delta = 66\mu\text{m}$；1GHz 时的 $\delta = 2.09\mu\text{m}$。因此，高频波通过导体时，电流只能在导体表面流动。正是由于这个原因，在高频输电线中，多采用空心导体或细导线来传输电流，以增大导体有效传输电流的表面积，有效降低线路的电阻。

例题 1

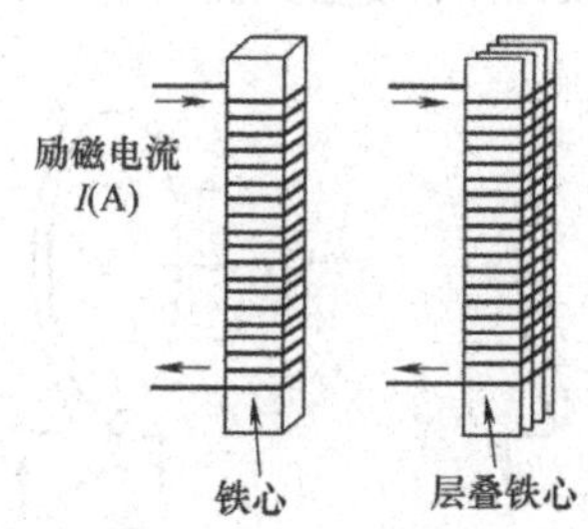

在下面一段内容的空格处填入正确的术语。

如图所示，由硅钢片叠成的电机的铁心。当频率和磁通密度一定时，硅钢片由厚变薄时，(A)损耗几乎不变，(B)损耗(C)。如果增加硅钢片的厚度(D)会增加。

【例题 1 解】

(A) 磁滞损耗　　(B) 涡流

(C) 减小　　(D) 铁损

例题 2

在下面一段内容的空格处填入正确的术语。

架空输电线路的线路参数主要包括电阻、电感和电容等。导体的电阻由导体的材料、截面面积的大小及长度决定。同时，当(A)升高时，其大小也会有一定程度的增加。并且，由于交流电流的(B)效应，导线的阻值也比通过直流电流时的阻值要大。由于这个原因，输电电压为 275kV 以上的输电线路采用(C)作为线路的传输导线。

线路电感和电容大小，是由输电线路的长度、粗细以及导线的(D)决定的。

【例题 2 解】

(A) 温度　　(B) 趋肤

(C) 多股导线　　(D) 配置

第51课
自感与互感

线圈中流过的电流变化时

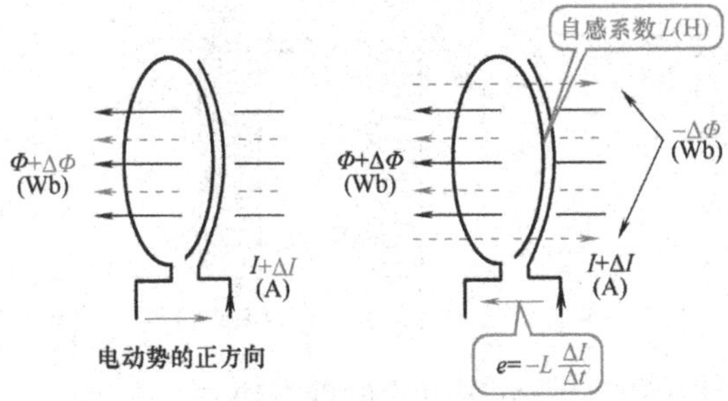

自感系数L(H)
$\Phi+\Delta\Phi$ (Wb)
$\Phi+\Delta\Phi$ (Wb)
$-\Delta\Phi$ (Wb)
$I+\Delta I$ (A)
$I+\Delta I$ (A)
电动势的正方向
$e=-L\frac{\Delta I}{\Delta t}$

自感应

● 当一个线圈电流产生的磁通通过另一个线圈

一个线圈的电流变化时

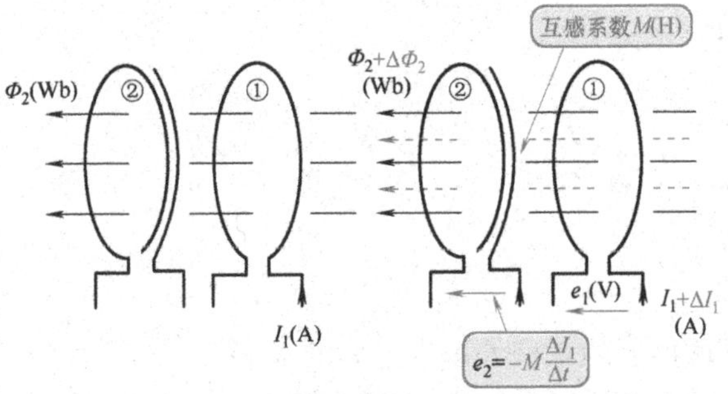

互感系数M(H)
Φ_2(Wb)
②
①
$\Phi_2+\Delta\Phi_2$ (Wb)
②
①
I_1(A)
e_1(V)
$I_1+\Delta I_1$ (A)
$e_2=-M\frac{\Delta I_1}{\Delta t}$

互感应

● 自感与互感之间的关系

漏磁通
$M=\pm k\sqrt{L_1L_2}$
M(H)
匝数N_2
Φ_1(Wb)
②
①
L_1(H)
$\varphi_{21}=k(N_2\Phi_1)$
φ(Wb)
L_2(H)
I_1(A)

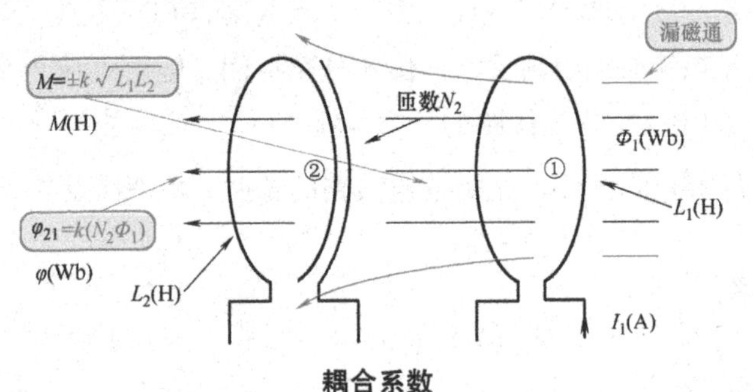

耦合系数

注：了解两个磁耦合电路的电磁互感。

[1] **自感**

当电流流过线圈时，该交链回路的磁链为

$$\varphi = LI$$

φ 为线圈回路的磁链（Wb）

I 为流经线圈的电流（A）

L 为线圈的自感（H）

线圈自感产生的电动势为

$$e = -\frac{\mathrm{d}\varphi}{\mathrm{d}t} = -L\frac{\mathrm{d}I}{\mathrm{d}t}$$

e 为自感电动势（V）

[2] **互感**

当一个线圈流过的电流产生的磁通通过另一个线圈时，在另一个线圈的交链回路中通过的磁链为

$$\varphi_{21} = MI_1$$

φ_{21}为一个线圈流过的电流产生的磁通在另一个线圈的交链回路中产生的磁链（Wb）

I_1 为线圈中流过的电流（A）

M 为两个线圈之间的互感（H）

通过互感产生的电动势为

$$e_2 = -\frac{\mathrm{d}\varphi_{21}}{\mathrm{d}t} = -M\frac{\mathrm{d}I_1}{\mathrm{d}t}$$

e_2 为互感在另一个线圈上产生的感生电动势（V）

[3] **自感与互感之间的关系**

两个线圈的互感为

$$M = \pm k\sqrt{L_1 L_2}$$

L_1、L_2 为两个线圈各自的电感（H）

k 为耦合系数（$0 \leqslant k \leqslant 1$）。当一个线圈的磁通不通过另一个线圈时，就没有磁链通过，$k=0$；当磁链全部通过时，$k=1$

自感应与自感系数

当流过线圈的电流变化时，通过线圈的磁通也随之变化，在线圈中产生感应电动势。感应电动势与电流随时间变化的关系被称为线圈的自感系数。

线圈中有电流 I（A）的流动产生磁场，磁通与电流成正比，记为 $\Phi = LI$。当线圈中流过的电流在 Δt（s）中增加 ΔI（A）时，磁通也随之增加

$\Delta\Phi$（Wb）。由电磁感应可知，该线圈磁通的变化会阻碍电动势的变化。将这种现象称为自感应。

自感电动势 e（V）由，$\Delta\Phi$（Wb）与 ΔI（A）的比值，再乘以线圈的匝数 N 来表示：

$$e = -N\frac{\Delta\Phi}{\Delta t} = -L\frac{\Delta I}{\Delta t}$$

感应电动势 e（V）的方向是根据电流变化的方向来确定，感应电动势的方向总是与电流的变化方向相反。感应电动势与电流变化率的比值 L 称为线圈的自感系数。

互感应与互感系数

当两个线圈相互靠近时，线圈①中的电流 I_1（A）产生的磁场的磁通，也会一定程度地在线圈②中穿过。穿过线圈②的磁通 $\Phi_2 = MI_1$，与线圈①中的电流 I_1（A）成正比。当线圈①中的电流在时间 Δt（s）内的变化量为 ΔI_1（A）时，线圈②中磁通也随之增加 $\Delta\Phi_2$。变化的磁通在线圈①中产生 e_1（V）的感应电动势，同时也在线圈②中通过感应电动势 e_2（V），该磁通的变化阻碍穿过线圈磁通的变化。这种现象称之为互感应。互感电动势 e_2（V），与 $\Delta\Phi_2$（Wb）、ΔI_1（A）成正比。当线圈②的匝数为 N_2 时：

$$e_2 = -N_2\frac{\Delta\Phi_2}{\Delta t} = -M\frac{\Delta I_1}{\Delta t}$$

比例系数 M 即为两个线圈的互感系数，简称为两个线圈的互感。

自感系数与互感系数的关系

当两个线圈非常靠近，两个线圈的磁通完全交链时，若两个线圈的电感分别为 L_1 和 L_2（H），则它们之间的互感系数 M（H）为

$$M = \pm\sqrt{L_1 L_2}$$

在实际情况中，会有漏磁通的存在，该漏磁通可以根据两个线圈的耦合程度来确定，此时：

$$M = \pm k\sqrt{L_1 L_2}$$

式中，k 为耦合系数。

例题 1

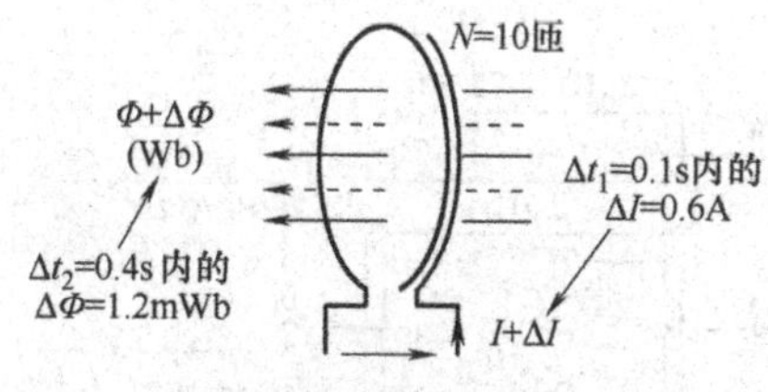

电动势的正方

如图所示，在匝数为 10 匝的线圈中，电流在 0.1s 内有 0.6A 的比例变化，穿过线圈的磁通以 0.4s 为 1.2mWb 的比例变化。试求该线圈的自感。

【例题 1 解】

自感应电动势为

$$e = -N\frac{\Delta\Phi}{\Delta t_2} = -L\frac{\Delta I}{\Delta t_1}$$

线圈的自感为

$$L = N\frac{\dfrac{\Delta\Phi}{\Delta t_2}}{\dfrac{\Delta I}{\Delta t_1}} = 10\times\frac{\dfrac{1.2\times10^{-3}}{0.4}}{\dfrac{0.6}{0.1}}\text{H} = 5\times10^{-3}\text{H}$$

N $\quad \dfrac{\Delta\Phi}{\Delta t_2}$ $\quad \dfrac{\Delta I}{\Delta t_1}$

例题 2

有两个线圈，当一个线圈中流过的电流在以 1/1000s 为 40mA 变化时，另一线圈中产生的感应电动势为 0.3V。试求两线圈之间的互感。

【例题 2 解】

线圈间的互感为

$$M = \left|\frac{e}{\dfrac{\Delta I}{\Delta t}}\right| = \frac{0.3}{\dfrac{40\times10^{-3}}{10^{-3}}}\text{H} = 7.5\times10^{-3}\text{H}$$

电感的连接

线圈的串联及并联连接

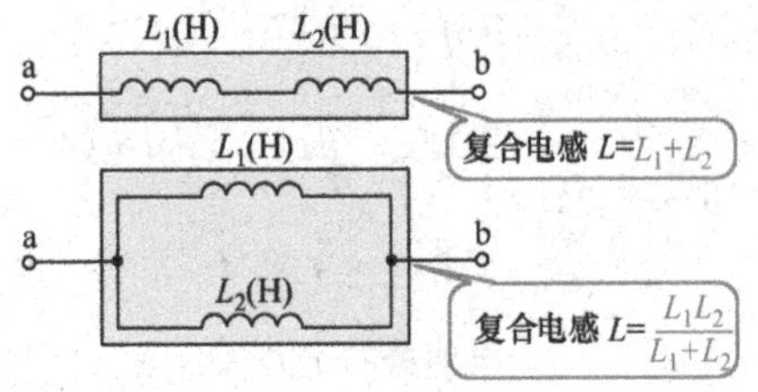

复合电感

● 两个线圈的连接

磁通方向相同

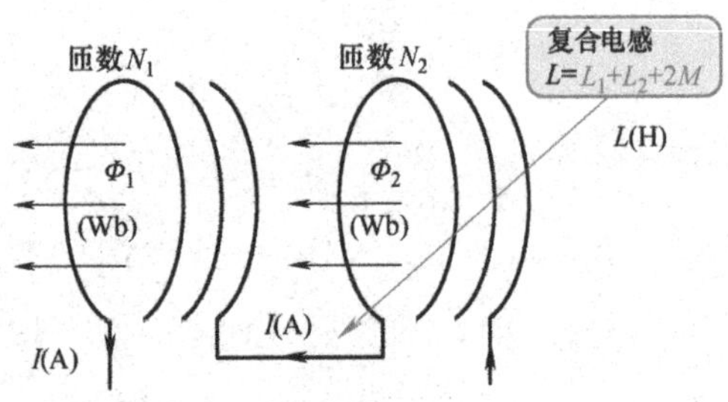

同向连接

● 两个线圈中的磁通方向相反的连接

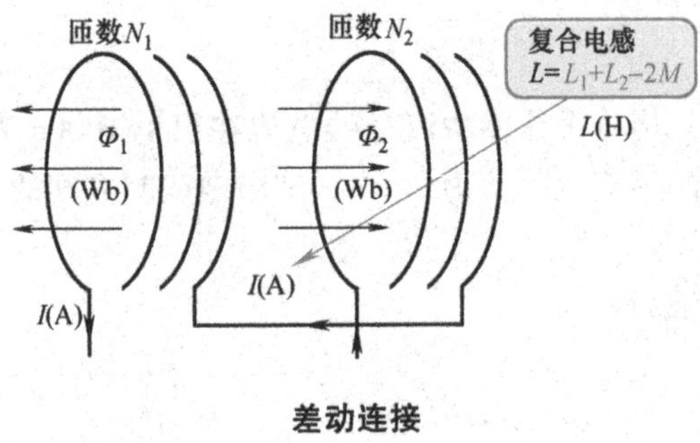

差动连接

注：了解互感时，有正、负互感两种不同的情况。

[1] 没有磁场耦合的复合电感

两个串联的线圈没有磁场耦合时：

$$v = L_1\frac{\mathrm{d}i}{\mathrm{d}t} + L_2\frac{\mathrm{d}i}{\mathrm{d}t} = L\frac{\mathrm{d}i}{\mathrm{d}t}$$

v 为线圈串联电路中的电源提供的电压（V）

i 为串联电路中的电流（A）

L_1、L_2 为两个线圈各自的电感（H）

两个线圈复合电感 L（H）为

$$L = L_1 + L_2$$

并联连接的情况：

$$\frac{\mathrm{d}i}{\mathrm{d}t} = \frac{\mathrm{d}i_1}{\mathrm{d}t} + \frac{\mathrm{d}i_2}{\mathrm{d}t} = \left(\frac{1}{L_1} + \frac{1}{L_2}\right)v = \frac{1}{L}v$$

V 为线圈并联电路中电源提供的电压(V)

i_1、i_2 为两个线圈各自流过的电流(A)

i 为并联电路的总电流（$i_1 + i_2$）(A)

两个线圈的复合电感 L(H)为

$$L = \frac{1}{\frac{1}{L_1} + \frac{1}{L_2}}$$

[2] 有磁场耦合的复合电感

两个相连线圈有磁场耦合，它们的磁通方向相同时，串联连接（同向连接）有

$$v = L_1\frac{\mathrm{d}i}{\mathrm{d}t} + L_2\frac{\mathrm{d}i}{\mathrm{d}t} + 2M\frac{\mathrm{d}i}{\mathrm{d}t} = L\frac{\mathrm{d}i}{\mathrm{d}t}$$

M 为两个线圈之间的互感（H）

两个线圈复合电感 L（H）为

$$L = L_1 + L_2 + 2M$$

两个线圈中的磁通方向相反时，即串联连接（差动连接）有

$$v = L_1\frac{\mathrm{d}i}{\mathrm{d}t} + L_2\frac{\mathrm{d}i}{\mathrm{d}t} - 2M\frac{\mathrm{d}i}{\mathrm{d}t} = L\frac{\mathrm{d}i}{\mathrm{d}t}$$

两个线圈的复合电感 L（H）为

$$L = L_1 + L_2 - 2M$$

互感的正负方向

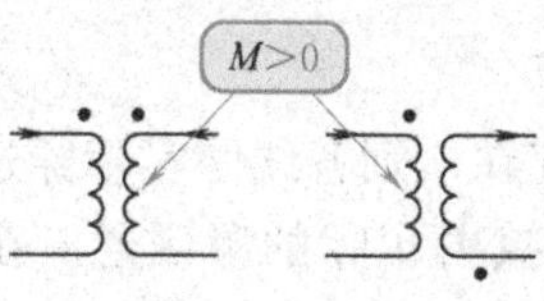

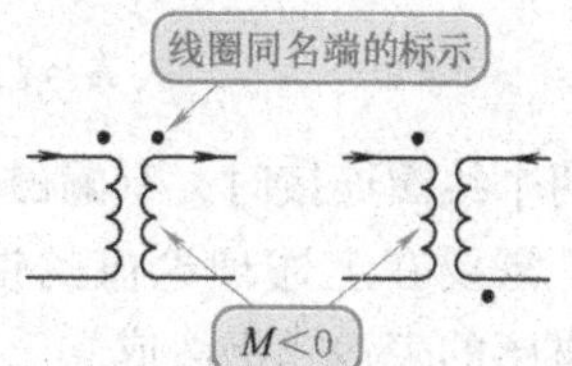

同向连接

两个线圈串联在一起，各自的电感分别为 L_1、L_2（H），各自的匝数分别为 N_1、N_2，它们之间的互感为 M（H）。

两个线圈相互连接时，线圈中产生的磁场的磁通方向相同时，将这种连接方式称为同向连接。若这种情况下的复合电感为 L（H），并且没有磁通的泄漏，穿过两个线圈的总磁通为（$\Phi_1+\Phi_2$）（Wb），则有

$$L=N_1\frac{\Phi_1+\Phi_2}{I}+N_2\frac{\Phi_1+\Phi_2}{I}$$

$$=\frac{N_1\Phi_1}{I}+\frac{N_2\Phi_2}{I}+\frac{N_2\Phi_1}{I}+\frac{N_1\Phi_2}{I}$$

将 $L_1=N_1\Phi_1/I$，$L_2=N_2\Phi_2/I$，$M=N_2\Phi_1/I=N_1\Phi_2/I$ 代入上式有

$$L=L_1+L_2+2M$$

差动连接

两个线圈相互连接时，线圈中产生的磁场的磁通方向相反时，将这种连接方式称为差动连接。若这种情况下的复合电感为 L（H），并且没有磁通的泄漏，穿过两个线圈的总磁通为（$\Phi_1-\Phi_2$）（Wb），则有

$$L=N_1\frac{\Phi_1-\Phi_2}{I}+N_2\frac{\Phi_2-\Phi_1}{I}$$

$$=\frac{N_1\Phi_1}{I}+\frac{N_2\Phi_2}{I}-\frac{N_2\Phi_1}{I}-\frac{N_1\Phi_2}{I}$$

将 $L_1=N_1\Phi_1/I$，$L_2=N_2\Phi_2/I$，$M=N_2\Phi_1/I=N_1\Phi_2/I$ 代入上式有

$$L=L_1+L_2-2M$$

如果两个线圈连接时，有漏磁通的存在，则各线圈实际穿过的交链磁通的多少，需要在上述理论值的情况下减去实际的漏磁通。在这种情况下，复合电感的表达式仍然成立。

例题 1

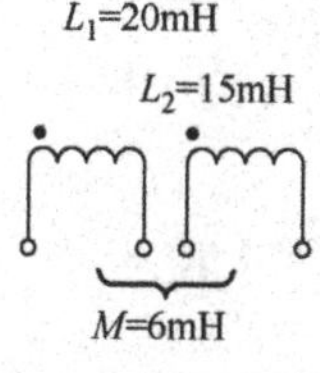

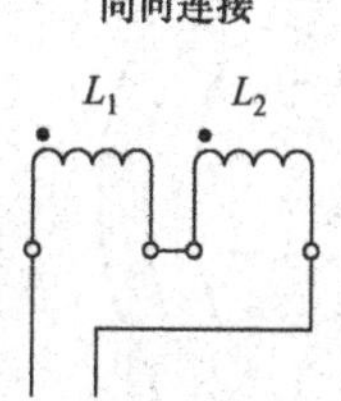

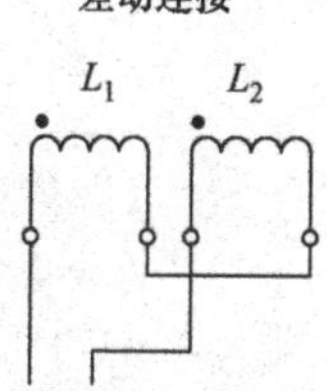

如图所示，自感分别为 20mH 和 15mH 的两个线圈，互感为6mH 时，试求两个线圈同向连接和差动连接时的复合电感。

【例题 1 解】

同向连接情况下的复合电感为

$$L = L_1 + L_2 + 2M = (20 + 15 + 2 \times 6)\,\text{mH} = 47\text{mH}$$

2M

差动连接情况下的复合电感为

$$L = L_1 + L_2 - 2M = (20 + 15 - 2 \times 6)\,\text{mH} = 23\text{mH}$$

例题 2

两个线圈在同向连接的情况下，复合电感为 44mH，在差动连接的情况下，复合电感为 30mH。试求两个线圈的互感。

【例题 2 解】

假设线圈之间的互感为 M，同向连接情况下的复合电感为 L_a，差动连接情况下的复合电感为 L_b 则：

$$L_a - L_b = 4M$$

$$M = \frac{L_a - L_b}{4} = \frac{44 - 30}{4}\text{mH} = 3.5\text{mH}$$

磁能与磁场的能量密度

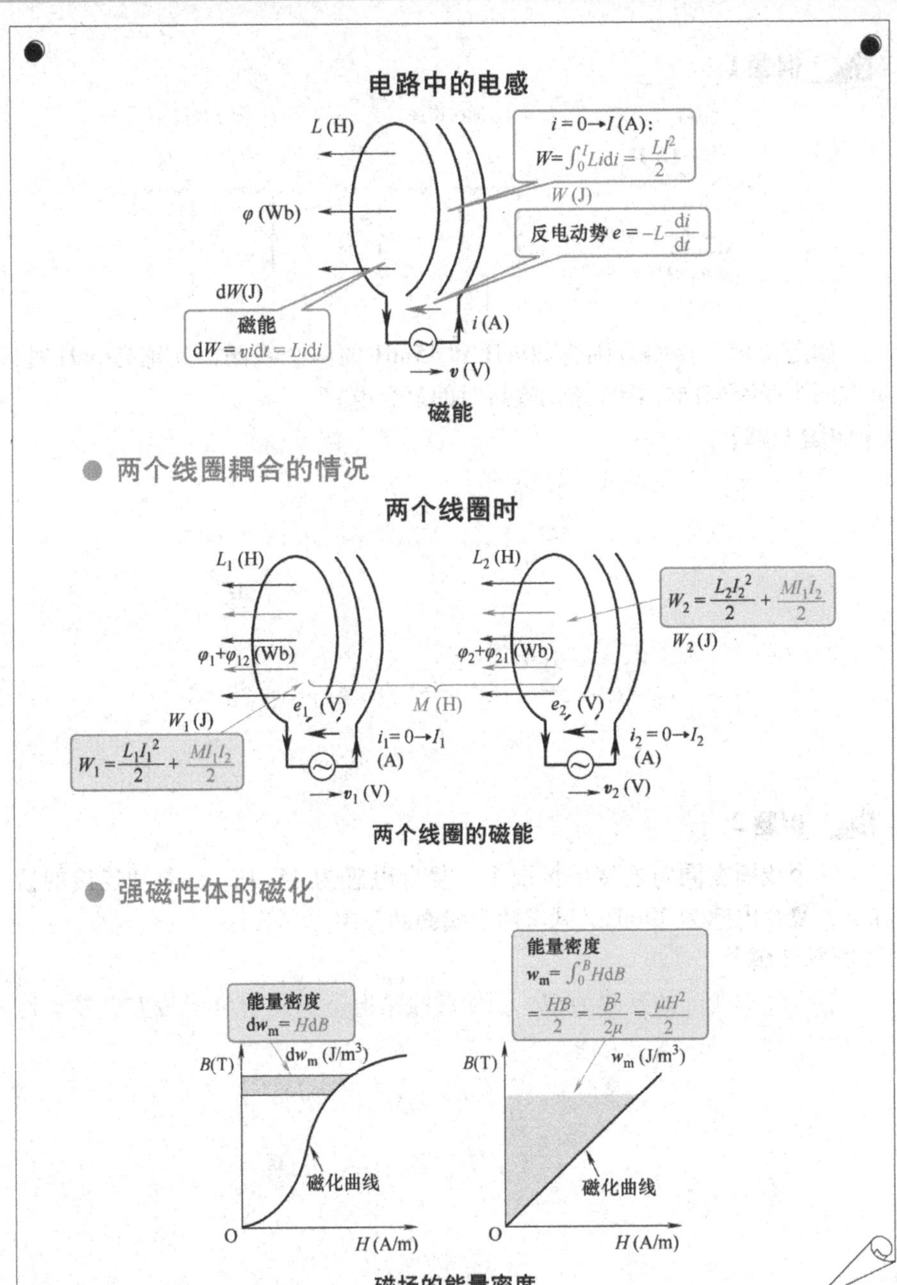

磁场的能量密度

注：在线圈中，有磁能的储存。

[1] 电感的磁能

在 dt 秒时间内线圈储存的能量为

$$\mathrm{d}W = vi\mathrm{d}t = Li\mathrm{d}i$$

W 为线圈的磁能（J）

v 为线圈两端连接的电源电压（A）

i 为线圈中流过的电流（A）

L 为电感（H）

电流由 0 增加到 I（A）时：

$$W = \int_0^I L_i d_i = \frac{LI^2}{2} = \frac{\varphi I}{2}$$

φ 为穿过线圈的磁链（Wb）

两个线圈耦合时，两个线圈储存的磁能 W（J）的总和为

$$W = \frac{L_1 I_1^2}{2} + \frac{L_2 I_2^2}{2} + MI_1 I_2$$

I_1、I_2 为流过线圈的电流由 0 增加到的值（A）

L_1、L_2 为两个线圈的电感（H）

M 为两个线圈的互感（H）

[2] 磁场的能量密度

强磁性体磁化过程中，磁场的能量密度为

$$\mathrm{d}w_\mathrm{m} = H\mathrm{d}B$$

w_m 为磁场的能量密度（J/m^3）

H 为励磁电流产生的磁场强度（A/m）

B 为磁通密度

当磁通密度与磁场强度成正比时，磁场的能量密度为

$$w_\mathrm{m} = \int_0^B H\mathrm{d}B = \frac{HB}{2} = \frac{B^2}{2\mu}$$

$$= \frac{\mu H^2}{2}$$

μ 为强磁性体的磁导率（H/m）

磁能

电感为 L（H）的线圈流过的电流为 i（A）时，随着电流的变化会产生反电动势 $e = -L\dfrac{\mathrm{d}i}{\mathrm{d}t}$。当线圈中的电流通过这个反电动势时，线圈中就会

有能量的储存。存储在线圈中的这个能量就是磁能。

电压为 v（V）的电源与电感为 L（H）的线圈相连的电路中：

$$v+e=0 \quad v=-e=L\frac{\mathrm{d}i}{\mathrm{d}t}$$

$\mathrm{d}t$（s）时间电源向线圈提供的能量 $\mathrm{d}W$（J）为

$$\mathrm{d}W=vi\mathrm{d}t=Li\mathrm{d}i$$

电流由 0 增加到 I（A）时，电源给电感提供能量，也就是电感储存的磁能 W（J）可由下式来表示。这里，穿过线圈的磁链为 $\varphi(=LI)$（Wb）。

$$W=\int_0^I Li\mathrm{d}i=\frac{LI^2}{2}=\frac{\varphi I}{2}$$

两个线圈耦合时，如果线圈的电感分别为 L_1、L_2（H），两个线圈的互感为 M（H），则一个线圈储存的磁能 W_1（J）为

$$W_1=\frac{(\varphi_1+\varphi_{12})I_1}{2}=\frac{(L_1I_1+MI_2)I_1}{2}=\frac{L_1I_1^2}{2}+\frac{MI_1^2I_2}{2}$$

另一个线圈储存的磁能 W_2（J）为

$$W_2=\frac{(\varphi_2+\varphi_{21})I_2}{2}=\frac{(L_2I_2+MI_1)I_2}{2}=\frac{L_2I_2^2}{2}+\frac{MI_2I_2}{2}$$

两个线圈储存的总磁能 W_m（J）为

$$W_\mathrm{m}=W_1+W_2=\frac{L_1I_1^2}{2}+\frac{L_2^2I_2}{2}+MI_1I_2$$

磁场的能量密度

强磁性体沿着磁化曲线（B-H 曲线）磁化。当磁通密度的增量为 $\mathrm{d}B$（T）时，磁场的能量密度增量为 $\mathrm{d}w_\mathrm{m}=H\mathrm{d}B$。当磁通密度由 0 增加到 B（T）的过程中，磁场的能量密度 w_m（J/m^3）增量为

$$w_\mathrm{m}=\int_0^B \mathrm{d}w_m=\int_0^B H\mathrm{d}B$$

例题 1

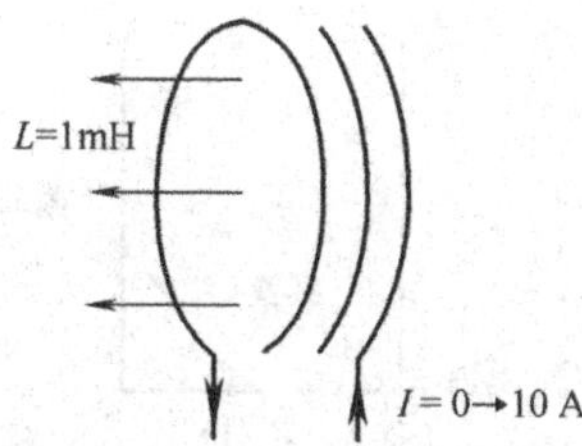

如图所示，电感为 1mH 的线圈流过的电流由 0 增长到 10A 时，试求此线圈中穿过的磁链与线圈储存的磁能。

【例题 1 解】

穿过线圈的磁链为

$$\varphi = LI = (1 \times 10^{-3} + 10)\,\mathrm{Wb} = 1 \times 10^{2}\,\mathrm{Wb}$$

（10^{-3} —— L；10 —— I）

线圈中储存的磁能为

$$W = \frac{LI^2}{2} = \frac{\varphi I}{2} = \frac{1 \times 10^{-2} \times 10}{2}\mathrm{J} = 5 \times 10^{-2}\mathrm{J}$$

（1×10^{-2} —— φ）

例题 2

如果线圈中流过的电流为 4A，并且线圈中储存的磁能为 20J 时，试求线圈的电感。

【例题 2 解】

线圈中储存的磁能为

$$W = \frac{LI^2}{2} = \frac{L \times 4^2}{2} = 20\mathrm{J}$$

线圈的电感为

$$L = \frac{20 \times 2}{4^2}\mathrm{H} = 2.5\mathrm{H}$$

磁能与作用力

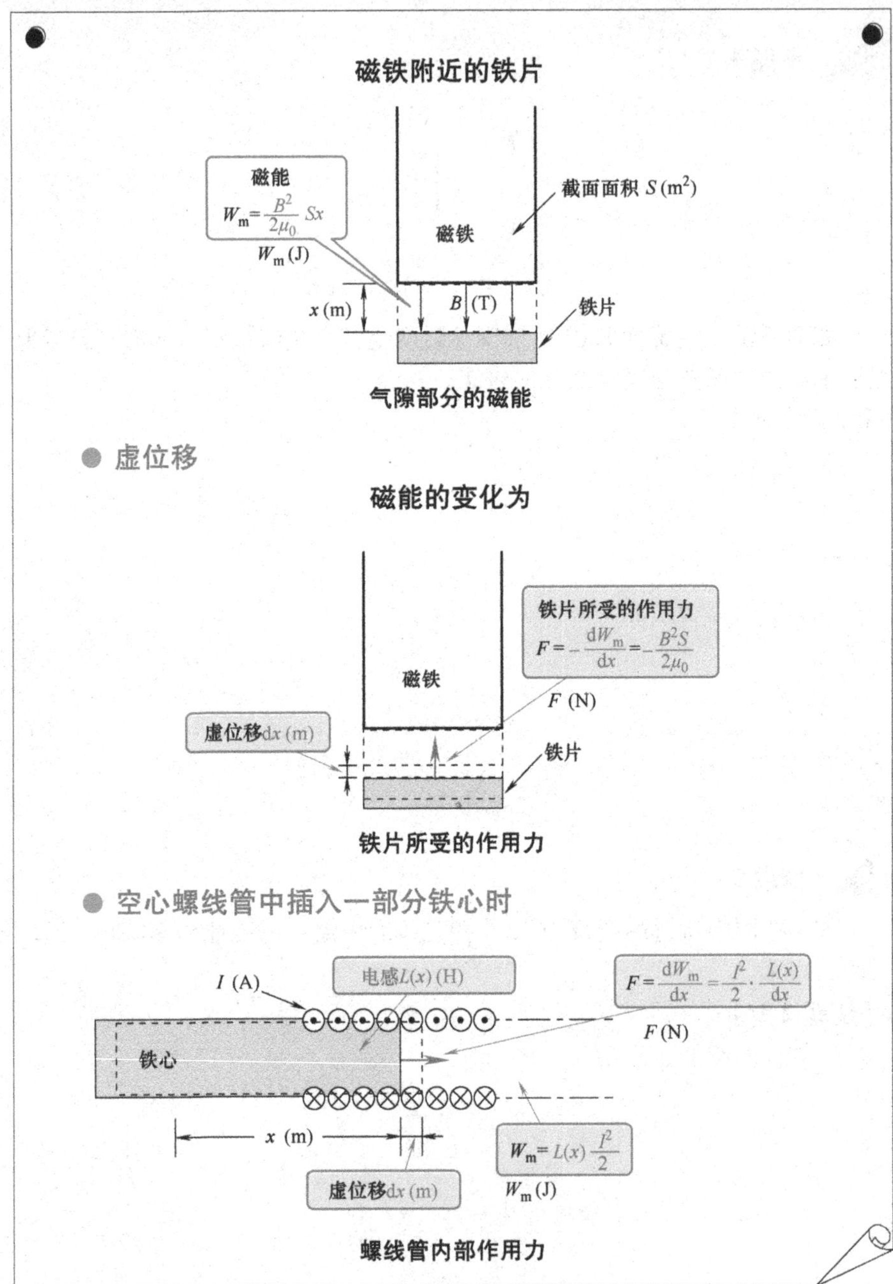

注：根据磁铁吸引铁片的现象增强理解。

[1] 磁铁对铁片的作用力

磁铁接近铁片时的作用力为

$$F = -\frac{\mathrm{d}W_m}{\mathrm{d}x} = -\frac{B^2 S}{2\mu_0}$$

F 为铁片受到的作用力（吸引力）（N）

W_m 为气隙部分的磁能

$$\left(=\frac{B^2}{2\mu_0}Sx\right)\text{(J)}$$

x 为磁铁的磁极与铁片之间的距离（m）

S 为磁石的横截面面积（m^2）

B 为气隙部分的磁通密度（T）

[2] 在螺线管中的作用力

空心螺线管中插入一部分铁心时铁心所受作用力为

$$F = \frac{\mathrm{d}W_m}{\mathrm{d}x} = \frac{I^2}{2}\cdot\frac{L(x)}{\mathrm{d}x}$$

F 为铁心受到的作用力（吸引力）（N）

W_m 为螺线管所储存的全部磁能

$$\left(=\frac{L(x)I^2}{2}\right)\text{(J)}$$

x 为螺线管内插入的铁心部分的长度（m）

L（x）为螺线管的电感（H）

I 为螺线管流过的电流（A）

磁铁对铁片的作用力

磁铁附近的铁片受到磁铁的吸引（作用力）。通过该作用力，将磁铁的一部分磁场能转移到铁片上，从而使铁片也具有磁能的储存。

当磁铁与铁片之间的气隙部分的距离为 x（m），气隙的截面面积与磁极截面面积 S（m^2）相等，气隙部分的磁通密度为 B（T）时，气隙部分的磁能 W_m（J）可由下式表示。在此不考虑漏磁通的情况。

$$W_m = \frac{B^2}{2\mu_0}Sx$$

铁片受到的作用力 F（N）为

$$F = -\frac{\mathrm{d}W_m}{\mathrm{d}x} = -\frac{B^2 S}{2\mu_0}$$

作用力的方向朝着气隙间距减小的方向，也就是吸引力的方向。单位面积上受到的作用力 f（N/m^2）与气隙部分的磁能密度 w_m（J/m^3）相等。

$$f = \frac{|F|}{S} = \frac{B^2}{2\mu_0} = w_m$$

螺线管内部的作用力

空心螺线管内部插入铁心的一部分，该部分长度为 x（m）。若螺线管的电感为 $L(x)$（H），线圈中流过的电流为 I（A）时，螺线管储存的总磁能 W_m（J）为

$$W_m = \frac{B^2}{2\mu_0}Sx$$

若铁心移动所需要的能源均由外部提供时，铁心受到的作用力 F（N）为

$$F = -\frac{dW_m}{dx} = -\frac{B^2 S}{2\mu_0}$$

自感 $L(x)$(H) 是随着铁心的插入深度 x（m）的增加而相应增加的。铁心受到的作用力为吸引力，其方向与虚位移的方向一致。

虚功原理

试着考虑一个质点受到力的作用这样简单的情况。若质点所受作用力的合力为 $\boldsymbol{F}$ 时，质点是静止的，则质点所受的作用力是平衡的。因此有

$$\boldsymbol{F} = 0$$

此时，质点处在一个平衡的状态下，并假设其位置为 r。在这种情况下，如这个质点从 r 的位置上，产生一个微小距离 dr 的任意虚位移的话，对质点起作用的各个作用力也将做相应的虚功。只是根据力的平衡条件，合力为零的条件下，各作用力所做虚功的总和为

$$dW = \boldsymbol{F} \cdot d\boldsymbol{r} = 0$$

由此可见，此时的虚功的总和也为 0，我们将此称之为虚功原理。

这里所说的微小位移，其实不是实际的微小的位置变化，只是假设的瞬间的坐标变化。因此，把这种位移称为虚位移。由虚位移而产生的能量变化也称为虚功，以便与实际的功相区别。

例题 1

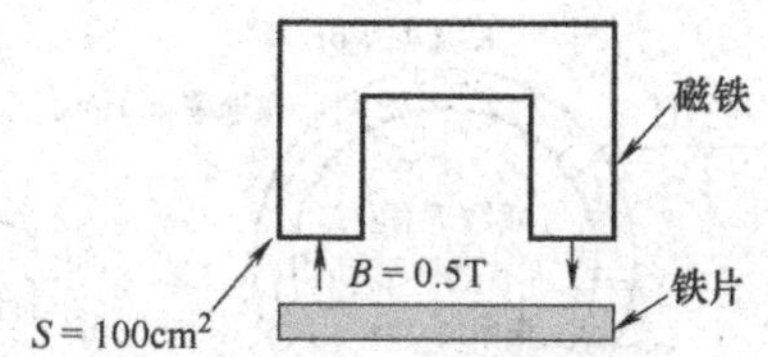

如图所示，一磁极与铁片之间的气隙面积为 100cm^2，磁铁中的磁通密度为 0.5T。试求铁片所受到的磁场作用力。

【例题 1 解】

在有 2 个空隙的情况下，铁片受到的作用力为

$$F = -\frac{B^2 S}{2\mu_0} = -\frac{2\times 0.5^2 \times 100\times 10^{-4}}{2\times 4\pi\times 10^{-7}} = 1.99\times 10^3\text{N}$$

（其中 0.5^2 对应 B，100×10^{-4} 对应 S）

例题 2

将横截面面积为 8cm^2 的两根铁棒，两端对接放入一空心螺线管中，铁棒接触点处的磁通密度为 0.5T。试求将两根铁棒分离至少需要多大的力。

【例题 2 解】

当螺线管中的 2 根铁棒分离时，其产生的微小的气隙记为 $\mathrm{d}x$（m）。当气隙 $\mathrm{d}x$ 足够小时，其所处位置的磁通密度不会发生改变。因此，此时磁能变化为

$$\mathrm{d}W_\mathrm{m} = \frac{B^2 S\mathrm{d}x}{2\mu_0} - \frac{B^2 S\mathrm{d}x}{2\mu} = B^2 S\mathrm{d}x\left(\frac{1}{2\mu_0} - \frac{1}{2\mu}\right)$$

由于铁棒的磁导率相对于空气来说非常大，即 $\mu \gg \mu_0$，因此：

$$\mathrm{d}W_\mathrm{m} \approx \frac{B^2 S\mathrm{d}x}{2\mu_0}$$

铁棒分离需要的力为

$$F = \frac{\mathrm{d}W_\mathrm{m}}{\mathrm{d}x} = \frac{B^2 S}{2\mu_0} = \frac{0.5^2\times 8\times 10^{-4}}{2\times 4\pi\times 10^{-7}} = 79.6\text{N}$$

铁心线圈的电感

环形铁心缠绕线圈的情况

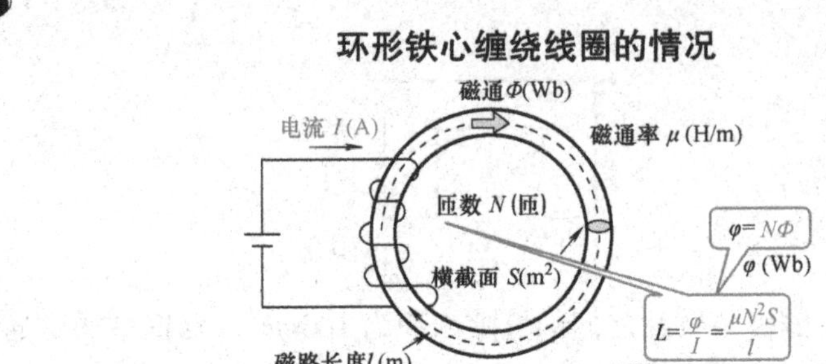

线圈的电感

两个线圈缠绕的情况

线圈1中流过的电流为 I_1（A）

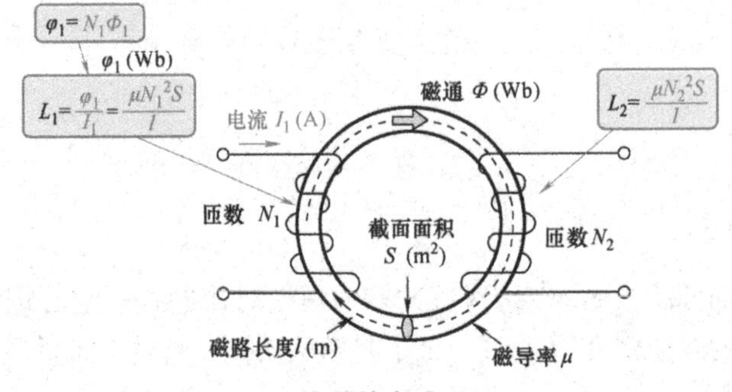

线圈的电感

互感

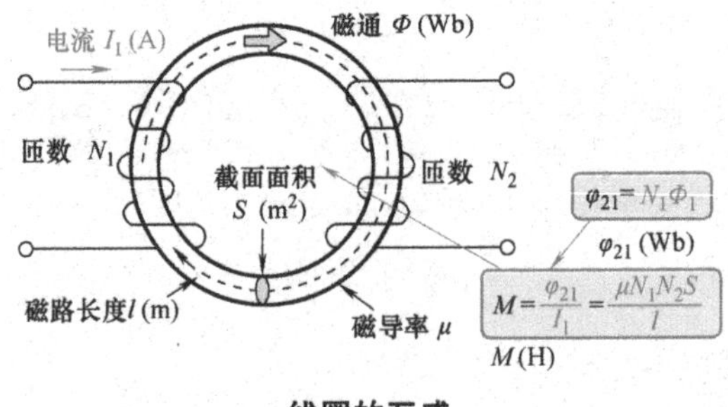

线圈的互感

注：试分析环形铁心线圈的电感。

[1] **环形螺线管的电感**

环形铁心周围缠绕线圈组成的螺线管的电感为

$$L = \frac{\varphi}{I} = \frac{\mu N^2 S}{l}$$

L 为电感（H）

φ 为穿过线圈的磁链，$\varphi = N\Phi$（Wb）

I 为线圈流过的电流（A）

Φ 为磁通 $\Phi = NI/R_m$（Wb）

R_m 为磁阻 $R_m = l/\mu S$（A/Wb）

μ 为铁心的磁导率（H/m）

N 为线圈匝数（匝）

S 为螺线管的横截面面积（m^2）

l 为螺线管的磁路长度（m）

[2] **环形螺线管的互感**

不计漏磁通时，铁心周围缠绕的两个线圈的互感为

$$M = \frac{\varphi_{21}}{I_1} = \frac{\mu N_1 N_2 S}{l}$$

M 为互感（H）

φ_{21} 为穿过线圈 2 的磁链，$\varphi_{21} = N_2\Phi_1$（Wb）

I_1 为线圈 1 流过的电流（A）

Φ_1 为线圈 1 流过的电流产生的磁通，$\Phi_1 = N_1 I_1 / R_m$

N_1、N_2 为线圈 1 与线圈 2 的匝数（匝）

M（H）与线圈 1、线圈 2 的电感的关系：

$$L_1 L_2 = \frac{\mu N_1^2 S}{l} \cdot \frac{\mu N_2^2 S}{l} = M^2$$

$$M = \pm\sqrt{L_1 L_2}$$

环形螺线管的电感

环形铁心外有线圈缠绕时就组成了环形螺线管。环形螺线管的电感，由线圈的匝数 N（匝），螺线管的横截面面积 S（m^2）及磁路长度 l（cm），铁心的磁导率 μ（H/m）决定。

当线圈流过的电流为 I（A），螺线管的磁阻为 $R_m=\frac{l}{\mu S}$时，在磁路中产生的磁通 Φ（Wb）为

$$\Phi=\frac{NI}{R_m}=\frac{NI}{\frac{l}{\mu S}}=\frac{\mu NSI}{l}$$

当线圈穿过的磁链为 $\varphi=N\Phi$ 时，环形螺线管的电感 L（H）为

$$L=\frac{N\Phi}{I}=N\frac{\mu NSI}{l}=\frac{\mu N^2S}{l}$$

环形螺线管的互感

铁心上缠绕着匝数为 N_1（匝）与 N_2（匝）的两个线圈，当一个线圈流过的电流为 I_1（A），电流产生的磁通为 $\Phi_1=\frac{\mu N_1SI_1}{l}$，在不计漏磁通的情况下，穿过另一个线圈的磁链为 $\varphi_{21}=N_2\Phi_1$。此时两个线圈的互感 M（H）为

$$M=\frac{\varphi_{21}}{I_1}=\frac{\mu N_1N_2S}{l}$$

各个线圈的电感分别为 $L_1=\frac{\mu N_1^2S}{l}$，$L_2=\frac{\mu N_2^2S}{l}$时有

$$L_1L_2=\frac{\mu N_1^2S}{l}\cdot\frac{\mu N_2^2S}{l}=\left(\frac{\mu N_1N_2S}{l}\right)^2$$

所以：

$$M=\pm\sqrt{L_1L_2}M(\mathrm{H})$$

成立。

例题 1

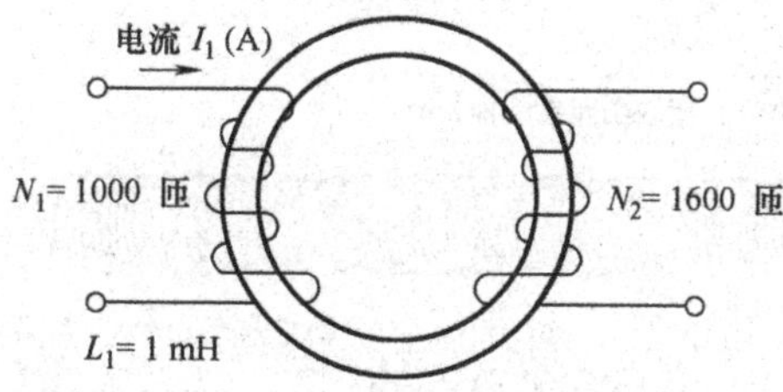

如图所示，环形螺线管的一个线圈的匝数为 1000 匝，另一个线圈的匝数为 1600 匝，第一个线圈的电感为 1mH，试求另一个线圈的电感。

【例题 1 解】

当第一个线圈流过的电流为 I_1（A）时，其电感为

$$L_1 = \frac{N_1 \Phi_1}{I_1} = N_1 \frac{N_1}{R_m},\ R_m = \frac{N_1^2}{L_1}$$

另一个线圈的电感为

$$L_2 = \frac{N_2^2}{R_m} = \left(\frac{N_2}{N_1}\right)^2 L_1 = \left(\frac{1600}{1000}\right)^2 \times 1 \times 10^{-3}\ \mathrm{H} = 2.56 \times 10^{-3}\mathrm{H}$$

（注：$\frac{1600}{1000}$ 为 $\frac{N_2}{N_1}$，1×10^{-3} 为 L_1）

例题 2

在例题 1 的条件下，不计漏磁通时，试求两个线圈之间的互感。

【例题 2 解】

两个线圈之间的互感为

$$M = \frac{N_2 \Phi_1}{I_1} = N_2 \frac{N_1}{R_m} = \frac{N_2}{N_1} L_1 = \frac{1600}{1000} \times 1 \times 10^{-3}\mathrm{H}$$

$$= 1.6 \times 10^{-3}\mathrm{H}$$

应用自感与互感之间的关系，也可以求得

$$M = \sqrt{L_1 L_2} = \sqrt{1 \times 10^{-3} \times 2.56 \times 10^{-3}}\mathrm{H} = 1.6 \times 10^{-3}\mathrm{H}$$

第 56 课

螺线管的电感

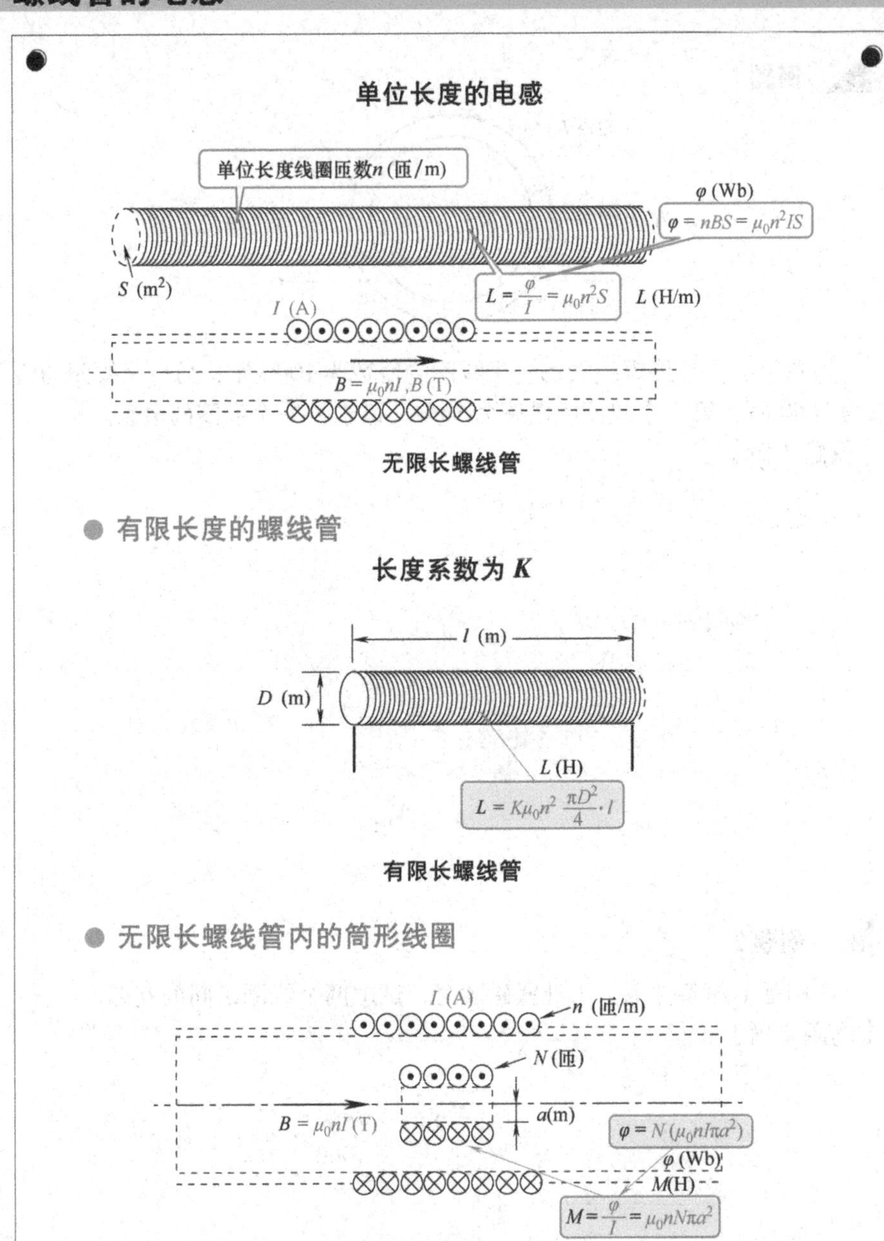

注：有限长螺线管，需要考虑线圈两端的情况。

[1] **无限长螺线管的电感**

空心无限长螺线管的电感为

$$L=\frac{\varphi}{I}=\mu_0 n^2 S$$

L 为电感（H）

φ 为穿过线圈的磁链，$\varphi=n\Phi$（Wb/m）

I 为线圈流过的电流（A）

Φ 为螺线管内的磁通（Wb）

$\Phi=BS$

B 为螺线管内的磁通密度，

$$B=\mu_0 nI(T)$$

n 为单位长度的线圈的匝数（匝/m）

S 为螺线管的横截面面积（m^2）

[2] **有限长螺线管的电感**

空心有限长螺线管的电感为

$$L=K\mu_0 n^2\cdot\frac{\pi D^2}{4}\cdot l$$

$$=K\pi^2 n^2 D^2 l\times10^{-7}$$

L 为电感（H）

K 为长度系数

n 为单位长度的线圈的匝数（匝/m）

D 为螺线管的直径（m）

长度系数

$\frac{D}{l}$	K	$\frac{D}{l}$	K
0	1.000	1	0.688
0.1	0.959	2	0.526
0.2	0.920	3	0.429
0.3	0.884	4	0.365
0.4	0.850	5	0.320
0.5	0.818	6	0.285
0.6	0.789	7	0.258
0.7	0.761	8	0.237
0.8	0.735	9	0.219
0.9	0.711	10	0.203

无限长螺线管的电感

单位长度的匝数为 n（匝/m）、截面面积为 S（m^2）的空心无限长螺线管流过的电流为 I（A）时，螺线管内部的磁通密度 B（T）是均匀分布的，并可表示为

$$B = \mu_0 n I$$

穿过单位长度线圈的磁链 φ（Wb/m）为

$$\varphi = nBS = \mu_0 n^2 IS$$

单位长度的螺线管的电感 L（H/m）为

$$L = \frac{\varphi}{I} = \mu_0 n^2 S$$

空心无限长螺线管内有匝数为 N（匝）、半径为 a（m）的筒形线圈，其中心轴线与螺线管的中心轴重合放置，则穿过该内部线圈的磁链 φ（Wb）为

$$\varphi = NBS = N(\mu_0 nI)\pi a^2$$

无限长螺线管与其内部线圈之间的互感 M（H）为

$$M = \frac{\varphi}{I} = \mu_0 nN\pi a^2$$

有限长螺线管的电感

单位长度的匝数为 n（匝/m）、直径为 D（m）、长度为 l（m）的空心有限长螺线管，螺线管内部的磁通密度是均匀分布的，由于受到线圈端部的影响，因此，需要采用长度系数 K 对有限长螺线管的电感进行修正，其螺线管电感 L（H）为

$$L = K\mu_0 n^2 \frac{\pi D^2}{4} l = K\pi^2 n^2 D^2 l \times 10^{-7}$$

当直径与长度的比 D/l 非常小的时候，K 的值接近于 1。

例题 1

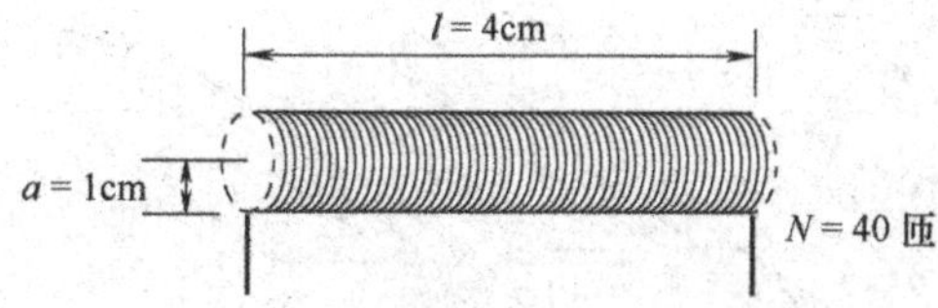

如图所示，半径为1cm、长度为4cm、匝数为40匝的空心有限长螺线管，试求其电感。

【例题1解】

有限长螺线管的直径与长度的比为$D/l=(1\times2)/4=0.5$、长度系数$K=0.818$，有限长螺线管的电感为

$$K=K\pi^2n^2D^2l\times10^{-7}$$

$$=\underbrace{0.818}_{K}\times3.14^2\times\left(\underbrace{\frac{4}{4\times10^{-2}}}_{n}\right)^2\times(\underbrace{2\times10^{-2}}_{D})^2\times(\underbrace{4\times10^{-2}}_{l})\times10^{-7}\text{H}$$

$$=1.29\times10^{-5}\text{H}$$

例题 2

线圈匝数为100匝的螺线管的电感经过测定为400μH，试求电感为100μH的线圈的匝数。

【例题2解】

螺线管的电感与线圈匝数的二次方成正比例，因此有

$$\frac{L_1}{L_2}=\frac{N_1^2}{N_2^2}=\left(\frac{N_1}{N_2}\right)^2$$

$$\frac{400}{100}=\left(\frac{100}{N_2}\right)^2,N_2=\frac{100}{\sqrt{\frac{400}{100}}}\text{匝}=50\text{匝}$$

第 57 课
平行往复线路的电感

平行线路的导线之间

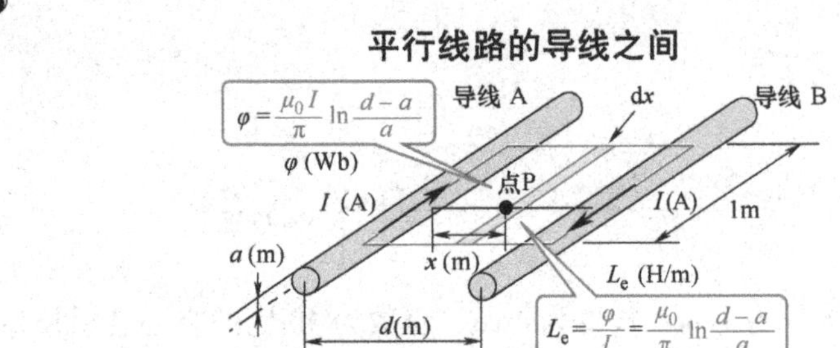

导线间的电感

● 导线内部

导线内部储存的磁能

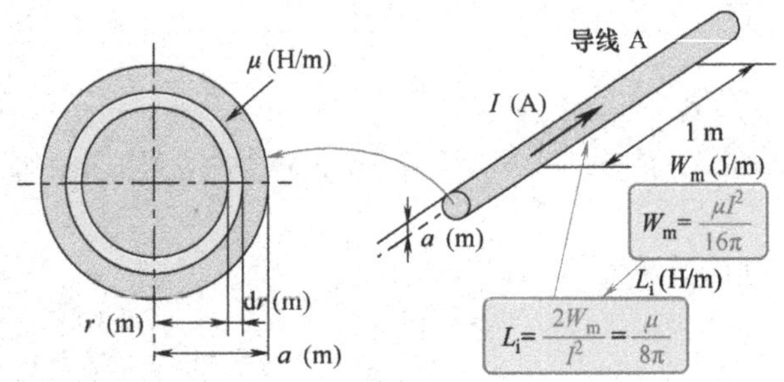

导线的电感

● 与地面平行的架空导线

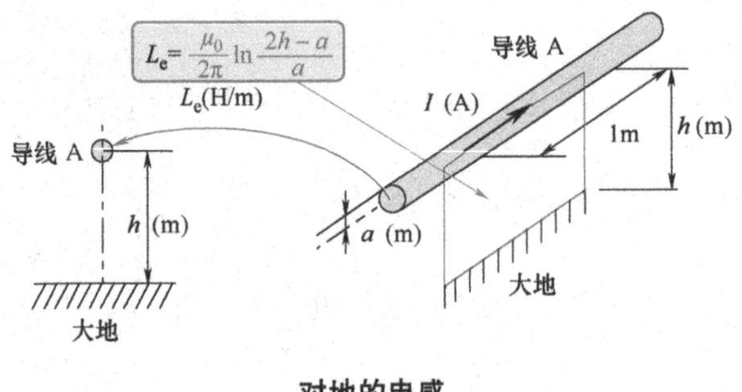

对地的电感

注：空中架设的电线，其导线与大地之间也有电感的存在。

[1] 平行线路之间的电感

导线间的单位长度的外部电感

$$L_e = \frac{\varphi}{I} = \frac{\mu_0}{\pi}\ln\frac{d-a}{a}$$

L_e 为单位长度的电感（H/m）

φ 为单位长度平行导线流过的往复电流在闭合回路中产生的磁链，

$$\varphi = d\Phi = B dx (\text{Wb/m})$$

I 为平行导线流过的往复电流（A）

B 为往复电流在平行线路之间的点上产生的磁通密度，

$$B = \frac{\mu_0 I}{2\pi x} + \frac{\mu_0 I}{2\pi(d-x)}(\text{T})$$

a 为导线截面的半径（m）

d 为平行线路的间隔距离（m）

x 为平行线路之间的一点与一条线路之间的距离

平行线路的导线半径与线路之间的间隔距离之比充分小时有

$$L_e = \frac{\varphi}{I} = \frac{\mu_0}{\pi}\ln\frac{d}{a}$$

[2] 导线内部的电感

单位长度的导线内部电感 L_i（H/m）为

$$L_i = \frac{2W_m}{I^2} = \frac{\mu}{8\pi}$$

L_i 为单位长度导线的电感（H/m）

W_m 为单位长度的导线内部所储存的磁能，$dW_m = \frac{B^2}{2\mu}2\pi r dr(T)$

I 为导线流过的电流（A）

B 为导线流过的电流在导体内部的点上产生的磁通密度，

$$B = \frac{\mu I r}{2\pi a^2}(T)$$

μ 为导线的磁导率（H/m）

a 为导线截面的半径（m）

r 为导线截面上某点到中心点的距离（m）

单位长度平行线路的导线内部电感 L_i（H/m）为

$$L_i = \frac{\mu}{8\pi}\times 2 = \frac{\mu}{4\pi}$$

[3] 导线的对地电感

与地面平行的架空线路，对地电感为

$$L_e = \frac{\mu_0}{2\pi}\ln\frac{2h-a}{a} \approx \frac{\mu_0}{2\pi}\ln\frac{2h}{a}$$

L_e 为单位长度的电感（H/m）

h 为架空导线与大地的距离（m）

平行往复导线的电感

导线的半径为 a（m）、线路之间的间距为 d（m）的无限长平行往复线路，当流过的往复电流为 I（A）时，导线间距离一条导线中心轴的距离为 x（m）的点的磁通密度 B（T）为

$$B=\frac{\mu_0 I}{2\pi x}+\frac{\mu_0 I}{2\pi(d-x)}$$

往复电流在单位长度平行导线的闭环回路中产生的磁链 φ（Wb/m）为

$$\varphi = \int \mathrm{d}\Phi = \int_{x=a}^{x=d-a} B\mathrm{d}x = \frac{\mu_0 I}{\pi}\ln\frac{d-a}{a}$$

平行往复线路的导线之间，单位长度导线的平均外部电感 L_e（H/m）为

$$L_e=\frac{\varphi}{I}=\frac{\mu_0}{\pi}\ln\frac{d-a}{a}$$

根据上式给出的单位长度导线的平均外部电感，可以计算出单位长度的导体内部储存的磁能 W_m（J/m）。当导线间距离导线横截面中心点的距离为 r（m）的点的磁通密度为 $B=\mu Ir/2\pi a^2$ 时，导线内部储存的磁能 W_m（J/m）为

$$W_m = \int dW_m = \int_{r=0}^{r=a}\frac{B^2}{2\mu}2\pi r dr = \frac{\mu I^2}{16\pi}$$

平行往复线路单位长度导线的平均内部电感 L_i（H/m）为

$$L_i=\frac{2W_m}{I^2}\times 2=\frac{\mu}{8\pi}\times 2=\frac{\mu}{4\pi}$$

当 $a \ll d$ 时，平行往复线路的电感 L（H/m）为

$$L=L_e+L_i=\frac{\mu_0}{\pi}\ln\frac{d}{a}+\frac{\mu}{4\pi}$$

直线线路的对地电感

假设将大地当作完整导体，若认为对地面的对称镜像电流为 $-I$（A），则离地面高度 h（m）且与地面平行敷设的半径为 a（m）导线，其单位长度对地的电感为线路间隔 $d=2h$（m）的平行往复线路的电感 L（H/m），即有

$$L=\frac{\frac{\mu_0}{\pi}\ln\frac{2h}{a}+\frac{\mu}{4\pi}}{2}=\frac{\mu_0}{2\pi}\ln\frac{2h}{a}+\frac{\mu}{8\pi}$$

例题 1

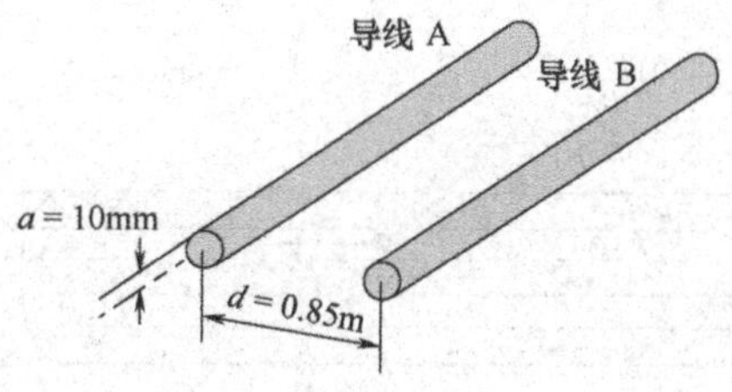

如图所示，导线截面的半径为 10mm、导线间的距离为 0. 85m 的架空输电线路，试求每千米输电线路的外部平均电感。

【例题 1 解】

$d \gg a$ 时，架空输电线路的外部平均电感为

$$L_e = \frac{\mu_0}{2\pi}\ln\frac{d-a}{a} \approx \frac{\mu_0}{\pi}\ln\frac{d}{a}$$

$$= \frac{4\pi\times10^{-7}}{\pi}\ln\frac{0.85}{10\times10^{-3}}$$

（$4\pi\times10^{-7}$ —— μ_0；0.85 —— d；10×10^{-3} —— a）

$$= 1.777\times10^{-6}\,\mathrm{H/m} = 1.777\,\mathrm{mH/km}$$

例题 2

在例题 1 的条件下，当架空输电线路距离地面的距离为 9m 时，试求 1 条导线每千米对地的外部电感。

【例题 2 解】

当 $d \gg a$ 时，架空输电线路中 1 条导线的对地外部电感为

$$L_e = \frac{\mu_0}{2\pi}\ln\frac{d-a}{a} \approx \frac{\mu_0}{\pi}\ln\frac{d}{a}$$

$$= \frac{4\pi\times10^{-7}}{2\pi}\ln\frac{9\times2}{10\times10^{-3}}$$

$$= 1.499\times10^{-6}\,\mathrm{H/m} = 1.499\,\mathrm{mH/km}$$

同轴线路的电感

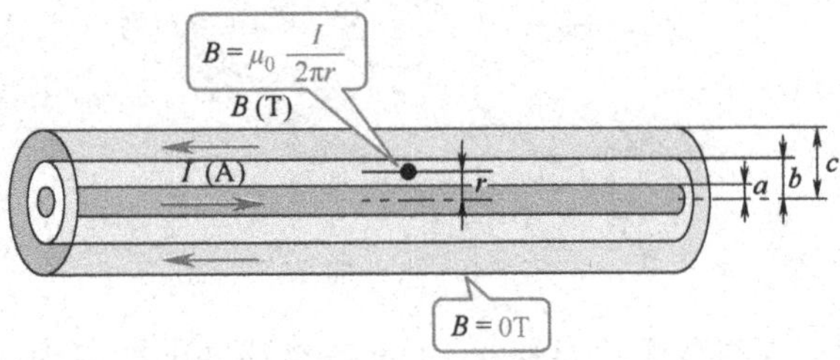

同轴线路产生的磁场

● 同轴线路的外部磁场

导体之间储存的磁能

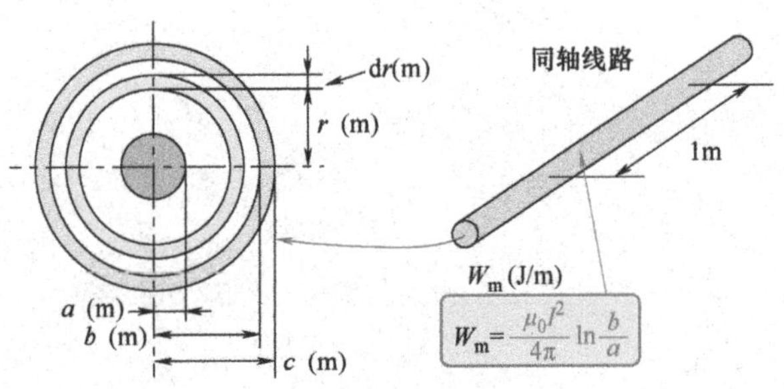

导体之间的磁能

● 不考虑导体内部的电感的情况

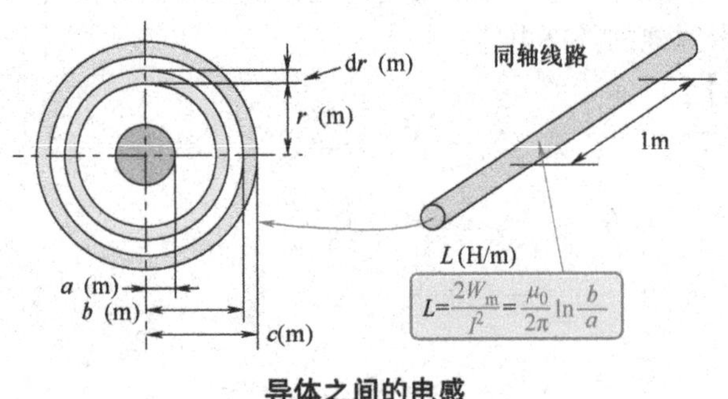

导体之间的电感

注：有关磁能方面的内容，请参见第 53 课的内容。

[1] 同轴线路的电感

单位长度的同轴线路的内外导体间的电感为

$$L=\frac{2W_m}{I^2}=\frac{\mu_0}{2\pi}\ln\frac{b}{a}$$

L 为单位长度的电感（H/m）

W_m 为单位长度的内外导体之间储存的磁能（J/m）

$$dW_m=\frac{B^2}{2\mu_0}2\pi r dr$$

I 为同轴线路流过的往复电流（A）

B 为内导体流过的电流在内外导体之间的点上产生的磁通密度（T）为

$$B=\frac{\mu_0 I}{2\pi r}$$

a 为内导体的半径（m）

b 为外导体的内半径（m）

r 为内外导体之间的点到同轴线路的中心轴的距离（m）

[2] 同轴线路导体之间的作用力

同轴线路的内、外导体的圆柱表面单位面积的作用力为

$$f_a=\frac{\mu_0 I^2}{8\pi^2 a^2}$$

$$f_b=\frac{\mu_0 I^2}{8\pi^2 b^2}$$

f_a 为内导体单位面积受到的作用力（Pa）

f_b 为外导体单位面积受到的作用力（Pa）（外导体的内径增加的方向）

同轴线路的电感

内导体半径为 a(m)、外导体内径为 b(m)的同轴线路，其中流过的往复电流为 I(A)，内外导体之间距离同轴线路中心轴的距离为 r(m)的点处磁通密度 B(T)为

$$B=\frac{\mu_0 I}{2\pi r}$$

单位长度的内外导体之间交链的磁通 φ(Wb/m) 为

$$\varphi=\int d\Phi=\int_{r=a}^{r=b}B dx=\frac{\mu_0 I}{2\pi}\ln\frac{b}{a}$$

单位长度同轴线路内外导体之间的电感 L(H/m)为

$$L=\frac{\varphi}{I}=\frac{\mu_0}{2\pi}\ln\frac{b}{a}$$

单位长度的内外导体之间储存的磁能 W_m(J/m)为

$$W_m=\int \mathrm{d}W_m=\int_{r=a}^{r=b}\frac{B^2}{2\mu}2\pi r\mathrm{d}r=\frac{\mu_0 I^2}{4\pi}\ln\frac{b}{a}$$

因此，同轴线路的内外导体间的单位长度的电感 L(H/m)还可由下式来计算：

$$L=\frac{2W_m}{I^2}=\frac{\mu_0}{2\pi}\ln\frac{b}{a}$$

同轴线路导体之间的作用力

同轴线路的内导体的圆柱表面的磁通密度 B_a(T)为

$$B_a=\frac{\mu_0 I}{2\pi a}$$

磁场中的能量密度为 w_m(J/m^3)时，内导体圆柱表面单位面积受到的作用力 f_a(Pa)为

$$f_a=w_m=\frac{B_a{}^2}{2\mu_0}=\frac{\mu_0 I^2}{8\pi^2 a^2}$$

同理，外导体的圆柱表面单位面积受到的力 f_b(Pa)为

$$f_b=\frac{B_b{}^2}{2\mu_0}=\frac{\mu_0 I^2}{8\pi^2 b^2}$$

例题 1

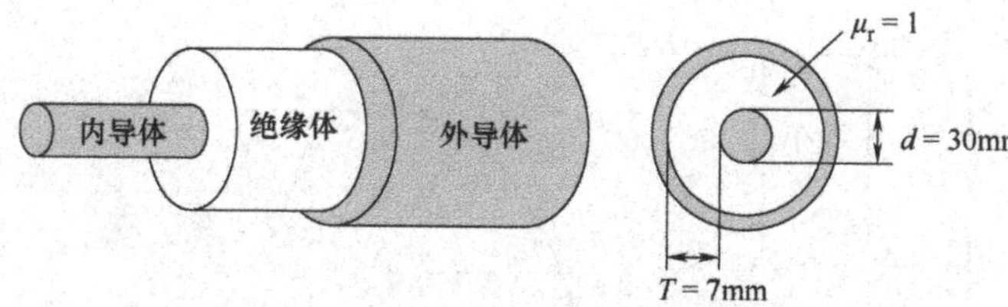

如图所示，内导体的外径为 30mm、绝缘体的厚度为 7mm 的同轴电缆。试求这个同轴电缆每千米长度的电感。绝缘体的相对磁导率为 1，不考虑导体内部的电感。

【例题 1 解】

外导体的内径 $D=(30+7\times2)\text{mm}=44\text{mm}$ 时，同轴电缆的电感为

$$L=\frac{\mu_0\mu_r}{2\pi}\ln\frac{D}{d}$$

$$=\frac{4\pi\times10^{-7}}{2\pi}\ln\frac{44}{30}$$

（$4\pi\times10^{-7}$ 对应 $\mu_0\mu_r$，44 对应 D，30 对应 d）

$$=76.60\times10^{-9}\text{H/m}=76.60\mu\text{H/km}$$

例题 2

例题 1 中的同轴电缆，流过往复电流为 100A 时，试求内、外导体的圆柱表面单位面积受到的作用力。

【例题 2 解】

内导体的圆柱表面单位面积受到的作用力为

$$f_a=\frac{\mu_0\mu_r I^2}{8\pi^2a^2}=\frac{4\pi\times10^{-7}\times100^2}{8\pi^2\times(15\times10^{-3})^2}=0.707\text{Pa}$$

同理，外导体的圆柱表面单位面积受到的作用力为

$$f_b=\frac{\mu_0\mu_r I^2}{8\pi^2b^2}=\frac{4\pi\times10^{-7}\times100^2}{8\pi^2\times(22\times10^{-3})^2}=0.329\text{Pa}$$

过渡现象

含有储能元件的电路

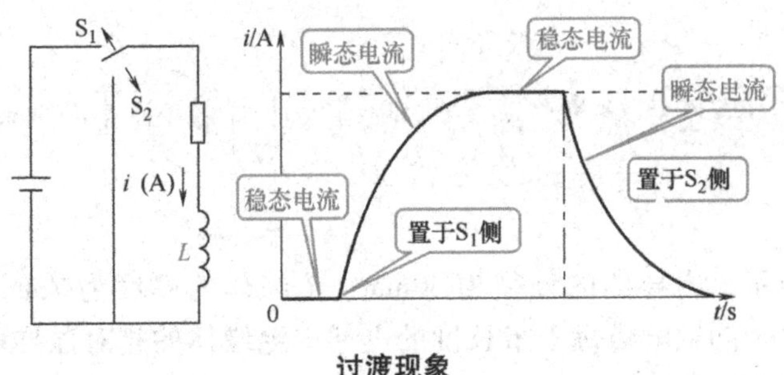

过渡现象

电路中有电感时

开关：S 闭合，电源为电路提供电压

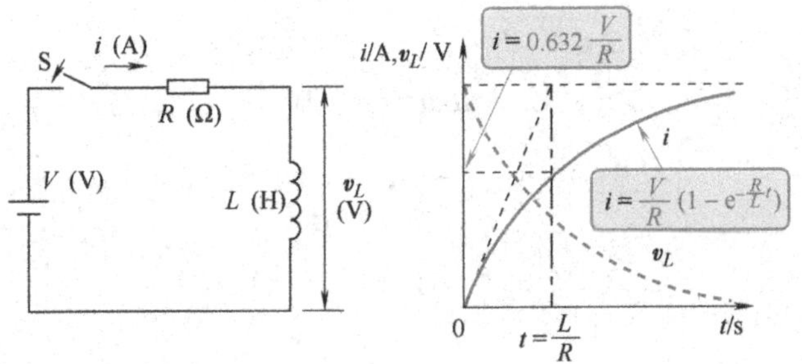

***R*-*L* 电路**

电路中有电容时

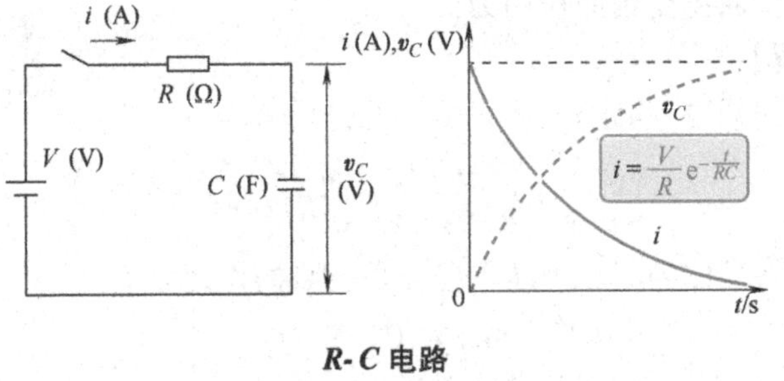

***R*-*C* 电路**

注：具有电容和电感存在的电路所发生的现象。

[1] ***R*-*L* 电路的过渡现象**

电阻、电感、电源串联的电路中，$t=0\text{s}$ 时，电源开关闭合，电路中流过的瞬态电流为

$$i=\frac{V}{R}\left(1-e^{-\frac{R}{L}t}\right)$$

i 为电路中流过的电流（A）
V 为电源电压（V）
R 为电路中的电阻（Ω）
L 为电路中的电感（H）

[2] ***R*-*C* 电路中的过渡现象**

电阻、电容、电源串联的电路中，$t=0\text{s}$ 时电源开关闭合，电路中流过的瞬态电流为

$$i=\frac{V}{R}e^{-\frac{t}{RC}}$$

i 为电路中流过的电流（A）
V 为电源电压（V）
R 为电路中的电阻（Ω）
C 为电路中的电容（F）

过渡现象

电感与电阻连接到电源上，电感中会有电流流过，此时电感会储存能量。电源切断时，电感储存的能量会被释放。同样的，电容与电源相连，电流中的电荷会被电容储存，与电容串联的电阻对电路中电流的流动有抑制作用。

像以上这样的电路，当电路接通，电路中有电流通过时，电路中的能量分别由电感和电容等储能元件等加以储存。随着通电时间的增加，电路会达到一定的稳定的状态。该期间出现的现象称为过渡现象，此时流过的电流称为瞬态电流。

R-L 电路的过渡现象

R-L 串联电路中，当开关闭合时，电路中所加的电压为电源电压 V(V)、电路中流过的电流为 i(A)，则有

$$V = Ri + L\frac{\mathrm{d}i}{\mathrm{d}t}$$

如果开关闭合的瞬间 $t=0$，$i(0)=0$，则电路中流过的电流可由下式计算：

$$i = \frac{V}{R}(1 - \mathrm{e}^{-\frac{R}{L}t})$$

电阻 $R(\Omega)$ 两端的电压 $v_R = Ri$(V)，电感两端的电压为 v_L(V) 可由下式计算：

$$v_L = V - v_R = V\mathrm{e}^{-\frac{R}{L}t}$$

$\tau = L/R$ 为电路的时间常数（s），用来表示瞬态的变化速度。

R-C 电路的过渡现象

R-C 串联电路，当开关闭合时电路中所加的电压为电源 V(V)、电路中流过的电流为 i(A)、电容中储存的电荷量为 q(C)，则有

$$i = \frac{\mathrm{d}q}{\mathrm{d}t},\ V = Ri + \frac{1}{C}\int i\mathrm{d}t = R\frac{\mathrm{d}q}{\mathrm{d}t} + \frac{1}{C}q$$

当开关闭合的瞬间，$t=0, q(0)=CV$ 时，电路中流过的电流，可由下式计算：

$$q = CV(1 - \mathrm{e}^{-\frac{t}{RC}}),\ i = \frac{\mathrm{d}q}{\mathrm{d}t} = \frac{V}{R}\mathrm{e}^{-\frac{t}{RC}}$$

电容两端的电压 v_C(V) 为

$$v_C = \frac{1}{C}q = V(1 - \mathrm{e}^{-\frac{t}{RC}})$$

例题 1

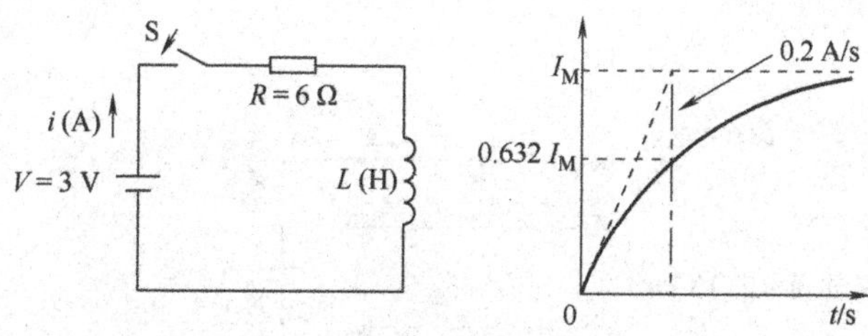

如图所示，电源电压为3V、电阻为6(Ω)的 R-L 电路。开关闭合的瞬间，电路中的电流以0.2A/s 的速率增大。当时间足够长时，电路的电流达到稳定值 I_M(A)。求该电路中的电感。

【例题 1 解】

电源开关闭合的瞬间，$t=0$，$i(0)=0$。因此：

$$V=Ri(0)+L\frac{di(0)}{dt}=6\times0+L\times0.2=3V$$

（图中标注：6 对应 R；0.2 对应 $\frac{di(0)}{dt}$）

电路中的电感为

$$L=\frac{3}{0.2}=15H$$

例题 2

例题 1 中，求电路中电流上升为稳定值电流的 1/2 时，所经历的瞬态时间。

【例题 2 解】

设时间 $t=T$(s)时，$i(T)=I_M/2$，则有

$$i=I_M(1-e^{-\frac{R}{L}T})=I_M(1-e^{-\frac{6}{15}T})=\frac{I_M}{2}$$

化简得 $e^{-0.4T}=0.5$。因此，电流上升为稳定值电流的 1/2 时，所经历的瞬态时间为

$$-0.4T=\ln0.5=-0.693, T=1.73s$$

第60课
位移电流

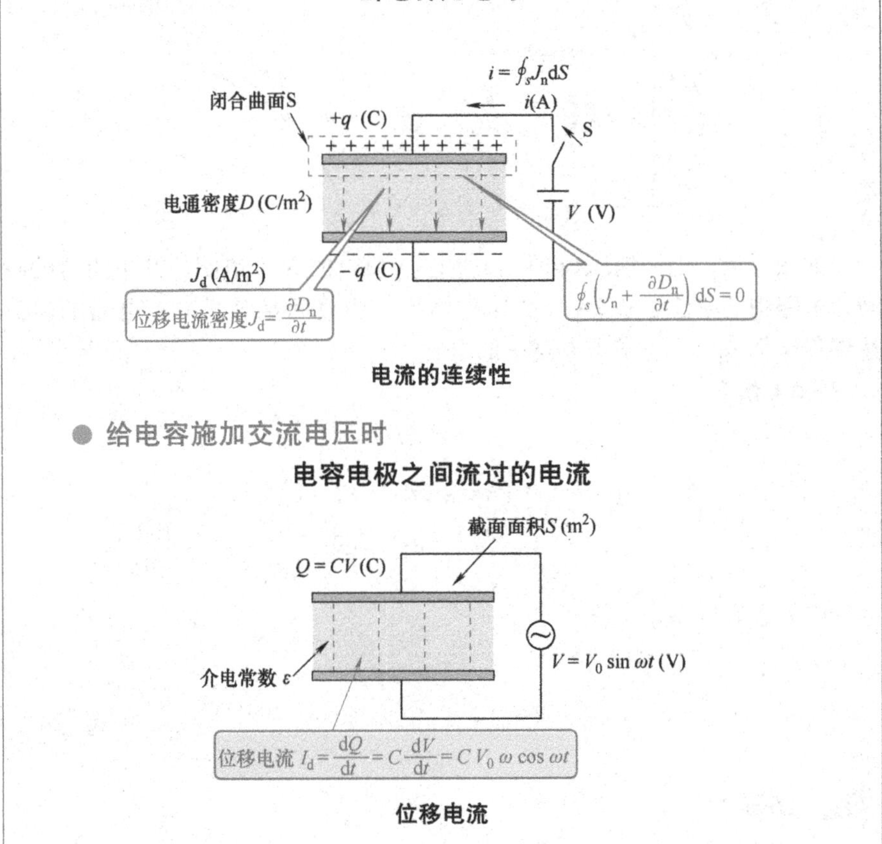

位移电流

● 电介质中的电场随时间变化

$E=E_0\sin\omega t$

E (V/m)

介电常数ε

传导电流密度

$J_c=\kappa E=\kappa\,E_0\sin\omega t≒0$

电导率$\kappa\approx0$

电介质（绝缘体）

位移电流密度

$J_d=\dfrac{\partial(\varepsilon E)}{\partial t}=\varepsilon\,\omega\,E_0\cos\omega t$

位移电流与传导电流

注：关于由电荷的移动而形成传导电流的内容，请参见第28课。

[1] **位移电流**

电容流过的电流为

$$J_d=\frac{\partial D_n}{\partial t}$$

J_d 为位移电流密度（A/m^2）

D_n 为真空或空气中，以及电介质中的电通密度（与电极垂直方向分量）（Wb/m^2）

位移电流

$$I_d=\frac{d}{dt}\oint_S D_n dS=\oint_S \frac{\partial D_n}{\partial t}dS$$

D_n为闭合曲面 S 上的与 dS 垂直的电通密度分量（Wb/m^2）

取包围电容一极的闭合曲面 S，电流的连续性成立：

$$\oint_S\left(J_n+\frac{\partial D_n}{\partial t}\right)dS=0$$

J_n 为闭合曲面 S 上与 dS 垂直的电流密度的分量（A/m^2）

[2] **位移电流和传导电流**

电介质中的电场强度随时间变化时的传导电流为

$$J_c=\kappa E=\kappa E_0\sin\omega t\approx 0$$

J_c 为传导电流密度（A/m^2）

κ 为电介质的电导率($\approx$0)(S/m)

E 为电介质中的电场强度（$=E_0\sin\omega t$）（V/m）

ω 为周波数（rad/s）

电介质中的电场强度随时间变化时的位移电流为

$$J_d=\frac{\partial(\varepsilon E)}{\partial t}=\varepsilon\omega E_0\cos\omega t$$

J_d 为位移电流密度（A/m^2）

ε 为电介质的介电常数（F/m）

位移电流

电场随时间变化，真空或电介质（如电容器）中就会有电流流动，同时也有磁场产生，麦克斯韦理论认为该电流为位移电流。

当电通密度 $\boldsymbol{D}=\varepsilon E$ 随时间变化时，位移电流 I_d(A) 为

$$I_d=\frac{d}{dt}\oint_S D_n dS=\oint_S \frac{\partial D_n}{\partial t}dS$$

当给电容器两端施加交流电压 $V = V_0\sin\omega t$ 时，电路中的传导电流 I_c(A)为

$$I_c = \frac{dQ}{dt} = \frac{d(CV)}{dt} = CV_0\omega\cos\omega t$$

当电容器的电极的面积为 S(m^2)时，电容器中的位移电流密度 J_d(A/m^2)为

$$J_d = \frac{\partial D_n}{\partial t} = \frac{d(Q/S)}{dt} = \frac{C}{S}\frac{dV}{dt}$$

电容器中的位移电流 I_d(A)为

$$I_d = J_d S = C\frac{dV}{dt} = CV_0\omega\cos\omega t = I_c$$

从此可以看出，电流是随时间连续变化的。

电介质中的位移电流和传导电流

电介质中，电场强度 $E = E_0\sin\omega t$ 随时间变化，若电介质的电导率为 κ(S/m)、介电常数为 ε(F/m)，则传导电流 J_c(A/m^2)与位移电流密度 J_d(A/m^2)为

$$J_c = \kappa E = \kappa E_0\sin\omega t$$

$$J_d = \frac{\partial(\varepsilon E)}{\partial t} = \varepsilon\omega E_0\cos\omega t$$

电介质（绝缘体）的电导率非常小，因此在电介质内流动的电流只有位移电流。位移电流的大小与介电常数和交流电压的角频率成正比。频率 $f = \omega/2\pi$ 越大，交流位移电流也越大。

例题 1

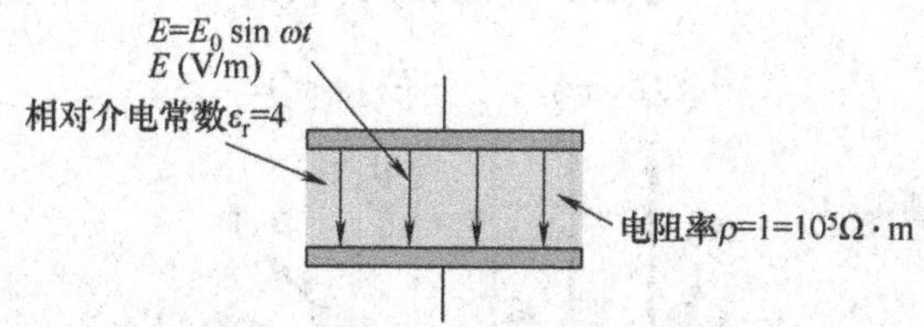

如图所示，电阻率为 $1\times10^5\Omega\cdot m$、相对介电常数 $\varepsilon_r=4$ 的物质。当给其施加频率为 1GHz 的交流电场 $E_0\sin\omega t$ 时，求传导电流和位移电流之比。

【例题 1 解】

该物质的传导率 $\kappa=1/\rho=1\times10^{-5}$ S/m，介电常数 $\varepsilon=\varepsilon_0\varepsilon_r=8.854\times10^{-12}\times4$F/m $=3.54\times10^{-11}$F/m，传导电流密度和位移电流密度分别为

$$J_c=\kappa E=\kappa E_0\sin\omega t,\ J_d=\frac{\partial(\varepsilon E)}{\partial t}=\varepsilon\omega E_0\cos\omega t$$

传导电流和位移电流的比等于其电流密度之比：

$$\frac{I_d}{I_c}=\frac{J_d}{j_c}=\frac{\varepsilon\omega}{\kappa}=\frac{\underbrace{3.54\times10^{-11}}_{\varepsilon}\times\underbrace{2\pi\times10^9}_{\omega}}{\underbrace{10^{-5}}_{\kappa}}=2.22\times10^4$$

例题 2

电容量为 100pF 的电容，加上振幅为 3V、频率为 50Hz 的交流电压，求电容中的位移电流。

【例题 2 解】

电容器上交流电压 V(V) 为

$$V=V_0\sin\omega t=3\sin(2\pi\times50t)=3\sin100\pi t$$

电容器中的位移电流 I_d(A) 为

$$I_d=\frac{dQ}{dt}=C\frac{dV}{dt}=\underbrace{100\times10^{-12}}_{\varepsilon}\times\underbrace{3}_{V_0}\times\underbrace{100\pi}_{\omega}\cos100\pi t$$

$$=9.42\times10^{-8}\cos100\pi t$$

第 61 课

麦克斯韦方程式

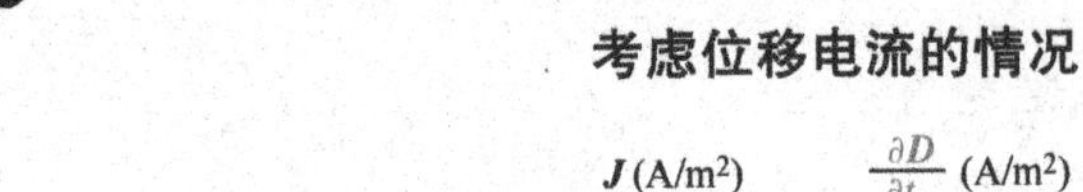

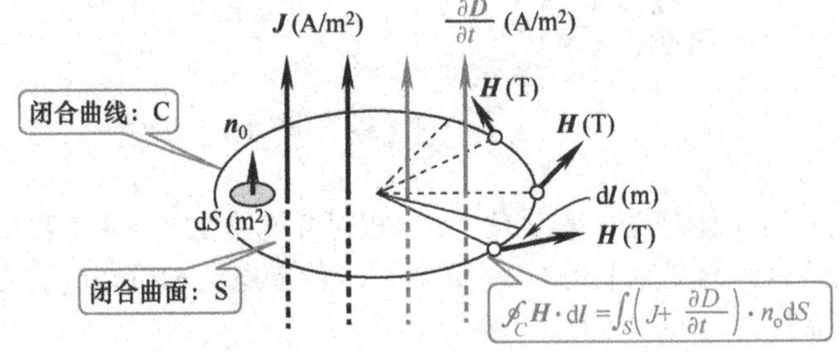

扩展的安培定理

● 电场沿闭合曲线的线积分时

穿过闭合曲线的磁通密度的面积分

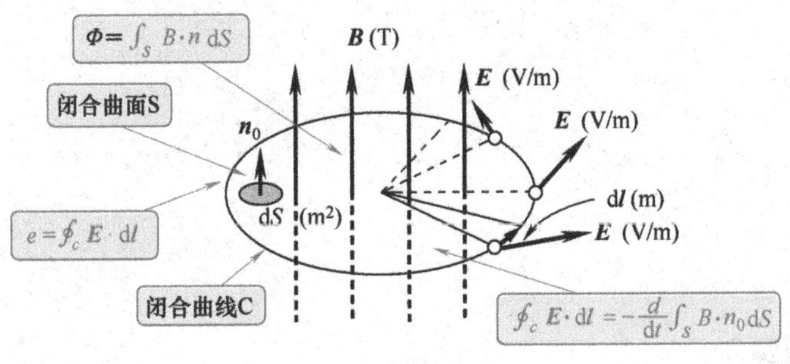

法拉第定律

● 电通密度与磁通密度间的关系

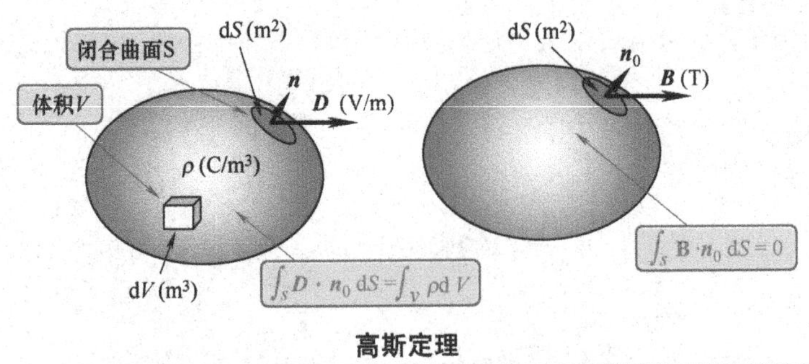

高斯定理

注：通过引入位移电流，学习第 36 课的安培定理的扩展形式。

［1］**扩展安培定理**

扩展安培环路积分定理为

$$\oint_C \boldsymbol{H} \cdot \mathrm{d}\boldsymbol{l} = \int_S \left(\boldsymbol{J} + \frac{\partial \boldsymbol{D}}{\partial t}\right) \cdot \boldsymbol{n}_0 \mathrm{d}S$$

$\boldsymbol{H}$ 为闭合曲线 C 上任意一点的磁场强度（A/m）

$\boldsymbol{J}$ 为闭合曲线 C 所包围的面 S 上的任意一点的传导电流密度（$\mathrm{A/m^2}$）

$\boldsymbol{D}$ 为闭合曲线 C 所包围的面 S 上任意一点的电通密度（$\mathrm{C/m^2}$）

$\boldsymbol{n}_0$ 为闭合曲面 S 上任意一点的单位法线矢量

［2］**法拉第定律**

法拉第定律的积分形式为

$$\oint_C \boldsymbol{E} \cdot \mathrm{d}\boldsymbol{l} = -\frac{\mathrm{d}}{\mathrm{d}t}\int_S \boldsymbol{B} \cdot \boldsymbol{n}_0 \mathrm{d}S$$

$\boldsymbol{E}$ 为闭合曲线 C 上任意一点的电场强度（V/m）

$\boldsymbol{B}$ 为闭合曲线 C 所包围的面 S 上任意一点的磁通密度（T）

［3］**电通密度的高斯定理**

电通密度的高斯定理为

$$\int_S \boldsymbol{D} \cdot \boldsymbol{n}_0 \mathrm{d}S = \int_V \rho \mathrm{d}V$$

$\boldsymbol{D}$ 为闭合曲面 S 上任意一点的电通密度（$\mathrm{C/m^2}$）

ρ 为闭合曲面 S 所包围的体积 V 中任意一点的电荷密度（$\mathrm{C/m^3}$）

［4］**磁通密度的高斯定理**

磁通密度的高斯定理为

$$\int_S \boldsymbol{B} \cdot \boldsymbol{n}_0 \mathrm{d}S = 0$$

$\boldsymbol{B}$ 为闭合曲面 S 上任意一点的磁通密度（T）

麦克斯韦方程式

麦克斯韦方程式是将电磁场基本独立的定理归纳在一起，并用其四个基本公式组成了一个高度概括电磁场基本理论的方程组。

扩展安培环路积分定理

电流的流动就会伴随着磁场的产生。产生磁场的电流不仅有传导电流，还有电通密度（电场强度）随时间变化而产生的位移电流也能产生磁场。同时考虑这两种电流的情况下，有关磁场强度的安培环路积分定理就是扩展的安培积分定理。

当沿着闭合曲线C对磁场强度进行积分时，闭合曲线C所包围的闭合曲面上传导电流密度的面积分即为曲线C内所通过的传导电流的代数和，其大小与该曲面上以电通密度随时间变化率表示的位移电流密度的面积分所得到的位移电流的代数和相等。

用积分表示的法拉第定律

磁场强度（磁通）随时间变化时，就会伴随着感应电动势（电场）的产生。沿着闭合曲线C对电场进行线积分，可得到穿过闭合曲线C的磁场强度变化时所产生的感应电动势。通过对闭合曲线C所包围的曲面上磁通密度的面积分可得到穿过闭合曲线C的磁通。

用积分表示的电通密度的高斯定理

若净电荷存在，在其周围产生电场（电通）。对闭合曲面S的电通密度进行面积分，可用穿过该曲面的（电通量来表示，它就等于对闭合曲面S所包围的体积内的电荷密度进行体积分得到的电荷。

磁通密度的高斯定理

磁力线是连续的闭合曲线，没有起始点，也没有终止点。因此，对于任意闭合曲面S，进入曲面的磁通和离开曲面的磁通相等，沿该闭合曲面S的磁通密度的面积分为0。

例题 1

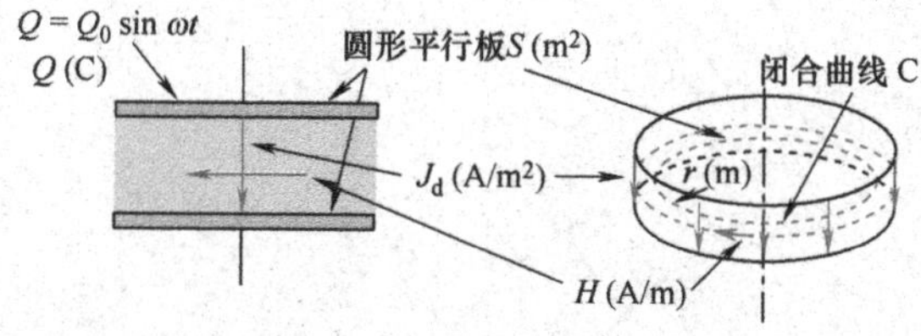

如图所示，半径为 r(m)的圆形平行板电容器。电荷 $Q_0\sin\omega t$ 在极板上均匀分布时，求电容器内的磁场强度。

【例题 1 解】

电容器电介质中的传导电流很小，可以忽略不计。根据扩展安培定理得

$$\oint_C \boldsymbol{H} \cdot \mathbf{d}\boldsymbol{l} = \int_S \frac{\partial \boldsymbol{D}}{\partial t} \cdot \boldsymbol{n}_0 \mathrm{d}S$$

因此，采用标量表示，则有沿闭合曲线 C 的切线方向的磁场强度 H_s(A/m)的线积分，与闭合曲线 C 所包围的曲面上点的法线方向电通密度为 D_n 的面积分相等。

$$\oint_C H_s \mathrm{d}l = \int_S \frac{\partial D_n}{\partial t} \cdot \boldsymbol{n}_0 \mathrm{d}S$$

所以，位移电流密度 J_d(A/m²)为

$$J_d = \frac{\partial D_n}{\partial t} = \frac{\partial (Q/S)}{\partial t} = \frac{\omega Q_0}{S}\cos\omega t$$

以圆板中心轴上的一点为圆心的半径 r、与中心轴垂直的圆形闭合曲线 C。应用扩展安培定理，可得距圆板中心轴距离为 r 的点处的磁场强度 H(A/m²)：

$$\oint_C H_s \mathrm{d}l = H(2\pi r) = \frac{\omega Q_0}{S}\cos\omega t \cdot \pi r^2$$

（J_d；闭合曲线所围成的面积；闭合曲线的长度）

$$H = \frac{\omega Q_0 r}{2S}\cos\omega t$$

第 62 课
矢量算子∇ 的定义与矢量的散度

标量函数的梯度：grad*f*

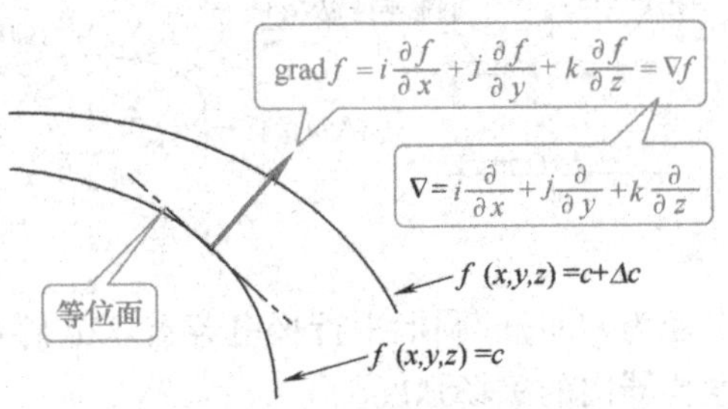

标量的梯度

● 电场强度分布情况用矢量散度来表示

矢量 *A* 的散度：div*A*

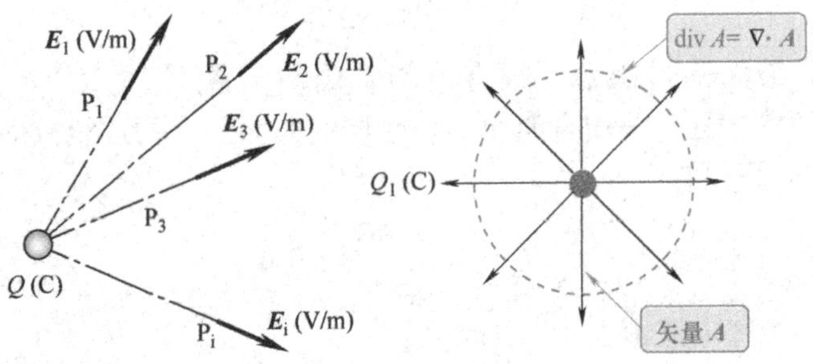

矢量的散度

● 标量函数梯度的散度

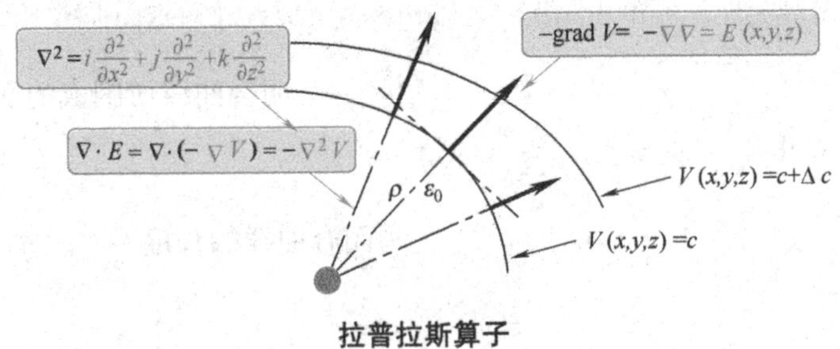

拉普拉斯算子

注：学习矢量分析的基础。

［1］标量的梯度

标量函数的梯度为

$$\text{grad}\, f(x,y,z) = \nabla f$$

f（x，y，z）为标量函数

∇ 为矢量微分算子

矢量微分算子为

$$\nabla = \boldsymbol{i}\frac{\partial}{\partial x} + \boldsymbol{j}\frac{\partial}{\partial y} + \boldsymbol{k}\frac{\partial}{\partial z}$$

［2］矢量的散度

矢量的散度为

$$\text{div}\boldsymbol{A} = \nabla \cdot A$$

$\boldsymbol{A}$ 为矢量

［3］拉普拉斯算子

标量函数梯度的散度

$$\text{div}(\text{grad}\, f(x,y,z)) = \nabla \cdot (\nabla f) = \nabla^2 f$$

拉普拉斯算子为

$$\nabla^2 = \boldsymbol{i}\frac{\partial^2}{\partial x^2} + \boldsymbol{j}\frac{\partial^2}{\partial y^2} + \boldsymbol{k}\frac{\partial^2}{\partial z^2}$$

标量的梯度

电场中的电位可以用电场强度的梯度来表。标量函数$f(x, y, z)$的梯度可用矢量微分算子∇表示为

$$\text{grad}\, f(x,y,z) = \nabla f = \boldsymbol{i}\frac{\partial f}{\partial x} + \boldsymbol{j}\frac{\partial f}{\partial y} + \boldsymbol{k}\frac{\partial f}{\partial z}$$

∇ 为矢量微分算子。梯度的大小为

$$|\nabla f| = \sqrt{\nabla f \cdot \nabla f} = \sqrt{\left(\frac{\partial f}{\partial x}\right)^2 + \left(\frac{\partial f}{\partial y}\right)^2 + \left(\frac{\partial f}{\partial z}\right)^2}$$

矢量的散度

电场强度的分布，可以采用矢量的散度算子来表示。矢量$\boldsymbol{A}$的散度，可用矢量微分算子∇表示为

$$\text{div}\, \boldsymbol{A} = \nabla \cdot \boldsymbol{A} = \left(\boldsymbol{i}\frac{\partial}{\partial x} + \boldsymbol{j}\frac{\partial}{\partial y} + \boldsymbol{k}\frac{\partial}{\partial z}\right) \cdot (\boldsymbol{i}A_x + \boldsymbol{j}A_y + \boldsymbol{k}A_z)$$

$$= \frac{\partial A_x}{\partial x} + \frac{\partial A_y}{\partial y} + \frac{\partial A_z}{\partial z}$$

拉普拉斯算子

如果矢量 $\boldsymbol{A}$ 为标量函数 $f(x,y,z)$ 的梯度，则矢量 $\boldsymbol{A}$ 的散度为

$$\begin{aligned}\operatorname{div}\mathbf{A} &= \nabla\cdot\nabla f = \nabla^2 f\\ &= \left(\boldsymbol{i}\frac{\partial}{\partial x}+\boldsymbol{j}\frac{\partial}{\partial y}+\boldsymbol{k}\frac{\partial}{\partial z}\right)\cdot\left(\boldsymbol{i}\frac{\partial}{\partial x}+\boldsymbol{j}\frac{\partial}{\partial y}+\boldsymbol{k}\frac{\partial}{\partial z}\right)f\\ &= \left\{\left(\frac{\partial}{\partial x}\right)^2+\left(\frac{\partial}{\partial y}\right)^2+\left(\frac{\partial}{\partial z}\right)^2\right\}f\end{aligned}$$

∇^2 为拉普拉斯算子，又称调和算子。

算子∇的相关公式

φ，ψ，u，v 是 x，y，z 的函数，位置矢量 $\boldsymbol{r}$ 为

$$\boldsymbol{r} = \boldsymbol{i}x+\boldsymbol{j}y+\boldsymbol{k}z$$

$\boldsymbol{r}_0$ 是 $\boldsymbol{r}$ 方向的单位矢量，则各函数的梯度如下：

$$\nabla(\varphi+\psi) = \nabla\varphi+\nabla\psi$$

$$\nabla(\varphi\psi) = (\nabla\varphi)\psi+\varphi(\nabla\psi)$$

$$\nabla\frac{1}{\boldsymbol{r}} = -\frac{r\,\boldsymbol{r}_0}{r^3} = -\frac{\boldsymbol{r}_0}{r^2}$$

$$\nabla f(u,v) = \frac{\partial f}{\partial u}\nabla u+\frac{\partial f}{\partial v}\nabla v$$

例题 1

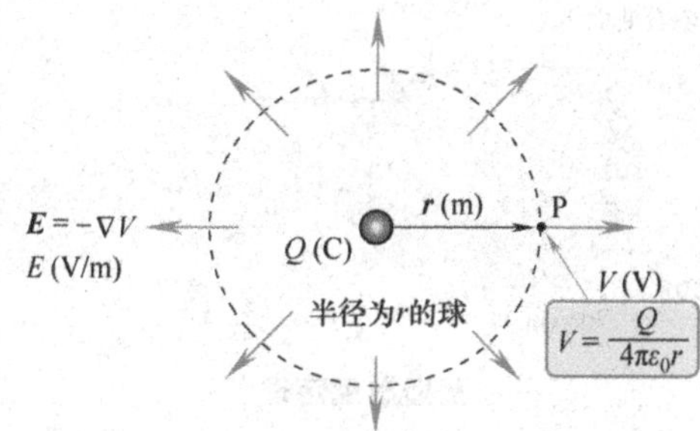

如图所示，点 P 的电位为 $V=Q/4\pi\varepsilon_0 r$，求电场强度矢量。这里，位置矢量 $\boldsymbol{r}$ 为 $\boldsymbol{r}=r\,\boldsymbol{r}_0=\boldsymbol{i}x+\boldsymbol{j}y+\boldsymbol{k}z$，$r=(x^2+y^2+z^2)^{1/2}$。

【例题 1 解】

电场强度矢量为 $\boldsymbol{E}=-\nabla V$。

$$\boldsymbol{E}=-\nabla V=-\nabla\frac{Q}{4\pi\varepsilon_0 r}=-\frac{Q}{4\pi\varepsilon_0}\nabla\left(\frac{1}{r}\right)$$

$$\nabla\left(\frac{1}{r}\right)=\boldsymbol{i}\frac{\partial}{\partial x}\cdot\frac{1}{r}+\boldsymbol{j}\frac{\partial}{\partial y}\cdot\frac{1}{r}+\boldsymbol{k}\frac{\partial}{\partial z}\cdot\frac{1}{r}$$

因为 $r=(x^2+y^2+z^2)^{1/2}$，所以其 x 方向的分量为

$$\boldsymbol{i}\frac{\partial}{\partial x}\cdot\frac{1}{r}=\boldsymbol{i}\frac{\partial}{\partial x}(x^2+y^2+z^2)^{-1/2}=-\boldsymbol{i}\frac{x}{r^3}$$

同理，其 y，z 方向的分量为

$$\boldsymbol{j}\frac{\partial}{\partial y}\cdot\frac{1}{r}=-\boldsymbol{j}\frac{y}{r^3},\ \boldsymbol{k}\frac{\partial}{\partial z}\cdot\frac{1}{r}=-\boldsymbol{k}\frac{z}{r^3}$$

因此有，$\nabla\left(\frac{1}{r}\right)=-\frac{\boldsymbol{i}x+\boldsymbol{j}y+\boldsymbol{k}z}{r^3}=-\frac{\boldsymbol{r}}{r^3}=-\frac{r\,\boldsymbol{r}_0}{r^3}=-\frac{\boldsymbol{r}_0}{r^2}$

$$\boldsymbol{E}=-\frac{Q}{4\pi\varepsilon_0}\nabla\left(\frac{1}{r}\right)=\frac{Q}{4\pi\varepsilon_0 r^2}\boldsymbol{r}_0$$

第 63 课

高斯散度定理、矢量旋度与斯托克斯定理

体积 V 内，矢量散度的体积分与矢量通量的面积分相等

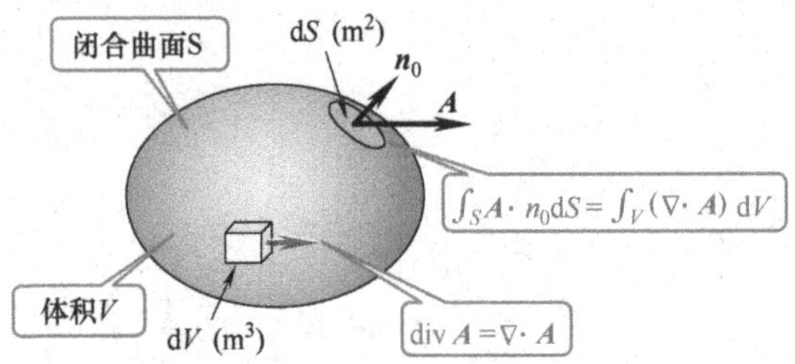

高斯散度定理

● 电流周围产生磁场的情况

矢量 $\boldsymbol{A}$ 的旋度：rot$\boldsymbol{A}$

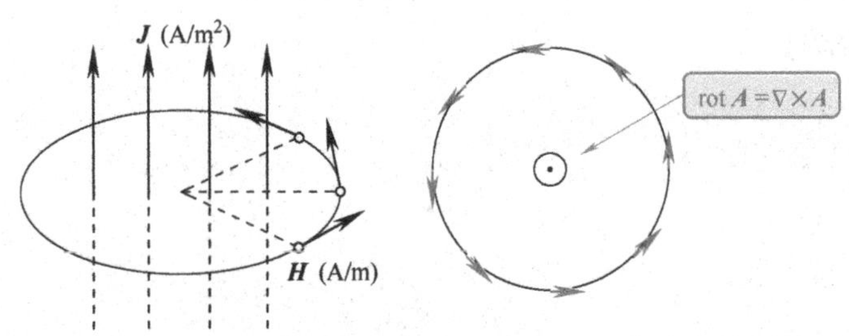

矢量的旋度

● 电通密度和磁通密度的关系

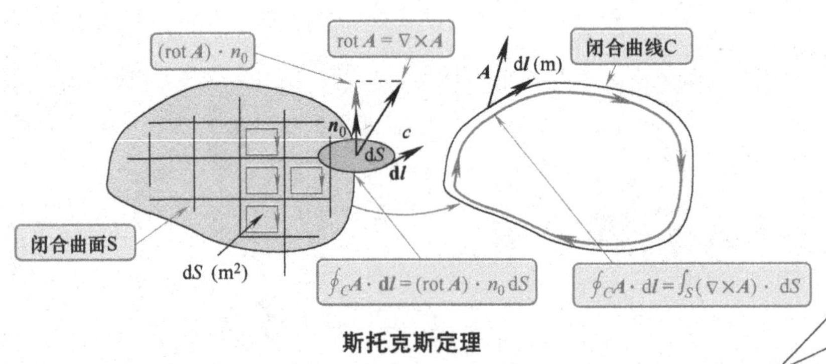

斯托克斯定理

注：通过电磁学中的物理现象加深矢量分析诸定理的理解。

[1] **高斯散度定理**

高斯散度定理为

$$\int_S \boldsymbol{A}\cdot\boldsymbol{n}_0\mathrm{d}S = \int_V(\nabla\cdot\boldsymbol{A})\mathrm{d}V$$

$\boldsymbol{n}_0$ 为闭合曲面 S 上任意一点的单位法线矢量

$\boldsymbol{A}\cdot\boldsymbol{n}_0$ 为闭合曲面 S 上的任意微小部分 dS 的切线矢量与单位法线矢量的内积

$\nabla\cdot\boldsymbol{A}$ 为闭合曲面 S 包围的体积 V 内的任意微小体积 dV 内矢量 $\boldsymbol{A}$ 的发散度

[2] **矢量的旋度**

矢量旋度为

$$\begin{aligned}\mathrm{rot}\boldsymbol{A} &= \nabla\times\boldsymbol{A}\\ &= \boldsymbol{i}\left(\frac{\partial A_z}{\partial y}-\frac{\partial A_y}{\partial z}\right)\\ &+\boldsymbol{j}\left(\frac{\partial A_x}{\partial z}-\frac{\partial A_z}{\partial x}\right)\\ &+\boldsymbol{k}\left(\frac{\partial A_y}{\partial x}-\frac{\partial A_x}{\partial y}\right)\end{aligned}$$

$\boldsymbol{A}$ 为矢量

∇ 为矢量的微分算子

[3] **斯托克斯定理**

斯托克斯定理为

$$\oint_C \boldsymbol{A}\cdot\mathbf{d}\boldsymbol{l} = \int_S(\nabla\times\boldsymbol{A})\cdot\mathbf{d}\boldsymbol{S} = \int_S(\nabla\times\boldsymbol{A})\cdot\boldsymbol{n}_0\mathrm{d}S$$

$\boldsymbol{A}$ 为矢量

$\mathbf{d}\boldsymbol{l}$ 为闭合曲线 C 上任意点处的微小线段的切线矢量（m）

$\mathrm{d}\boldsymbol{S}$ 为闭合曲线 C 包围的曲面 S 上任意一点处的微小部分的面积

$\boldsymbol{n}_0$ 为闭合曲面 S 上任意一点的单位法线矢量

$\nabla\times\boldsymbol{A}$ 为闭合曲面 S 上任意微小面积 dS 上的矢量旋度

高斯散度定理

闭合曲面 S 包围的体积为 V。体积 V 内微小体积 dV 处，矢量 $\boldsymbol{A}$ 的散度在体积 V 上的积分（体积分）与闭合曲面 S 上微小部分 dS 处矢量 $\boldsymbol{A}$ 的法线分量在闭合曲面 S 上的积分（面积分）相等，这就是高斯定理。

矢量 **A** 的法线分量为其与 dS 的单位法线矢量的内积。

该定理揭示了面积分与体积分的关系，给出了面积分与体积分相互转换的公式。

矢量旋度

电流周围有磁场产生，此时的电流与磁场的关系可以采用矢量的旋度进行表示。矢量 **A** 的旋度是通过矢量微分算子∇来表示的：

$$
\begin{aligned}
\mathrm{rot}\boldsymbol{A} = \nabla \times \boldsymbol{A} &= \left(\boldsymbol{i}\frac{\partial}{\partial x} + \boldsymbol{j}\frac{\partial}{\partial y} + \boldsymbol{k}\frac{\partial}{\partial z}\right) \times (\boldsymbol{i}A_x + \boldsymbol{j}A_y + \boldsymbol{k}A_z) \\
&= \boldsymbol{i}\times\boldsymbol{i}\frac{\partial A_x}{\partial x} + \boldsymbol{i}\times\boldsymbol{j}\frac{\partial A_y}{\partial y} + \boldsymbol{i}\times\boldsymbol{k}\frac{\partial A_z}{\partial z} \\
&\quad + \boldsymbol{j}\times\boldsymbol{i}\frac{\partial A_x}{\partial x} + \boldsymbol{j}\times\boldsymbol{j}\frac{\partial A_y}{\partial y} + \boldsymbol{j}\times\boldsymbol{k}\frac{\partial A_z}{\partial z} \\
&\quad + \boldsymbol{k}\times\boldsymbol{i}\frac{\partial A_x}{\partial x} + \boldsymbol{k}\times\boldsymbol{j}\frac{\partial A_y}{\partial y} + \boldsymbol{k}\times\boldsymbol{k}\frac{\partial A_z}{\partial z} \\
&\quad + \boldsymbol{k}\times\boldsymbol{i}\frac{\partial A_x}{\partial x} + \boldsymbol{k}\times\boldsymbol{j}\frac{\partial A_y}{\partial y} + \boldsymbol{k}\times\boldsymbol{k}\frac{\partial A_z}{\partial z} \\
&= \boldsymbol{i}\left(\frac{\partial A_z}{\partial y} - \frac{\partial A_y}{\partial z}\right) + \boldsymbol{j}\left(\frac{\partial A_x}{\partial z} - \frac{\partial A_z}{\partial x}\right) + \boldsymbol{k}\left(\frac{\partial A_y}{\partial x} - \frac{\partial A_x}{\partial y}\right) \\
&= \begin{vmatrix} \boldsymbol{i} & \boldsymbol{j} & \boldsymbol{k} \\ \frac{\partial}{\partial x} & \frac{\partial}{\partial y} & \frac{\partial}{\partial z} \\ A_x & A_y & A_z \end{vmatrix}
\end{aligned}
$$

斯托克斯定理

闭合曲线 C 所包围的曲面为 S。曲面 S 上微小部分 dS 上的矢量 **A** 的旋度在曲面 C 上的积分（面积分）与矢量 **A** 在闭合曲线 C 上的线积分相等，这就是斯托克斯定理。

该定理揭示了线积分与面积分的关系，给出了线积分与面积分相互转换的公式。

例题 1

矢量 $\boldsymbol{A}=2xy\boldsymbol{i}-2z\boldsymbol{j}-2yz\boldsymbol{k}$，求矢量的散度

【例题 1 解】

矢量 $\boldsymbol{A}$ 的散度为

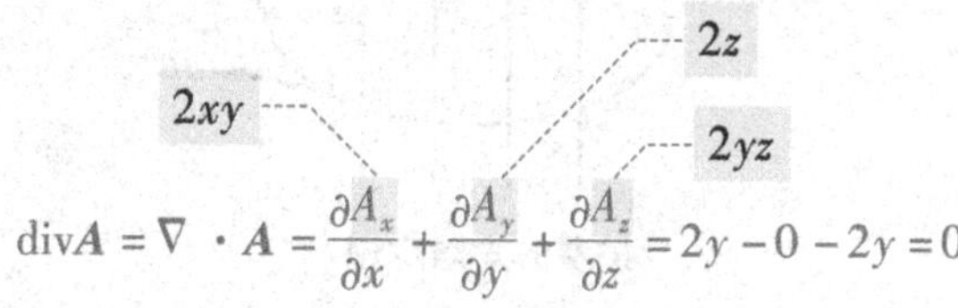

$$\mathrm{div}\boldsymbol{A}=\nabla\cdot\boldsymbol{A}=\frac{\partial A_x}{\partial x}+\frac{\partial A_y}{\partial y}+\frac{\partial A_z}{\partial z}=2y-0-2y=0$$

例题 2

矢量 $\boldsymbol{A}=2xy\boldsymbol{i}-2z\boldsymbol{j}-2yz\boldsymbol{k}$，求矢量旋度

【例题 2 解】

矢量 $\boldsymbol{A}$ 的旋度为

$$\mathrm{rot}\boldsymbol{A}=\nabla\times\boldsymbol{A}=i,j,k$$

$$=\begin{vmatrix}\boldsymbol{i} & \boldsymbol{j} & \boldsymbol{k}\\ \frac{\partial}{\partial x} & \frac{\partial}{\partial y} & \frac{\partial}{\partial z}\\ A_x & A_y & A_z\end{vmatrix}=\begin{vmatrix}\boldsymbol{i} & \boldsymbol{j} & \boldsymbol{k}\\ \frac{\partial}{\partial x} & \frac{\partial}{\partial y} & \frac{\partial}{\partial z}\\ 2xy & 2z & 2yz\end{vmatrix}$$

$$=\boldsymbol{i}\begin{vmatrix}\frac{\partial}{\partial y} & \frac{\partial}{\partial z}\\ 2z & 2yz\end{vmatrix}-\boldsymbol{j}\begin{vmatrix}\frac{\partial}{\partial x} & \frac{\partial}{\partial z}\\ 2xy & 2yz\end{vmatrix}+\boldsymbol{k}\begin{vmatrix}\frac{\partial}{\partial x} & \frac{\partial}{\partial y}\\ 2xy & 2z\end{vmatrix}$$

$$=(2z-2)\boldsymbol{i}-0\boldsymbol{j}+(-2x)\boldsymbol{k}=2(z-1)\boldsymbol{i}-2x\boldsymbol{k}$$

第64课
深度学习麦克斯韦方程式与电磁波

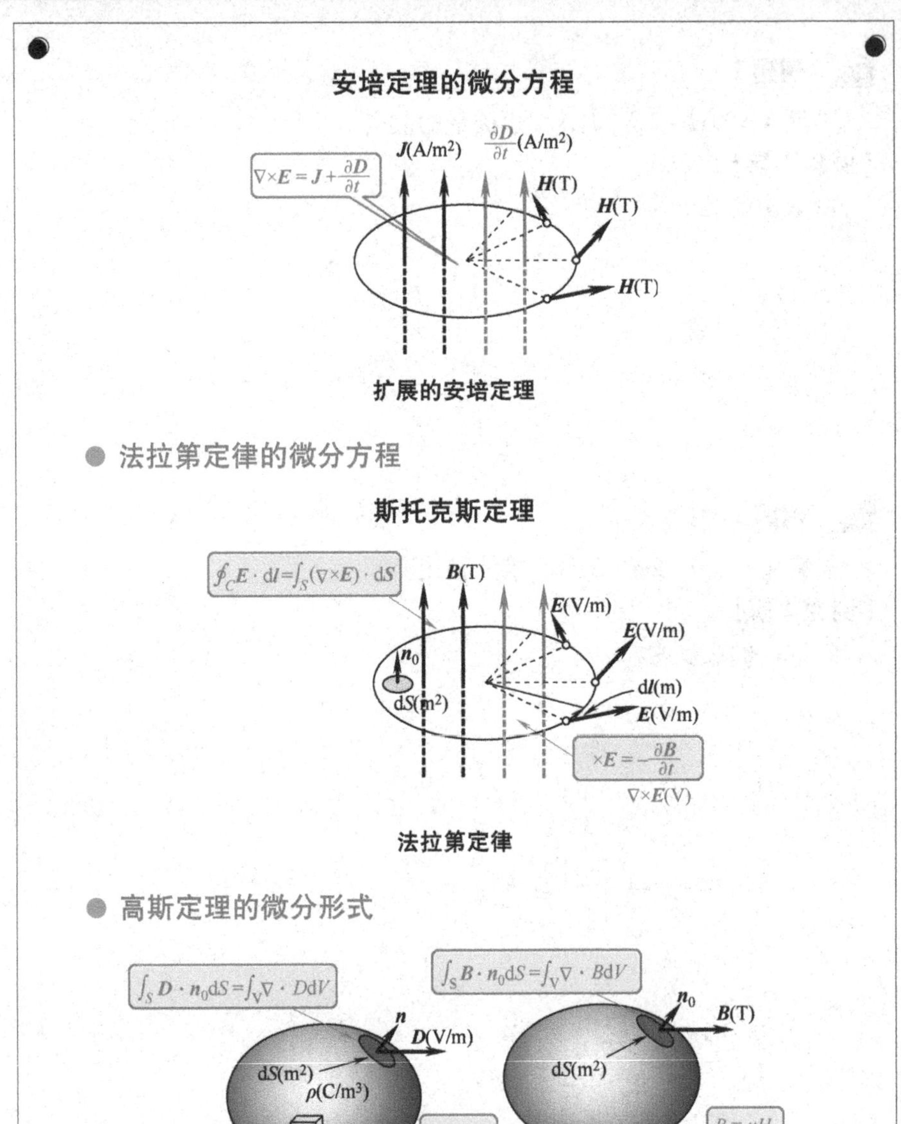

注：通过理论推导，得出真空中的电磁波的速度与光速是相等的。

[1] **扩展的安培定理**

扩展的安培环路积分定理的微分方程为

$$\nabla \times \boldsymbol{H} = \boldsymbol{J} + \frac{\partial \boldsymbol{D}}{\partial t}$$

$\boldsymbol{H}$ 为闭合曲线 C 上任意一点的磁场强度（A/m）

$\boldsymbol{J}$ 为闭合曲线 C 所包围的面 S 上任意一点的传导电流密度（A/m^2）

$\boldsymbol{D}$ 为闭合曲线 C 所包围的面 S 上任意一点的电通密度（C/m^2）

[2] **法拉第定律**

法拉第定律的微分方程为

$$\nabla \times \boldsymbol{E} = -\frac{\partial \boldsymbol{B}}{\partial t}$$

$\boldsymbol{E}$ 为闭合曲线 C 上任意一点的电场强度（V/m）

$\boldsymbol{B}$ 为闭合曲线 C 所包围的面 S 上任意一点的磁通密度（T）

[3] **电通密度的高斯定理**

电通密度高斯定理的微分形式为

$$\nabla \cdot \boldsymbol{D} = \rho$$

$\boldsymbol{D}$ 为闭合曲面 S 上任意一点的电通密度（C/m^2）

ρ 为闭合曲面 S 所包围的体积中任意一点的电荷密度（C/m^3）

[4] **磁通密度的高斯定理**

磁通密度高斯定理的微分形式为

$$\nabla \cdot \boldsymbol{B} = 0$$

$\boldsymbol{B}$ 为闭合曲面 S 上任意一点的磁通密度（T）

[5] **波动方程**

真空或绝缘空间中，介质的电荷密度 ρ 保持不变时，电场和磁场的波动方程式为

$$\nabla^2 \boldsymbol{E} = \frac{1}{c^2} \cdot \frac{\partial^2 \boldsymbol{E}}{\partial t^2}$$

$$\nabla^2 \boldsymbol{B} = \frac{1}{c^2} \cdot \frac{\partial^2 \boldsymbol{B}}{\partial t^2}$$

E 为电场强度（V/m）

B 为磁通密度（T）

c 为电磁波的速度（m/s）

$$c = 1/\sqrt{\varepsilon\mu}$$

麦克斯韦方程的微分形式

扩展的安培环路积分定理为

$$\oint_C \boldsymbol{H} \cdot \mathrm{d}\boldsymbol{l} = \int_S \left(\boldsymbol{J} + \frac{\partial \boldsymbol{D}}{\partial t}\right) \cdot \boldsymbol{n}_0 \mathrm{d}S$$

公式的左边也可用斯托克斯定理表示：

$$\oint_C \boldsymbol{H} \cdot \mathrm{d}\boldsymbol{l} = \int_S \nabla \times \boldsymbol{H} \cdot \boldsymbol{n}_0 \mathrm{d}S = \int_S \left(\boldsymbol{J} + \frac{\partial \boldsymbol{D}}{\partial t}\right) \cdot \boldsymbol{n}_0 \mathrm{d}S$$

扩展的安培环路积分定理的微分方程为

$$\nabla \times \boldsymbol{H} = \boldsymbol{J} + \frac{\partial \boldsymbol{D}}{\partial t}$$

法拉第定律为

$$\oint_C \boldsymbol{E} \cdot \mathrm{d}\boldsymbol{l} = -\frac{\mathrm{d}}{\mathrm{d}t}\int_S \boldsymbol{B} \cdot \boldsymbol{n}_0 \mathrm{d}S$$

公式的左边也可用斯托克斯定理表示：

$$\oint_C \boldsymbol{E} \cdot \mathrm{d}\boldsymbol{l} = \int_S \nabla \times \boldsymbol{E} \cdot \boldsymbol{n}_0 \mathrm{d}S = -\int_S \frac{\partial \boldsymbol{B}}{\partial t} \cdot \boldsymbol{n}_0 \mathrm{d}S$$

法拉第定律的微分方程为

$$\nabla \times \boldsymbol{E} = -\frac{\partial \boldsymbol{B}}{\partial t}$$

电通密度的高斯定理为

$$\int_S \boldsymbol{D} \cdot \boldsymbol{n}_0 \mathrm{d}S = \int_V \rho \mathrm{d}V$$

公式的左边也可用高斯散度定理表示：

$$\int_S \boldsymbol{D} \cdot \boldsymbol{n}_0 \mathrm{d}S = \int_V \nabla \cdot \boldsymbol{D} \mathrm{d}V = \int_V \rho \mathrm{d}V$$

电通密度高斯定理的微分形式为

$$\nabla \cdot \boldsymbol{D} = \rho$$

磁通密度高斯定理为

$$\int_S \boldsymbol{B} \cdot \boldsymbol{n}_0 \mathrm{d}S = 0$$

公式的左边也可用高斯散度定理表示：

$$\int_S \boldsymbol{B} \cdot \boldsymbol{n}_0 \mathrm{d}S = \int_V \nabla \cdot \boldsymbol{B} \mathrm{d}V = 0$$

磁通密度的高斯定理的微分形式为

$$\nabla \cdot \boldsymbol{B} = 0$$

以上四个式子即为麦克斯韦方程的微分形式。

电磁波

通过位移电流的纽带作用，随时间变化的电场和磁场均会引起相互之间的感应效应，这种感应效应在空间中向波浪一样传播，就形成了电磁波。

根据麦克斯韦方程，介电常数为 ε 和磁导率为 μ 的真空或绝缘空间中，$\boldsymbol{D} = \varepsilon\boldsymbol{E}$，$\boldsymbol{B} = \mu\boldsymbol{H}$。绝缘空间介质中的电荷密度 ρ 保持不变时：

$$\nabla \times \boldsymbol{H} = \nabla \times \frac{\boldsymbol{B}}{\mu} = \frac{\partial \boldsymbol{D}}{\partial t} = \frac{\partial(\varepsilon \boldsymbol{E})}{\partial t} \quad \nabla \times \boldsymbol{E} = -\frac{\partial \boldsymbol{B}}{\partial t}$$

$$\nabla \cdot \boldsymbol{D} = \nabla \cdot (\varepsilon \boldsymbol{E}) = \rho = 0 \quad \nabla \cdot \boldsymbol{B} = 0$$

对上面第 1 式和第 2 式两边同时取其旋度，即在该行矢量的左边均加上一个$\nabla \times$算子得

$$\nabla \times \nabla \times \boldsymbol{E} = -\frac{\partial}{\partial t}(\nabla \times \boldsymbol{B}) = -\varepsilon\mu \frac{\partial}{\partial t} \cdot \frac{\partial \boldsymbol{E}}{\partial t} = -\varepsilon\mu \frac{\partial^2 \boldsymbol{E}}{\partial t^2}$$

$$\nabla \times \nabla \times \boldsymbol{B} = \varepsilon\mu \frac{\partial}{\partial t}(\nabla \times \boldsymbol{E}) = \varepsilon\mu \frac{\partial}{\partial t}\left(-\frac{\partial \boldsymbol{B}}{\partial t}\right) = -\varepsilon\mu \frac{\partial^2 \boldsymbol{B}}{\partial t^2}$$

令 $c = 1/\sqrt{\varepsilon\mu}$，由于 $\nabla \times \nabla \times \boldsymbol{A} = -\nabla^2 \boldsymbol{A} + \nabla(\nabla \cdot \boldsymbol{A})$，$\nabla \cdot \boldsymbol{B} = 0$，$\nabla \cdot \boldsymbol{E} = 0$，所以有

$$\nabla^2 \boldsymbol{E} = \varepsilon\mu \frac{\partial^2 \boldsymbol{E}}{\partial t^2} = \frac{1}{c^2} \cdot \frac{\partial^2 \boldsymbol{E}}{\partial t^2}$$

$$\nabla^2 \boldsymbol{B} = \varepsilon\mu \frac{\partial^2 \boldsymbol{B}}{\partial t^2} = \frac{1}{c^2} \cdot \frac{\partial^2 \boldsymbol{B}}{\partial t^2}$$

在上述波动方程中，电场和磁场以 c（m/s）速度传播形成了电磁波。真空中的电磁波的传播速度为

$$c = \frac{1}{\sqrt{\varepsilon_0 \mu_0}} = \frac{1}{\sqrt{8.854 \times 10^{-12} \times 4\pi \times 10^{-7}}} = 2.998 \times 10^8 \text{m/s}$$

与光的传播速度相等。

平面电磁波

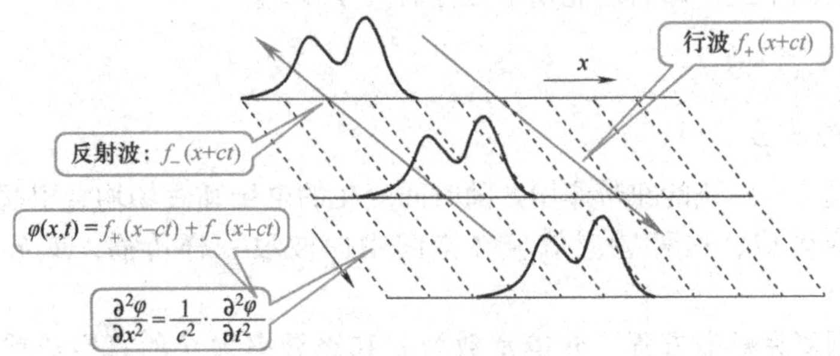

波动方程式的分解

沿 z 轴正方向传播的平面波

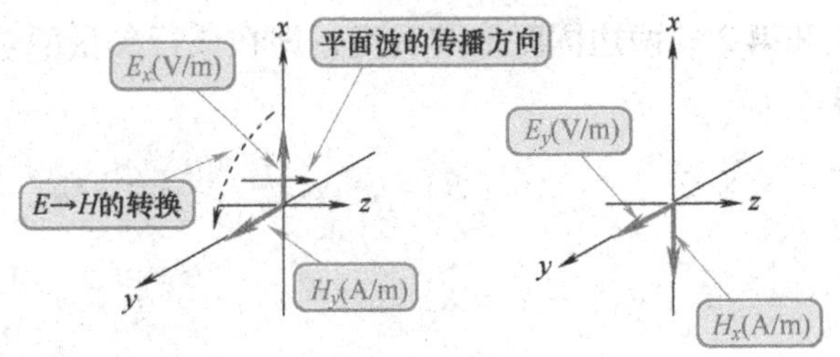

电场与磁场

平面电磁波的瞬时分布

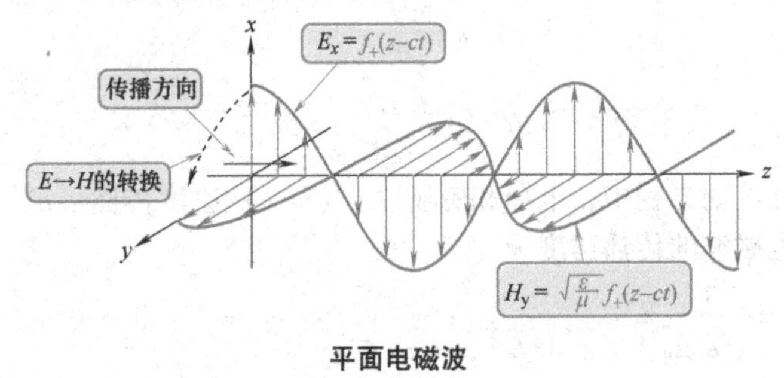

平面电磁波

注：理解关于电场和磁场的最简单的波动方程。

[1] 一元波动方程

一元波动方程为

$$\frac{\partial^2 \varphi}{\partial x^2}=\frac{1}{c^2}\cdot\frac{\partial^2 \varphi}{\partial t^2}$$

$\varphi(x,t)$为空间中（一元）的任意时间函数

c 为传播速度（m/s）

一元波动方程的分解

$$\varphi(x,t)=f_+(x-ct)+f_-(x+ct)$$

$f_+(x-ct)$ 为行波

$f_-(x-ct)$ 为反射波

[2] 平面电磁波

沿 z 轴正方向传播的平面波为

$$E_x=f_+(z-ct)$$

$$H_y=\sqrt{\frac{\varepsilon}{\mu}}f_+(z-ct)$$

相应地

$$E_y=f_+(z-ct)$$

$$H_x=-\sqrt{\frac{\varepsilon}{\mu}}f_+(z-ct)$$

E_x、E_y为 x、y 方向的电场强度分量（V/m）

H_x、H_y为 x、y 方向的磁场强度分量

$$H_x=B_x/\mu、H_y=B_y/\mu\text{(A/m)}$$

ε 为空间介质的介电常数（F/m）

μ 为空间介质的磁导率（H/m）

一元波动方程的分解

空间和时间的任意函数，均可用来描述波动在空间中随着时间的变化而进行传播的过程。为简单起见，在一个方向上以速度 c（m/s）传播的波函数 φ，其一元波动方程为

$$\frac{\partial^2 \varphi}{\partial x^2}=\frac{1}{c^2}\cdot\frac{\partial^2 \varphi}{\partial t^2}$$

在 $t=0$ 时刻的波形 $\varphi(x)=f_+(x)$，以速度 c（m/s）在 x 的正方向以移动。在时间为 t（s）时刻的波形为

$$\varphi(x,t)=f_+(x-ct)$$

同理，在 x 轴负方向移动的波形为

$$\varphi(x,t)=f_-(x+ct)$$

将上述一元波动方程的分解式，通过叠加原理表示为

$$\varphi(x,t)=f_{+}(x-ct)+f_{-}(x+ct)$$

式中，右边第一项为行波，右边第二项为反射波。

平面电磁波

分别存在于 x、y 坐标平面上的电场强度为 $\boldsymbol{E}$ 的电场和磁场强度为 $\boldsymbol{H}(=\mu\boldsymbol{B})$ 的磁场，沿 z 方向上传播形成的电磁波为平面电磁波。

在 z 方向上传播的平面波，$\frac{\partial E_z}{\partial z}=\frac{\partial H_z}{\partial z}=0$，$\frac{\partial E_z}{\partial t}=\frac{\partial H_z}{\partial t}=0$，因此 $E_z=H_z=0$，传播方向上的振动分量为0。

假设只有 x 方向的电场强度分量时，平面波的波动方程为

$$\frac{\partial^2 E_x}{\partial z^2}=\frac{1}{c^2}\cdot\frac{\partial^2 E_x}{\partial t^2}$$

其分解式为

$$\boldsymbol{E}_x=f_{+}(z-ct)+f_{-}(z+ct)$$

为简单起见，仅考虑在 z 的正方向上传播的分量，则有

$$\boldsymbol{E}_x=f_{+}(z-ct)$$

$$\boldsymbol{E}_y=\boldsymbol{E}_z=0$$

又因为 $\nabla\times\boldsymbol{E}=-\frac{\partial\boldsymbol{B}}{\partial t}=-\frac{\mu\partial\boldsymbol{H}}{\partial t}$，相应的磁场强度为

$$j\frac{\partial E_x}{\partial z}=-\mu\frac{\partial\boldsymbol{H}}{\partial t}$$

$$\boldsymbol{H}_y=-\frac{\mu}{c}f_{+}(z-ct)\quad \boldsymbol{H}_x=\boldsymbol{H}_z=0$$

由此可见，当电场强度的 x 分量在 z 方向传播时，磁场强度的 y 分量也以与电场强度同波形和同相位在 z 方向传播。电场波和磁场波的振动方向均与其传播方向垂直，因此也将平面电磁波称为横向波。

同理，当电场分量位于 y 平面时，其相应的电场强度与磁场强度的分量为

$$\boldsymbol{E}_y=f_{+}(z-ct)\quad \boldsymbol{E}_x=\boldsymbol{E}_z=0\mathrm{V/m}$$

$$\boldsymbol{H}_x=-\frac{\mu}{c}f_{+}(z-ct)\quad \boldsymbol{H}_y=\boldsymbol{H}_z=0\mathrm{A/m}$$

例题 1

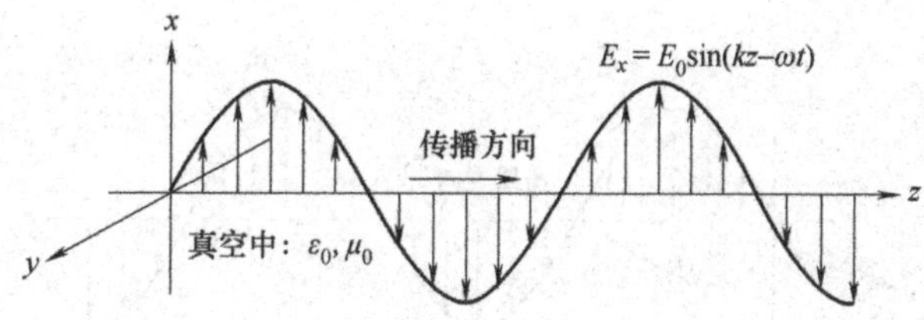

如图所示，真空中的平面电磁波沿 z 轴的正方向传播。电场强度的 x 分量为 $E_0\sin(kz-\omega t)$，y 和 z 分量为0。求磁场强度的 y 分量。

【例题1解】

平面电磁波电场强度为 $E_x = E_0\sin(kz-\omega t), E_x = E_z = 0$。磁场强度的 x 和 z 分量为0。由 $\nabla\times\boldsymbol{E} = -\mu_0\dfrac{\partial\boldsymbol{H}}{\partial t}, \nabla\times\boldsymbol{H} = \varepsilon_0\dfrac{\partial\boldsymbol{E}}{\partial t}$，得磁场强度的 y 分量为

$$\frac{\partial H_y}{\partial t} = -\frac{1}{\mu_0}\cdot\frac{\partial E_x}{\partial z} = -\frac{k}{\mu_0}E_0\cos(kz-\omega t)$$

$$-\frac{\partial H_y}{\partial z} = \varepsilon_0\frac{\partial E_x}{\partial t} = -\varepsilon_0\omega E_0\cos(kz-\omega t)$$

$$H_y = \frac{k}{\mu_0\omega}E_0\sin(kz-\omega t) + c_1(t)$$

$$H_y = \varepsilon_0\frac{\omega}{k}E_0\sin(kz-\omega t) + c_2(t)$$

上述两个等式中，$c_1(t) = c_2(t) = 0, c = \dfrac{1}{\sqrt{\varepsilon_0\mu_0}}$因此有

$$\frac{k}{\mu_0\omega} = \varepsilon_0\frac{\omega}{k}, k^2 = \varepsilon_0\mu_0\omega^2 = \left(\frac{\omega}{c}\right)^2, k = \frac{\omega}{c}$$

磁场强度 H_y（A/m）的 y 分量为

$$H_y = \sqrt{\frac{\varepsilon_0}{\mu_0}}E_0\sin(kz-\omega t)$$

与电场强度同相位。

第 66 课

电磁波的能量

平面电磁波电场强度与磁场强度的振幅比

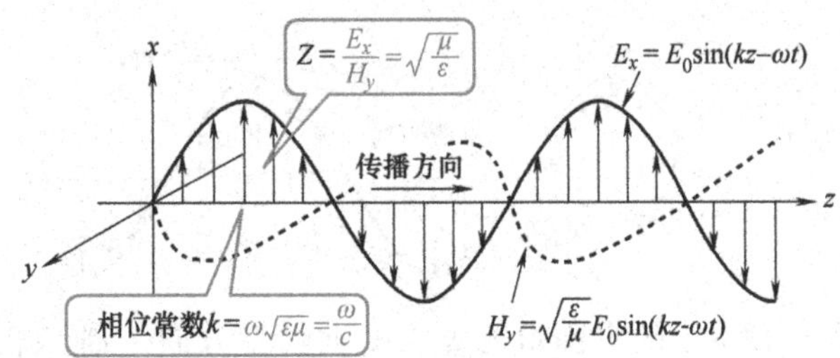

特性阻抗及相位常数

- 平面电磁波的传播

单位体积的能量

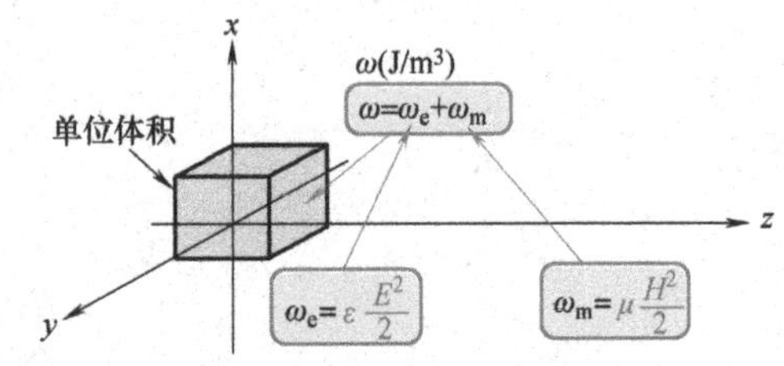

电磁波的能量密度

- 单位面积通过的电磁波能量

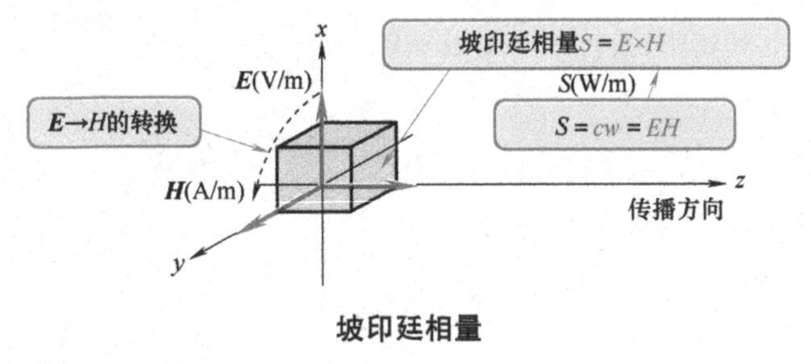

坡印廷相量

注：了解平面电磁波传播方向上的能量传输。

[1] **特性阻抗**

平面电磁波的特性阻抗为

$$Z = \frac{E_x}{H_y} = \sqrt{\frac{\mu}{\varepsilon}}$$

Z 为特性阻抗（Ω）

E_x为 x 方向上偏振的电场强度（V/m）

H_y为 y 方向上偏振的磁场强度（A/m）

ε 为空间介质的介电常数（F/m）

μ 为空间介质的磁导率（H/m）

[2] **相位常数**

当电场强度和磁场强度按时间的正弦波振动时，其相位常数为

$$k = \omega\sqrt{\varepsilon\mu} = \frac{\omega}{c}$$

k 为相位常数（rad/m）

ω 为电场和磁场振动的角频率（rad/s）

c 为正弦平面波的传播速度（m/s）

[3] **电磁波的能量密度**

平面电磁波传播时，单位体积的能量为

$$w = w_e + w_m = \frac{\varepsilon E^2}{2} + \frac{\mu E^2}{2}$$

w 为平面电磁波的能量密度（J/m^3）

w_e为电场 E 单位体积的能量，

$$w_e = \varepsilon E^2/2 \ (\text{J/m}^3)$$

w_m为磁场 H 的单位体积的能量，$w_m = \mu H^2/2$（J/m^3）

[4] **坡印廷相量**

与平面电磁波传播方向垂直的平面，单位时间、单位面积通过的能量为

$$\boldsymbol{S} = \boldsymbol{E} \times \boldsymbol{H}$$

$\boldsymbol{S}$ 为坡印廷相量（W/m^2）

坡印廷相量大小

$$S = cw = EH$$

特性阻抗

在 z 方向传播的平面电磁波，其电场与磁场是相互垂直正交的。当空间介质的介电常数为 ε（F/m）、磁导率为 μ（H/m）时，两个相对独立的电场 E_x（V/m）和磁场 H_y（A/m）波的振幅比为

$$Z = \frac{E_x}{H_y} = \sqrt{\frac{\mu}{\varepsilon}}$$

该比值被称为介质的特性阻抗。当介质为真空时：

$$Z_0 = \sqrt{\frac{\mu_0}{\varepsilon_0}} = \sqrt{\frac{4\pi \times 10^{-7}}{8.854 \times 10^{-12}}} = 377\Omega$$

相位常数

在 z 方向传播的平面电磁波，其电场和磁场以角频率 ω (rad/s)随时间以正弦函数振动，电场的 x 分量和磁场的 y 分量分别为

$$E_x = E_0\sin(kz-\omega t) \quad H_y = \frac{E_0}{Z}\sin(kz-\omega t)$$

式中，k 为相位常数。如果平面波电磁的传播速度为 $c=1/\sqrt{\varepsilon\mu}$，则：

$$k = \sqrt{\varepsilon\mu} = \frac{\omega}{c}$$

坡印廷相量

平面电磁波在介电常数为 ε (F/m)、磁导率为 μ (H/m)的介质中传播时，单位体积内的能量为

$$w = \frac{\varepsilon E_x{}^2}{2} + \frac{\mu H_y{}^2}{2}$$

如果电磁波的传播速度为 $c=1/\sqrt{\varepsilon\mu}$，介质的特征阻抗为 $Z=E_x/H_y=\sqrt{\mu/\varepsilon}$，则单位时间内通过垂直于传播方向的单位面积的能量为

$$S = cw = \frac{1}{\sqrt{\varepsilon\mu}}\left(\frac{\varepsilon E_x{}^2}{2} + \frac{\mu H_y{}^2}{2}\right) = E_x H_y$$

$\boldsymbol{S}$ 被称为坡印廷相量。当电场 $\boldsymbol{E}$ 在磁场 $\boldsymbol{H}$ 的方向上旋转，能量传送至右旋螺旋的行进方向（右手定则），与平面电磁波的传播方向一致。坡印廷相量 $\boldsymbol{S}$（W/m^2）可表示为

$$\boldsymbol{S} = \boldsymbol{E}\times\boldsymbol{H}$$

例题 1

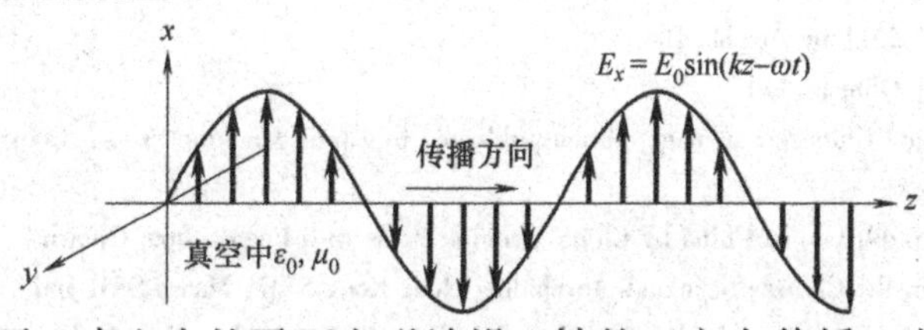

如图所示，真空中的平面电磁波沿 z 轴的正方向传播。电场强度的 x 分量为 $E_0\sin(kz-\omega t)$，y 与 z 分量为 0。求电磁波的能量密度。

【例题 1 解】

平面电磁波的电场强度 $E_x = E_0\sin(kz-\omega t)$，$E_y = E_z = 0$。磁场强度的 x 和 z 分量为 0，其 y 分量，由第 65 课的例题 1 解答可知：

$$H_y = \sqrt{\frac{\varepsilon_0}{\mu_0}}E_0\sin(kz-\omega t)$$

电场和磁场的能量密度分别为

$$w_e = \frac{\varepsilon_0 E_x^2}{2} = \frac{\varepsilon_0 E_0^2}{2}\sin^2(kz-\omega t)$$

$$w_m = \frac{\mu_0 H_y^2}{2} = \mu_0\frac{\varepsilon_0}{\mu_0}\cdot\frac{E_0^2}{2}\sin^2(kz-\omega t) = w_e$$

电磁波的能量密度 w(J/m^3)为

$$w = \varepsilon_0 E_0^2\sin^2(kz-\omega t)$$

例题 2

在例题 1 的条件下，试求其坡印廷相量的大小。

【例题 2 解】

真空介质的特性阻抗 $Z_0 = \sqrt{\mu_0/\varepsilon_0}$，因此，所求坡印廷相量 S（W/m^2）的大小为

$$\begin{aligned} S &= E_x H_y = E_0\sin(kz-\omega t)\sqrt{\frac{\varepsilon_0}{\mu_0}}E_0\sin(kz-\omega t) \\ &= \frac{{E_0}^2}{Z_0}\sin^2(kz-\omega t) \end{aligned}$$

6日でマスター！電磁気学の基本66，Ohmsha，1st edition，by 土井　淳，ISBN：978-4-274-21079-2.

Original Japanese edition 6 ka de Master! Denjiki-gaku no Kihon 66 by Atsushi Doi.

北京市版权局著作权合同登记　图字：01-2015-0867 号。

图书在版编目（CIP）数据

电磁场基本原理66课/（日）土井 淳著；王卫兵，徐倩，纪颖译．—北京：机械工业出版社，2016.9（2024.11 重印）
（6 天专修课程）
ISBN 978-7-111-54675-7

Ⅰ.①电…　Ⅱ.①土…　②王…　③徐…　④纪…　Ⅲ.①电磁场-基本知识　Ⅳ.①O441.4

中国版本图书馆 CIP 数据核字（2016）第 202931 号

机械工业出版社（北京市百万庄大街 22 号　邮政编码 100037）
策划编辑：张沪光　责任编辑：张沪光
责任校对：肖　琳　封面设计：陈　沛
责任印制：常天培
固安县铭成印刷有限公司印刷
2024 年 11 月第 1 版第 6 次印刷
148mm×210mm · 8.625 印张 · 279 千字
标准书号：ISBN 978-7-111-54675-7
定价：39.00 元

凡购本书，如有缺页、倒页、脱页，由本社发行部调换

电话服务	网络服务
服务咨询热线：010-88361066	机 工 官 网：www.cmpbook.com
读者购书热线：010-68326294	机 工 官 博：weibo.com/cmp1952
010-88379203	金 书 网：www.golden-book.com
封面无防伪标均为盗版	教育服务网：www.cmpedu.com